JN072768

海鳥と地球と人間

漁業・プラスチック・洋上風発・野ネコ問題と生態系

綿貫豊 著

築地書館

はじめに

世界的に海鳥の数が減少している。世界各地の海鳥の集団繁殖地（コロニー）の、各年の繁殖個体数［＊1］データを使って全世界の海鳥個体数の変化を推定したところ、一九五〇年から二〇一〇年の六〇年間に、およそ三分の一にまで減ったことがわかった。[1] 南シナ海の南沙諸島にある海鳥繁殖地において、鉛と炭素の安定同位体を使って年代測定したうえで、堆積物中の生物由来物質の量を調べた研究も、ここ一五〇年の間に海鳥の数が急速に減っていることを示している。[2]

一方、海洋とそこにある島々において、これまで人間はさまざまな影響を与え続けてきた。特に、産業革命以降、船舶の大型化と高性能化が、漁業を含めた人間の海洋進出を加速した。海鳥の数が減少したのは、こうした海洋における人間活動が原因なのかもしれない。だとしたらこれは大きな問題である。

なぜ問題なのか。

海鳥は生態系の一員である。海洋生態系において、海鳥はマグロやサメ、タラやカレイといった捕食性大型魚類、クジラ・アザラシなどの海生哺乳類に続く、三番目に重要な捕食者であり、[3・4] 食物連鎖［＊2］や生物多様性［＊3］の維持において、大事な役割を担っているだろう。海鳥は、海洋で魚を食べ消化・

吸収し、糞を陸に排泄して、繁殖地周辺に窒素やリンを供給する[5]。北極圏に多数繁殖するヒメウミスズメは海から多くの栄養を運び、この栄養によって繁茂した植生群落がジャコウウシの生活を支えている[6]。海鳥は、繁殖地の沿岸の海洋生態系にも栄養塩を供給する。ウミネコが陸上に運んだ栄養塩が沿岸域に流れ込んで、海藻や貝類に取り込まれ、窒素含有量を上昇させ、また、コンブの生産を上げる[7]。したがって、海鳥が減ると、栄養塩の供給が絶たれるので、生物多様性が減り、海鳥繁殖地周辺のこうした特異な生態系が損なわれる恐れがある。また、植物種子を遠く離れた別の島に運搬するという役割も果たす[8]。

次に、海鳥は人間に直接的・間接的な「利益」をもたらしている。過去には海鳥の肉や卵が重要な食べ物として、あるいは羽根が布団や飾りとして利用されていた。現在こうした役割は大きく減じたが、集団繁殖地の景観は圧倒的で、観光資源として重要な収入源となっている。イギリスでは繁殖地で海鳥を見るツアーは大変な人気であり、オーストラリアでもコガタペンギンの帰巣パレードに多くの観光客が集まる。私たちの研究の場である北海道天売島でもウトウの帰巣シーンが観光の目玉となっている。

さらに、金銭には代えられない価値もある。海鳥が空を飛ぶ姿は自由を感じさせる。南極海の暴風圏を飛ぶワタリアホウドリは、人々の心を癒し、また強い印象を与える。一九七〇年代に大ヒットしたリチャード・バック著の『カモメのジョナサン』に勇気づけられた方もいるかもしれない（ちょっと古い！）。このように、人間が意義づけした、さまざまな生態系サービス［＊4］を、海鳥は提供してくれる。言い換えれば、人間にとっての有形・無形の利益ゆえに、海鳥を保全する理由がある。

では、仮に、生態系における役割や人間にとっての有形・無形の利益がなければその生物種は失われてもよいのだろうか？　生物は長い歴史の中で進化してきた。それぞれが独自の進化史を持つ生物種・個体群には、それぞれ固有の存在価値（人間がいようといまいと）がある（『保全生物学のすすめ』[9]）。海鳥もそうである。ダイナミックな海洋環境の中で、鳥類としての制約のもとでの、他の海洋生物には見られない独特な適応を遂げてきた。人間によるストレスが原因で絶滅させてはならない。

本書の狙いは、まず、人間活動が海鳥に与えてきた影響をみることによって、海洋生態系に与える影響がいかに大きいか示すことである。そのため、海鳥の現状について紹介し、さまざまな人間活動のどういった点が海鳥へのストレスとなり、それらがどうインパクトを与えているのか、その証拠をあげる。インパクトについては、できるだけ個体群［＊5］、群集［＊2］のレベルでみていこう。特に繁殖成績［＊6］や親の年間死亡率、その結果としての個体群への影響に注意しよう。そして、海鳥へのストレスを低減するための対策、その効果、考え方についても解説する。こうしたストレス低減だけでは不十分であると考えられるときには、積極的な保全策がとられるのでこれについても紹介しよう。

次に、海洋生態系の激変を察知し、その原因を探り、対策を講じるにあたり、海鳥からの情報を役立てるというアイデアを紹介する。われわれは海洋をさまざまなやり方で利用しており、その規模は急速に拡大している。漁業においては、沿岸から外洋へ、また、これまで利用していなかった新たな魚種へとその対象は広がっている。一方、プラスチックをはじめさまざまな汚染物質が海洋に流れ出し、その環境負荷量は加速度的に増えている。人間はほとんどすべての海洋島に進出し、森林伐採と農地・牧野化、家畜・ペットの持ち込みなど、環境を改変してきた。近年では洋上風力発電の開発計画を急速に進めようとしている。北極海航路開発、海底資源開発、マリンレジャーや観光の影響も懸念される。
海の中にその食物を依存していながら陸上で繁殖する海鳥は、海洋と島々を含む海洋生態系における、こうした多様な人間のストレスをはっきりと示してくれるのではないか。人間活動由来のストレスやインパクトの指標として、海鳥がどう役立つかを後半でまとめようと思う。

本書では人間活動の影響を、「ストレス」と「インパクト」という二つの観点からとらえることにしよう。インパクトを与えるからこそストレスなのだが、分けて考えることで問題点が明確になると考えるからである。「ストレス」とは生物に悪影響を与えうる人間活動の大きさ自体であり、「インパクト」とは海鳥の繁殖成績や個体数の減少の程度の意味で使う。単独のストレスの大きさ（ドブネズミの密度）とインパクトの大きさ（オオミズナギドリの個体数減少率）が比例するとは限らず、海鳥の生存率の低下や個体数減少はさまざまなストレスの影響を受けた結果だろうし、その原因がはっきりしないこともある。一方、洋上風発のように人間活動のストレスは明らかでも、海鳥個体群へのインパクトがまだ明確に検出できていない例もある。

本書で取り上げるのは、外国の研究例がほとんどであるが、我が国にも多くの取り組みがある。日本での事例については、本文に加えコラムでも紹介していこうと思う。そのうち、3章混獲のコラム①は、実際その仕事に携わっている研究者に執筆をお願いした。

本書の内容のうち、8章、15章、16章、それぞれの一部は、綿貫（二〇一四）[10]、綿貫（二〇一六）[11]、綿貫（二〇一七）[12]、綿貫ほか（二〇一八）[13]をもとに書き直したものである。海鳥の和名は綿貫（二〇一〇）[14]によったが、チチュウカイカモメはより頻繁に使われるアカハシカモメなどとし、アホウドリ科の新しい分類に対応する和名は小城ほか（二〇〇四）[15]などによった。日本に分布する種の和名は、その後出版された『日本鳥類目録改定 第7版』[16]に従い、Long-billed Murrelet（*Brachyramphus perdix*）はマダラウミスズメ、Bryan's shearwater（*Pterodroma bryani*）はオガサワラヒメミズナギドリとした。

基本的に和名を表記し、分類に注意が必要な場合だけ本文に学名も記し、巻末に和名・学名索引を付けた。日本で繁殖する種類については巻末の**付表1-1**に学名と英名を併記した。魚類については、分類群を明確にしない特定のグループを対象とする漁業もあるので、「サケ・マス」などとあいまいに使う場合と「サクラマス」のように標準和名を明記した場合がある。地名については、ウェブ検索でよく出てくる和名を使うこととした。

なお、本書では、すべての食物を海から得ている鳥類を海鳥と考える。いずれも保護・管理のうえで重要な種ではあるが、淡水域からも餌を得るコアジサシとカワウについては触れない。

＊1…海鳥は一夫一妻制であり、オス・メスのつがいで巣作りする。巣あるいはつがいの数を数え、それを二倍すれば「繁殖数」になる。繁殖に参加しない若鳥がおり、また一年おきに繁殖する種類もいるので、実際の個体数は繁殖個体数より多い。

＊2…食う食われる関係にある複数種のセットのこと。昆虫や微生物などの分解者からなるセットは「腐食連鎖」といわれる。「群集」とはある場所にいる生物種のセットのこと。特定の複数の植物種と複数の動物種がセットになる傾向がある。「生態系」とは、水、空気、土壌など物理・化学的構成要素と同種他個体、他種といった生物の

構成要素からなる系のこと。

＊3…さまざまな階層において生物が多様なこと。本書では、「種の多様性（一定面積内の種の数）」の意味で使うことが多い。

＊4…生態系が人間にもたらす有形・無形の利益のこと。「供給サービス（食料、水、木材、繊維、鉱物、薬用の資源を供給してくれる機能）」「調整サービス（気候の調整、洪水の制御といった自然災害を防止・軽減する機能や、病害虫をコントロールしたり水量や水質を調整したりする機能）」「文化的サービス（自然景観の審美的な価値や、教育・レクリエーションの場としての機能）」「基盤サービス（土壌、酸素、栄養塩を供給したり形成したりする機能）」の四つに分けられる。

＊5…その中ではおよそランダムな交配が行われる集団のこと。「個体群」へのインパクトとは、個体数の減少や年齢構成や性比の変化を目指す。

＊6…巣あたり（つがいあたり）の巣立ち雛数のこと。ふ化率や巣立ち率を指すこともある。

目次

第2部　漁業活動の影響　39

第1部

海鳥の減少とその原因

海鳥の個体数は減少し続けている。一方で、海洋と海洋島における人間活動は加速している。海鳥の個体数減少には人間活動に起因する要因が関わっているのではないか。また回復しづらいのは海鳥特有の生活と関係があるのではないか。

1章 海鳥の歴史

有史以前、人間の大洋島への入植と時を同じくして、島々から多くの海鳥種がいなくなった。歴史記録がある年代でも四種の海鳥が世界絶滅した。さらに、現生の海鳥種の三分の一で絶滅が危惧されている。保護活動が行われているが、特にアホウドリ科、ミズナギドリ科の個体数の減少を押しとどめることはできていない。

1 人間の分布拡大と海鳥の絶滅

遺跡から出土した動物の骨を分析することで、歴史記録のない時代にも、人間活動によって多くの鳥類が絶滅したことがわかっている。太平洋における大洋島への人間の進出は、メラネシア（パプアニューギニア、フィジー、ソロモン諸島、バヌアツ、フランス領ニューカレドニア）では今から三万年前までに、西ポリネシア（オーストラリア北東の島国サモア、トンガ）とミクロネシア（パラオ、ミクロネシア連邦、マーシャル諸島、ナウルの各国およびキリバスのギルバート諸島地域と、アメリカ合衆国の領土であるマリアナ諸島、ウェーク島）では三五〇〇年前までに行われた。そして、これらを含めた全オセアニアへの定住は一〇〇〇年前には完了した。こうした人間の太平洋熱帯・亜熱帯域への進出・定住と時期を同じくして、この地域では、わかっている範囲で、世界から絶滅した鳥類種の二〇%に相当する二〇〇〇種を超える鳥類（その多くは飛べないクイナ類）が絶滅した[1]。

この有史以前の鳥類種・個体群の消失には海鳥も多く含まれる。南東ポリネシア（クック諸島からモアイ像で有名な南東太平洋のチリ領イースター島までを含む）への定住は最も遅かったようで、イギリス領ピトケアン諸島ヘンダーソン島にポリネシア人が定住したのは西暦八〇〇年頃とみられている。その貝塚からは数万点の海鳥（シロハラミズナギドリ・アジサシ類・ネッタイチョウ類）の骨が見つかっており、これらをよく食べていたようである。この島は、その後、何らかの理由で食料難（その理由の一つは海鳥の激減だろう）にみまわれたようで、一六〇〇年には人が住まなくなってしまった[2]。

南東ポリネシア最東端のイースター島には、五〇〇～一一〇〇年頃にようやく人が定住し始めた。遺跡の堆積物中の骨の分析によると、一一〇〇～一三五〇年にはまだ二二種の海鳥がイースター島本島にもいたが、一九九〇年までには、種としての世界絶滅が一種（ミズナギドリ科）、本島と周辺の孤島両方から消えてしまったのが一二～一五種、本島からいなくなり周辺の孤島でだけみられるようになったのは八～一〇種類、そして本島でも繁殖するのはたった一種となってしまった[1]。このようにして、人間の定住は、短期間のうちに多くの島で海鳥の絶滅を招いた。

歴史年代に入っても海鳥種の絶滅が起こっている。国際自然保護連合（ＩＵＣＮ）［＊1］は一九六六年より絶滅の恐れのある生物種のリスト、つまりレッドリスト［＊2］の作成を行っている。レッドリストでは、記録がある年代において、この世界から永久に失われた（つまり世界絶滅した）海鳥で種が同定されたのは、オオウミガラス、メガネウ、小セントヘレナミズナギドリと大セントヘレナミズナギドリの四

表 1-1 IUCNのレッドリスト（2015年）における海鳥各科の絶滅危惧種（CR、EN、VUランク）の数。現生海鳥（絶滅種を除く）354種中110種（31%）が絶滅危惧種である。絶滅種はオオウミガラス *Pinguinus impennis*、メガネウ *Compsohalieus perspicillatus*、小セントヘレナミズナギドリ *Bulweria bifax* と大セントヘレナミズナギドリ *Pseudobulweria rupinarum* の4種。

科	種類数	危急種・危惧種（CR, EN, VU）	情報不足（DD）	絶滅種（EX）
ペンギン科	18	10		
アホウドリ科	22	15		
ミズナギドリ科	96	42		2
ウミツバメ科	24	7	4	
モグリウミツバメ科	4	1		
ネッタイチョウ科	3	0		
グンカンドリ科	5	2		
カツオドリ科	10	2		
ウ科	35	11		1
ペリカン科	8	0		
トウゾクカモメ科	7	0		
カモメ科	101	14		
ウミスズメ科	25	6		1

種である（表1-1のEX）。

その後も、海鳥の数は急速に減少しており、現生三五四種のおよそ三分の一で絶滅が危惧される（表1-1のCR、EN、VU）。なかでもミズナギドリ目ではその割合が高く、特にアホウドリ科では七割（二二種のうち一五種）近くもが絶滅危惧種である（表1-2）。

2 日本における海鳥の固有性と現状

日本では三七種の海鳥の繁殖が確認され（コアジサシとカワウを除く）、種および遺伝的な固有性が高い。オオミズナギドリ、オオセグロカモメ、ウミネコ、ウミウ、カンムリウミスズメ、ケイマフリは極東でだけ繁殖し、繁殖地の多くは日本にある。オーストンウミツバメは小笠原諸島の硫黄島、北西ハワイ諸島にも繁殖するが、世界最大規模の繁殖地は伊豆諸島にあることがわかった[4]。クロウミツバメも世界的にみて小笠原諸島、硫黄列島にだけ繁殖する固有種である。

近年記録がなかったオガサワラヒメミズナギドリが再発見され、少数が小笠原諸島に繁殖していることがわかった[5]。また、これまで〝セグロミズナギドリ〟*Puffinus lherminieri* とされていた小笠原諸島の個体群は、北硫黄島の標本によって *P. bannermani* として記載されていたのが、戦後何らかの事情により *P. lherminieri* とされてしまったものであり、遺伝子の系統解析による再検討の結果、この集団は中部太平洋に広く分布するセグロミズナギドリとは別の、小笠原諸島固有の *P. bannermani*（和名はオガサワラミズナギドリと提案）に戻すべきとされた[6・7]。

表 1-2　アホウドリ科 22 種の現状。世界の繁殖つがい数、サイト（島）数と 2016 年までの増減傾向（文献 3 より）と IUCN（2019 年）によるランクと 2019 年までの増減傾向。増加↑、減少↓、変化なし→、不明？で示す。

種	つがい数	サイト数	増減 2016	IUCN2019	増減 2019
マユグロアホウドリ Black-browed *Thalassarche melanophrys*	691,046	15	↑	LC	↑
キャンベルアホウドリ Campbell *T. impavida*	21,648	2	→	VU	↑
ハイガシラアホウドリ Grey-headed *T. chrysostoma*	98,084	29	↓	EN	↓
ニシキバナアホウドリ Atlantic Yellow-nosed *T. chlororhynchos*	33,650	6	→	EN	↓
ヒガシキバナアホウドリ Indian Yellow-nosed *T. carteri*	39,319	6	↓	EN	↓
ニュージーランドアホウドリ Buller's *T. bulleri*	30,069	10	→	NT	→
タスマニアアホウドリ Shay *T. cauta*	14,353	3	→	NT	?
サルビンアホウドリ Salvin's *T. salvini*	41,111	12	↓	VU	?
チャタムアホウドリ Chatham *T. eremita*	5,245	1	→	VU	→
オークランドアホウドリ White Capped *T. steadi*	100,525	5	?	NT	↓
ススイロアホウドリ Sooty *Phoebetria fusca*	12,103	15	↓	EN	↓
ハイイロアホウドリ Light-mantled *P. palpebrata*	12,802	71	→	NT	↓
ワタリアホウドリ Wandering *Diomedea exulans*	8,359	35	↓	VU	↓
ゴウワタリアホウドリ Tristan *D. dabbenena*	1,650	1	↓	CR	↓
アンティポデスワタリアホウドリ Antipodean *D. antipodensis*	7,029	6	↓	EN	↓
アムステルダムアホウドリ Amsterdam *D. amsterdamensis*	31	1	↑	EN	↑
ミナミシロアホウドリ Southern Royal *D. epomophora*	7,924	4	→	VU	→
キタシロアホウドリ Northern Royal *D. sanfordi*	5,782	5	?	EN	↓
ガラパゴスアホウドリ Waved *Phoebastria irrorata*	9,615	3	↓	CR	↓
コアホウドリ Laysan *P. immutabilis*	610,496	17	→	NT	→
クロアシアホウドリ Black-footed *P. nigripes*	66,376	15	↑	NT	↑
アホウドリ Short-tailed *P. albatrus*	661	2	↑	VU	↑

図 1-1　伊豆諸島の鳥島で繁殖するアホウドリとその雛。日本固有種で、鳥島と尖閣諸島にだけ繁殖するが、両島の個体群は遺伝的に大きく異なっている。かつて少なくとも13 の島に 600 万羽程度が繁殖していたが、明治期の羽毛採取のための乱獲により、絶滅寸前まで追いやられた。現在は、鳥島と尖閣諸島あわせて 3,000 羽ほどに回復した。撮影：西澤文吾

アホウドリ（**図1-1**）は世界でも伊豆諸島の鳥島と沖縄県尖閣諸島にだけ繁殖するが、この二つの個体群は遺伝的に大きく異なっており[8]、別種の可能性が極めて高い。また、小笠原諸島に繁殖するクロアシアホウドリ個体群はハワイ諸島に繁殖する個体群とは遺伝的にかなり異なっている[9]。

日本でも海鳥の数は減っている。一九八〇年代以前の日本の海鳥の現状をまとめた研究[10]（**付表1-1**）では、オーストンウミツバメとウミガラスが減少したことが指摘されている。北海道の海鳥について二〇〇〇年頃までの状況についてまとめた研究[11]があり、ウミガラス、ケイマフリ、エトピリカの数が一九五〇年代から一九六〇年代に急減し、この年代に数が少なかったウミウとオオセグロカモメはその後増加したことが報告されている。

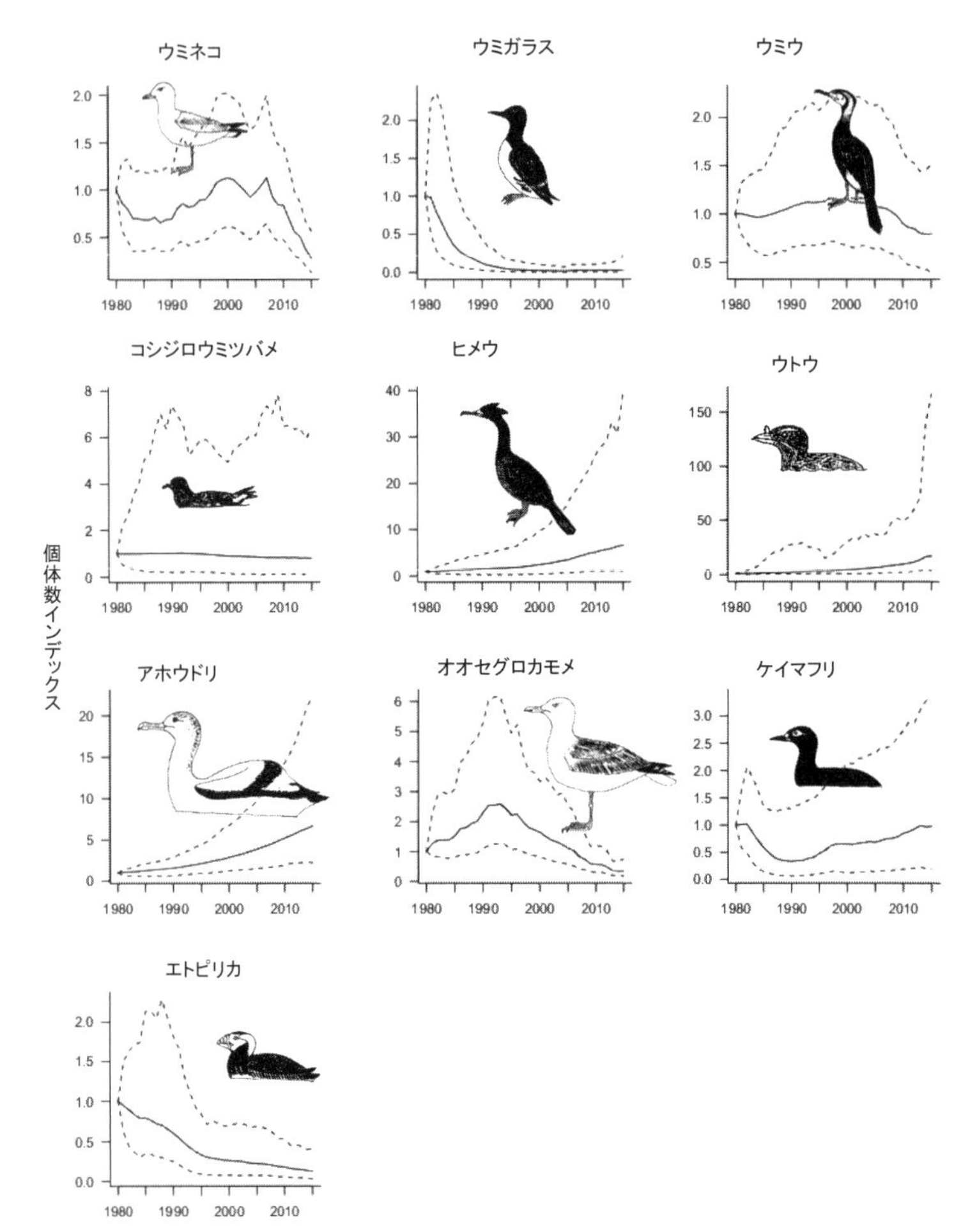

図 1-2　日本の代表的な海鳥種の個体数インデックスの 1980 年から 2015 年までの年変化。断続的な調査が多いので、1 つあるいは複数のコロニーのデータから、これらの毎年の各種の総和を統計的に推定し、1980 年の値を 1 とした相対値で示している。この間減少し続けている種（ウミガラス、エトピリカ）、増加し続けている種（ヒメウ、ウトウ、アホウドリ）、2000 年以降減少している種（ウミネコ、ウミウ、オオセグロカモメ）、1990 年まで減少していたが以降増加している種（ケイマフリ）、増減がない種（コシジロウミツバメ）がいることがわかる。実線は平均値、点線は信頼区間を示す。文献 12 より。

二〇〇三年、環境省は「モニタリングサイト1000」という、一〇〇年にわたり全国一〇〇〇か所の森林、草原、里山、沿岸における植物・動物相を調べる事業を開始した。その調査項目には海鳥の繁殖地も含まれる。こうして集められた情報に、過去や近年のその他の情報も取り入れて海鳥コロニーデータベース（環境省生物多様性センター http://www.sizenken.biodic.go.jp/seabirds/index.php 2021.8.29）が作られている。

このデータベースをもとに、各地のデータを統計的に調整したうえで、各種の個体数の変化をまとめると、ヒメウ、ウトウ、アホウドリは増加しているが、ウミガラスやエトピリカは一九八〇年代以前に減少して以降回復していない（**図1-2、付表1-1**）。一方、ウミネコ、ウミウ、オオセグロカモメは、二〇〇〇年までは増加したもののその後は減少傾向にあることが新たにわかった。二〇一八年度版環境省レッドリスト［＊3］によると、日本で繁殖する海鳥種のほぼ半数、アホウドリ、ウミガラス、ケイマフリ、ウミスズメ、カンムリウミスズメ、エトピリカを含む一八種で絶滅が危惧されている（**付表1-1**）。

3　海鳥の個体数減少は食い止められていない

このように、有史以前には多くの種が、記録がある年代には四種が絶滅し、個体数の記録がまとめられてからも、世界的にも我が国でも海鳥の数は減っている。そのため、近年、これらの種類へのストレスを低減しようという保全活動が行われている。しかしながら、海鳥の個体数の回復は陸鳥に比べ進んでいない。

ＩＵＣＮは、レッドリストでの種のランク［＊2］の改善あるいは悪化の推移を示すレッドリストインデックスを作っている。このインデックスが一以上であれば改善されたことを示す。一九八八年から二〇〇八年のインデックスの変化をみると、猛禽類や水鳥では〇・八八以上で平均的には悪化しているが、改善がみられる種類も結構いる。一方、オウム類とともに海鳥のインデックスは〇・八四以下と低く、多くの種では悪化しており、特にアホウドリ科・ミズナギドリ科では〇・七以下であり、二〇〇〇年以降も悪化し続けていることを示している。[13]

＊1…一九四八年に創設された国際的な自然保護団体。英名はInternational Union for Conservation of Nature and Natural Resources。

＊2…「レッドリスト」とは世界的な個体数や分布範囲、個体数の減少、具体的な脅威による絶滅の恐れの度合いによってランクを定めた種のリスト。二〇〇一年度版からは、ランクを、絶滅種としては、この世から絶滅した種Extinct（ＥＸ）と野生状態ではもういない野生絶滅種Extinct in the Wild（ＥＷ）に分け、絶滅危惧種としては、データに基づきその深刻さによって、深刻な危機にある種Critically Endangered（ＣＲ）、絶滅が危惧される種Endangered（ＥＮ）、危急種Vulnerable（ＶＵ）の三タイプに分けている。もし環境が悪化したら絶滅が危惧される種は、準絶滅危惧Near Threatened（ＮＴ）とされる。ＬＣはLeast Concernで低リスク種を指す。その他、種の生態などはわかっているが、数や分布の情報がない場合は他情報不足Data Defient（ＤＤ）としている。

＊3…国内の状況から、ＩＵＣＮレッドリストと同様の基準で、環境省が判断したもの。

2章 減少と絶滅のさまざまな原因

海鳥は陸上で繁殖するという鳥類としての制約のもとで海洋生活に適応した。その特性ゆえに、これまで経験したことのない人間活動に起因するストレスに対しては脆弱である。しかも、ストレスが軽減されても、特有の生活史から個体群の状況は好転しづらい。漁業（混獲、投棄魚、競争）、海洋汚染（油、化学汚染物質、プラスチック）、繁殖地におけるストレス（狩猟、移入動物、光汚染、洋上風発）などが個体数減少の原因である。

1 海鳥が人間活動に起因するストレスに対して脆弱な理由

このように海鳥の数が減少しており、また、回復しづらいのは、海鳥の海洋生物としての特性と関係がある。鳥類は恐竜の一部として陸上に起源し、まえあし（翼）で空を飛ぶように進化した。森林や草原をおもな生活の場とし、巣に卵を産み、雛を育てる。その中から、生活の九割を海の上で過ごし、イワシやオキアミ、イカなど海洋生物だけを食べるものが、複数の系統においてそれぞれ独自に進化した。これが海鳥である。

その典型が、海鳥の中で最も種類も数も多く、外洋をおもな生活の場とするミズナギドリ目（図2-1）である。滑空性能を上げるため、グライダーのような細長い翼を持つ。ある程度の速度があれば、はばた

図 2-1 日本で繁殖する海鳥の中で最も数が多いオオミズナギドリ。外洋生活に適応したミズナギドリ科の種。陸上の巣で卵を産み雛を育てるといった、鳥類であることの制約をかかえたまま、海での生活を成り立たせること、つまり、広い海において海面下の魚群を探し、これをとらえる能力を持つよう進化してきた。撮影：西澤文吾

かなくても空中に浮いていられる。エネルギー効率がよく、長時間飛行し、餌を探すための適応である。

しかし、この適応ゆえに、風がない場合は助走して速度をつけないと陸から飛び立つことができず、繁殖地、すなわち陸上ではネズミやキツネなどに襲われるとすぐには逃げられない。人間にも容易に捕獲されてしまう。それゆえ、地上性捕食者のいない離島を繁殖の場としてきたわけである。

このように、海鳥は、その進化の過程で、陸上の巣の中で卵や雛を育てなければならないという制約をかかえたまま、広大な海の中から魚の群れを探してこれをとらえる能力を持つことを優先させてきた。これこそが、海鳥が人間のストレスに対して脆弱な理由である。

表 2-1　海鳥へのさまざまなストレス。場所（海上か陸上か）と原因（人間活動が原因か自然現象か）によって分類した。ストレスが作用し、直接インパクトを受けると思われる齢段階を卵、雛（巣にいるもの）、巣立ち直後の幼鳥（巣を離れたもの）、繁殖前の亜成鳥と繁殖年齢に達した成鳥に分けてカッコ内に示した。また成鳥の死亡や採食量減少により、卵・雛が死亡する場合はスラッシュのあとに示す。

	人間活動に由来するストレス	自然現象に関連したストレス
海上	・刺網、延縄、トロール漁による混獲（成鳥・亜成鳥／卵・雛） ・漁業活動によって海中に投棄される魚（成鳥・亜成鳥・幼鳥／卵・雛） ・漁業活動による餌資源の減少（成鳥・亜成鳥／卵・雛） ・重油流出・化学汚染物質・プラスチック汚染（成鳥・亜成鳥・幼鳥・雛・卵）	・気候変化による餌資源の減少（成鳥・亜成鳥・幼鳥／卵・雛） ・悪天候による採食機会の減少（成鳥・亜成鳥・幼鳥／卵・雛）
繁殖地および周辺	・狩猟（食料、羽毛としての利用）（卵・雛・成鳥） ・移入哺乳類（ネコ、ネズミなど）による捕食やかく乱（卵・雛・成鳥） ・人工光による誘引と落鳥（幼鳥） ・洋上風力発電施設への衝突と回避（成鳥／卵・雛） ・建設・開発活動による繁殖地の消失（卵・雛） ・グアノの肥料としての採取による繁殖地消失（卵・雛） ・観光などによる繁殖のかく乱（卵・雛）	・カラス、大型カモメ、海ワシによる捕食（卵・雛・幼鳥・成鳥） ・気候変化による繁殖地植生消失（卵・雛） ・悪天候による繁殖失敗（卵・雛） ・氷山などによる移動ルートの分断（卵・雛）

さらに、ストレスがなくなっても個体数が回復しづらいことも、この脆弱さの理由である。これは海鳥の特異な生活史特性と関係している。海鳥は巣立ってから繁殖を始めるまでに数年以上かかる。そして、一度にたくさんの雛を育てられない。一方で、成鳥の寿命は三〇年以上と長生きである。こうした、ゆっくりした繁殖速度と成鳥の高い生存率［＊1］は、餌を発見し、とらえることが困難な海洋環境への適応であると考えられている。そのため、基本的に個体群増加率［＊2］が低い。親の生存率が高い（八〇〜九〇％以上）ことによって、ようやく海鳥の個体群は維持されているのである。逆に考えると、親の年間生存率が一％減っただけで個体数は、ゆっくり、しかし確実に減り続けてしまう。

各論に入る前に、どういったストレスが海鳥の数の減少の理由であるのか、自然要因と人間活動に起因する要因に分けて具体的にみていこう（**表2-1**）。

2　気候変化が魚資源量や分布を変え海鳥に影響する

海鳥の個体数減少の自然要因として最も重要なのは、気候変化に関連した餌生物資源量［＊3］の減少と分布の変化である[1・2]。気候変化のうち、特に注目されているのが、二〇〜三〇年間隔で起きるマイワシとカタクチイワシの魚種交代に代表される〝レジームシフト〟と呼ばれる現象である。気候のレジームシフトは、集群性の浮魚［＊4］であるマイワシ、カタクチイワシ、ニシン、サンマなど、人間だけでなく、海鳥にとっても重要な餌資源の大規模な変動の大きな理由であると考えられている[3]。こうした浮魚類、いわゆる青魚は、マグロ、サメ、クジラ、イルカなどを含むすべての高次捕食者の主要な餌である。本書では、こうした浮魚類にハダカイワシやオキアミ、イカを含め、「糧秣魚類（りょうまつぎょるい）」と呼ぶことにする。

例をあげよう。ノルウェー沿岸のロスト島には多数のニシツノメドリが繁殖している。ノルウェー沿岸にはメキシコ湾流の延長の一部であるノルウェー海流が南から北に流れており、南の海域でふ化したニシンの稚仔魚・幼魚がこの沿岸流によって北に輸送される。その途中に位置するロスト島周辺にニシンが到達する時期に、ニシツノメドリはこれをとらえて雛に与える。産卵海域からロスト島までの海域の表層水温が四〜五℃と低い寒冷レジームには魚類の重要な餌となる動物プランクトンの大型のカイアシ類が豊富なため、ニシン幼魚の成長がよく、ニシツノメドリは大きなニシンを雛に与えられるので巣立ち率が高い[4]。したがって、水温が低い年が続くと繁殖数も増加する。

「バベットの晩餐会」は、パリの有名レストランの女性シェフが、フランス革命を逃れ、ユトランド半島（デンマーク）の寒村に流れ着くという一九八七年のデンマーク映画である。村人に助けられ、村で暮らすうちに、パリ時代に購入した宝くじが当選し、その相当な額の賞金で、ヴーヴ・クリコのシャンパンに始まる超豪華なコース料理（カエル、ウミガメ、頭のついたシギのローストも出てくる！）を素朴な村人にふるまうというのが映画のストーリーである。原作の小説では、流れ着いた先はデンマークではなく、オスロ、さらにノルウェー最北部の海岸の村である。フランス北部から船で海に逃れたとしたら、この海流でノルウェーに流れ着くことはありそうだ。

日本周辺海域においては、水温が低かった一九七〇〜一九八〇年代の寒冷レジームにおいて莫大な資源を誇ったマイワシ資源が一九八〇年代後半に崩壊し、その後、温暖レジームになってからカタクチイワシが増えたことがウトウの繁殖成績の上昇を引き起こしている。[5] カタクチイワシは沿岸性であり、遠くに行かなくてもとれるし、脂分が多いのでエネルギー価が高く、ウトウがくちばしでくわえて雛のために持ち帰るのにちょうどよいサイズだからである。

もっと長期的な気候変化も海鳥の生活に影響を与えている。近年の地球温暖化のせいで南極半島周辺では海氷面積が減少し、海氷域で増殖する大型の珪藻類が減り、それを食べるナンキョクオキアミも減っている。一方、これに代わって小型の藻類や沈降物などを食べるゼラチン質動物プランクトン（サルパ類、クラゲ類など）が増加している。そのためナンキョクオキアミを主食とするアデリーペンギンの繁殖成績が低下し、個体数も減っている。[6] また、東南極のアデリーランドでも、氷の張り出しが小さかった一九七〇年代には、おそらくオキアミを採食しづらくなったことが原因で、コウテイペンギンの成鳥の越冬中の生存率が低下し繁殖数がそれまでの半分になった。[7]

こうした地球温暖化傾向は生態系全体に影響するため、各ストレスを駆動する「ドライバー」として別格に扱われることもある。例えば、地球温暖化はベーリング海の水温の上昇を駆動することで、スケトウダラ幼魚の資源量低下という、海鳥にとってのストレスをもたらしている。地球温暖化が生態系にインパクトを与えるメカニズムは多岐にわたり複雑であるため、深刻な問題である。

このように、気候変化の海鳥へのインパクトはかなり大きい。気候変化をコントロールする手だては今のところない。人間活動に起因する地球温暖化への対策は、真剣に取り組まなければならない緊急の課題であり、世界的かつ長期的な戦略がとられているが、直ちにこれを食い止めることは容易ではない。であるからこそ、人間活動に起因する、地域的で具体的なストレスを軽減し、インパクトをできるだけ抑えることによって、こうした気候変化に対して、海鳥を含む生態系が素早く回復できるようにしておく必要があるだろう。

また、気候変化の影響で餌不足になっているときに、海洋汚染や移入哺乳類によるストレスにさらされると、死亡率が急に高まり絶滅の恐れが生じるといった相乗効果もあるだろう。飛べないハト（これも絶滅種）がいた南大西洋の孤島、ナポレオン最期の幽閉地であったイギリス領セントヘレナ島で繁殖していた小セントヘレナミズナギドリと大セントヘレナミズナギドリは更新世の温暖化によってその数が激減していたらしいのだが、一五一三年以降この島に定着した人間がヤギ、ブタ、ネコとネズミを持ち込んだことも絶滅の大きな原因であるようだ[8]。気候変化の影響が大きいのは確かであるが、人間活動の影響を理解し、その低減を図ることは、海鳥の保全にとって重要である。

3　人間活動に起因する三つのストレス

海鳥の個体数減少には、多くの場合人間活動に起因するストレスが関わっている。海鳥の主たる生活の場は外洋域であり、陸から遠く離れている。そのため、人間活動のストレスなどは及ばないと思われがちである。しかし、外洋域においても漁業、海洋汚染、海運、海底資源開発、繁殖地である孤島への定住と捕食者の持ち込みといった、人間活動に起因するさまざまなストレスがかかっている。外洋域で最もストレスが高いのは北海や東シナ海・南シナ海で、低いのは北極海や南極海である[9]。

これらのストレスが高い海域の一部は、クジラ、サメ、マグロ、ウミガメなど外洋性の大型動物の種多様性が高い海域とも重複しており、人間によるストレスは生物多様性全体を損ないつつあるのではないかと懸念されている[10]。海鳥において絶滅危惧種の割合が高いのは、アホウドリ科、ミズナギドリ科といった外洋で生活する傾向が強い種類であった。それは彼らが人間のストレスに対して脆弱であるためであると述べたが、島を含む外洋において人間によるストレスが意外と高いことも示しているのかもしれない。

具体的には、どういった人間活動が海鳥の個体数減少の原因であるのか。第2部以降で詳述するが、おおまかに三つに分けられる。

第一は「漁業」である。歴史的には過剰漁獲［＊5］がマグロ、タラ、クジラ類などで繰り返され、こうした海洋生態系の高次捕食者に大きなインパクトを与えてきた[11・12]。しかし、海鳥は漁獲対象ではない。漁業の何が海鳥に対するストレスとなるのか。

海鳥が、延縄の鈎（はり）や刺網にかかってしまう混獲はよく知られている。海鳥も漁船も魚の多いところに集まるので、もともと漁具に出会うチャンスが大きい。さらに、海鳥は他の海洋生物とは違って、飛行しながら餌を探すので、一〇キロメートル以上離れた場所から漁船を発見し、これに近づく。アホウドリ科やミズナギドリ科にとって、海面に浮いている魚やイカはすべて魅力的な食べ物である。延縄の鈎についている餌である死んだ魚が危険であると識別する能力はない。魚を絡めとるために、刺網は水中では見えない素材であるモノフィラメント［＊6］のテグスで作られている。潜水して眼で見て魚を追跡してとらえるペンギン科やウミスズメ科の海鳥は、これに絡めとられてしまう。また、漁業が海鳥の食べ物である糧秣魚類資源を減らしているのかもしれない。一方で、漁業活動から出る魚の残滓は、一部の海鳥に新たな食物を提供している。

第二は「海洋汚染」である。人間は、さまざまな化学物質を、排水や、雨水に溶かし込んで、海に垂れ流している。殺虫剤に含まれる化学物質は揮発して大気中に取り込まれる。火力発電所からの排気に含まれる重金属は大気中に放出される。こうした空気中の汚染物質は、大気により陸から数千キロ離れた外洋域まで運ばれ、そこで凝結して、あるいは雨と一緒に最終的には海に取り込まれる。[13] 海鳥は進化の過程でこれらの有毒な化学物質に接したことがなかったので、陸上の脊椎動物に比べるとこれらを解毒する能力が低く、体内にため込んでしまうのだと考えられており、[14] こうして海鳥が取り込んだ化学汚染物質は内分泌かく乱、ストレス、免疫力低下を引き起こす。

第三は「繁殖地や海岸におけるかく乱」である。数万年前から人間が離島に住み着くようになり、海鳥を食料として利用した。また人間は、それまでいなかったネズミ、ネコなどを島に持ち込んだ。これが繁殖地において大きな脅威をもたらした[15]。一方、ミズナギドリ科やウミツバメ科ではワシ、タカなどの昼行性捕食者を避けるため夜にだけ繁殖地に戻る習性を持つ種が多く、仕組みはわからないが、強い光に誘引される。そのため、近年になって出現した都市の明かりに強く誘引され、地上に降り飛び立てなくなって、事故や捕食により死亡する。また、最近再生可能エネルギー源として注目されている、洋上風力発電の風車にはカモメ類などが衝突する。これらも海岸周辺で人間がもたらすストレスである。

これらの三つの人間活動によるストレスのうち、第一に含まれる混獲と第三に含まれる移入哺乳類が多くの海鳥種に対する大きな脅威として報告されている[2]。第二のストレスである海洋汚染は、油流出事故以外は観察されづらいが、他のストレスと相互作用することで大きなインパクトを与える。また広範囲に広がっているが見えづらいという点で注意が必要なストレスである。漁業や汚染といった海洋で働くストレスは、人間の経済活動に密接に関連しているため、軽減しづらく場所や手法を絞った保全対策をとりづらいので、注意して理解する必要がある。

4　南アフリカのケープペンギンの場合

一つ具体例をあげよう。ケープペンギン（図2-2）は南アフリカ沿岸に繁殖するアフリカ大陸唯一のペンギン種である。一九〇〇～一九三〇年代には三〇万個体だったのが、一九八〇年代には一六万個体とおよそ半分にまで減り[16]、最近は二・一万つがいにまで減ってしまった[17]。現在、絶滅危惧種（ＥＮ）となっている。その大きな原因は人間活動に起因するストレスである。

図 2-2　ケープペンギン。撮影：西澤文吾、2015年10月ケープタウン

まず、二〇世紀前半の三〇年間に一三〇〇万個もの卵が人間によって食料として採取された（「第三のストレス」）。二〇世紀後半に採卵は下火になったが、代わってグアノ（鳥の糞。肥料に使う）採取や地域開発のための土木工事により営巣地が消失した。次に、この海域はピルチャード（マイワシ属）とアンチョビー（カタクチイワシ属）の重要な漁場であり、いずれも高次捕食者の最重要な餌である糧秣魚類であるが、海流の変化（気候変化のストレス）と過剰漁獲（「第一のストレス」）によりその量と分布は大きく変化し、ケープペンギンの繁殖成績や個体数に影響した[18・19]。また、主要な繁殖地に面した海域は喜望峰を回るタンカーが必ず通る場所であり、一九五二年以降、特にスエズ運河封鎖の際には、数回の大規模な油流出が起こり、四〜一〇％の個体が油まみれになった（「第二のストレス」）。

これから、第一〜第三のストレスとそのインパクトについてさまざまな例を具体的に紹介し、その対策についてもみていこう。

＊1…一年間に生き残った個体の割合のこと。
＊2…ある個体群に属する個体が単位時間に増えた数（割合で示す）のこと。年間増加率として、一年間に増えた割合で示される。増減がない場合は一で、一より小さいと減る。
＊3…水産業でいう系群の生物量あるいは個体数のこと。系群とは遺伝的に分けられる漁獲の対象となる種の集団のこと。
＊4…マイワシ類、カタクチイワシ類、ニシン類、サンマなど集群性で大量に漁獲される、いわゆる青魚のこと。イカナゴ類は海底の砂に潜っていることも多いが、中・表層で集群して採食するので、本書では集群性の浮魚として扱う。これらに、イカ類、オキアミ類、ハダカイワシ類を加えたものが、マグロ類、サメ類、クジラ類、アザラシ・オットセイ類、海鳥類の主たる餌生物であり、漁業の重要なターゲットでもある。
＊5…維持生産量（翌年の資源量を減らさない程度の漁獲量）を超えて漁獲したため資源量が大きく減ることをいう。
＊6…一本の繊維からできており、ストッキングや釣糸などに使われる。

第2部　漁業活動の影響

漁業は海鳥を資源として利用するわけではない。しかし、漁具による混獲、漁業から出る投棄魚の利用、漁業との魚類資源をめぐる競争といった三つが海鳥にとってストレスとなる。これらは気候変化や他の人間活動に起因するストレスと相互に関係しあいながら海鳥に影響を及ぼしている[1]。規模が大きい漁法として、刺網漁、延縄漁、曳網漁（トロール漁）があげられる。巻網漁も規模が大きい。これらは異なる採食生態を持つ海鳥グループにそれぞれ異なる影響を与える[2]。

3章 混獲の実態と解決策

表層流し刺網漁は、北大西洋と北太平洋でウミスズメ科とミズナギドリ科を年にそれぞれ最大五〇万羽以上混獲したため、国際水域では禁止となった。現在、排他的経済水域内での小規模な表層流し刺網漁と底刺網漁による混獲があるが、その情報は不足している。一方、延縄漁により今でも世界で毎年三〇万羽ほどのアホウドリ科とミズナギドリ科が混獲されている。混獲リスクの高い海域では混獲回避措置がとられているが、アホウドリ科の個体数は減り続けており、その理由として現場での混獲率があまり下がっていないことや密漁船による混獲などが考えられる。

この章では、どういった漁業にどの程度の数が混獲されるのか、海鳥に大きなストレスを与えている刺網漁と延縄漁による混獲数について紹介しよう。次に、それぞれによる混獲が個体群にどういったインパクトを与えているのかを、最後に、海鳥の混獲を低減する手法を紹介する。

1 刺網漁による海鳥の混獲とその死亡数

刺網漁は網を海中にカーテンのように仕掛けて（投網）、その網目に魚が頭を突っ込んで絡まったのを

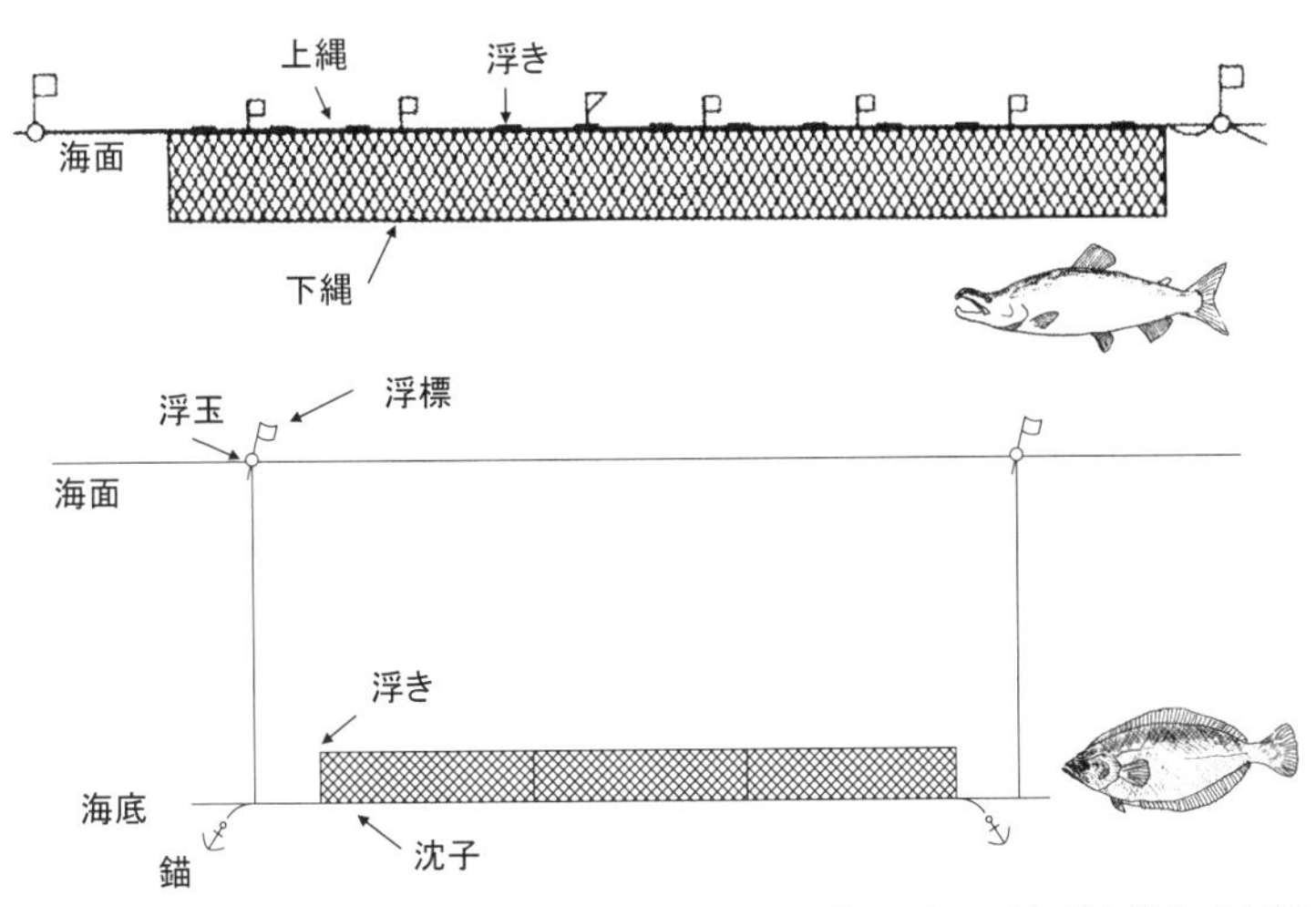

図 3-1　サケ・マスを狙う表層流し刺網（上）とマダラ、カレイなどを狙う底刺網（下）の設置方法。

一定時間後にあげて（揚網）漁獲する漁法である。

表層流し刺網と底刺網の二つに大別される。

表層流し刺網は、サケ・マス類、アカイカ、マグロ類といった表層性の魚やイカを狙って、目合い三・五〜四・五寸、網深さ（網丈）二〜二五メートルで長さ二〇〜七〇間（三〇〜一〇六メートル）の網（これを一反という）を数反、上縄に浮きを下縄に錘をつけ鉛直に設置する（**図3-1上**）。夕方投網し、夜間漂流させ、翌早朝、ブイを頼りにこれを見つけ揚網する。網にはモノフィラメントのテグスが使われており、水中では魚も海鳥もこれをまったく視認できない。一方、マダラ、カレイ、ホッケ、カジカなどの底魚を狙って、目合い三〜六寸、網深さ〇・五〜五メートルの網を海底に設置する漁法が底刺網である（**図3-1下**）。

表層流し刺網には何が混獲されるのだろうか。一九九〇年の日本のアカイカ流し刺網漁の例をあげよう（表3-1）。アカイカが多い海域で漁をするので、もちろん狙った獲物であるアカイカが最も多くかかっている。しかし、網目より大きい生物であれば、シマガツオ、マグロ・カツオやサケ・マスに加え、サメ、ウミガメ、オットセイ、イルカ、海鳥といった表層性の大型高次捕食者が見境なく混獲されてしまう。そのため、流し刺網が海洋生態系に与える影響は時として重大である。

海鳥で混獲されていたのは、表層で追跡・突入潜水採食するミズナギドリ科が最も多く、追跡潜水採食するウミスズメ科も比較的多い（表3-1）。表面ついばみ採食・拾い食い性のアホウドリ科、ウミツバメ科も少数ながら混獲される。こうして混獲される海鳥の多くは、アホウドリ科を除きアカイカを食べるわけではないが、アカイカが多い海域の表層では動物プランクトンや糧秣魚類も多いので、これらを狙って集まってきて網に絡まってしまうのだと考えられる。

では、どれくらいの数の海鳥が流し刺網に混獲されていたのか。最初の大規模な海鳥混獲は北大西洋で報告された。それは、西グリーンランド沖のデンマークの大西洋サケ流し刺網によるもので、一九六九年から一九七一年には、年間、サケ三五万匹の漁獲に対しハシブトウミガラス（追跡潜水する）を主とする海鳥五四万羽が混獲されたと推定された[3]。

北太平洋での流し刺網による大規模な混獲は、おもに日本の漁船が行ったサケ・マス（図3-1、図3-2）およびアカイカ漁によるものである。アリューシャン列島周辺海域、ベーリング海など遠方の北緯四五度以北の海域を漁場とする場合は、輸送回数を減らし効率的に操業するため、漁獲を担当する漁船と漁獲物を冷凍・加工し、また漁船に燃料・水・食料を補給する母船からなる母船式操業が行われ、比較的

表 3-1　1990 年の北西太平洋における日本のアカイカ流し刺網漁による漁獲物。文献 1 よりまとめた。文献 2 も参照。カッコ内は混獲された主たる種類。

種類	漁獲数（10^3 匹）
アカイカ	114,884.4
他イカ	26.1
シマガツオ	31,063.9
マグロ・カツオ・カジキ類（カツオ）	2,434.4
クサカリツボダイ	3,148.9
不明魚類	138.3
サメ・エイ類（ヨシキリザメ）	791.3
サケ・マス類（シロザケ）	103.9
鰭脚類（キタオットセイ）	8.0
イルカ類（セミイルカ・カマイルカ・イシイルカ）	17.4
ウミガメ類（オサガメ）	0.5
アホウドリ科（コアホウドリ）	10.0
ミズナギドリ科（ハイイロミズナギドリ・ハシボソミズナギドリ）	279.1
ウミスズメ科（ツノメドリ）	0.5
ウミツバメ科（ハイイロウミツバメ）	4.2
不明海鳥	1.1

図 3-2　北海道大学水産学部付属練習船おしょろ丸での実習として、5月に北太平洋西部外洋域で行われるサケ・マス流し刺網（左）と、混獲された漁獲対象ではないサメ（右上）とエトピリカ（右下）。撮影：高橋和弘

近い北緯四五度以南の海域を漁場とする場合は、漁船群だけで操業する基地式操業が行われていた。

漁業オブザーバー制度［＊1］によるレポートに基づき単位漁獲努力量あたり混獲数すなわち混獲率［＊2］を求め、これに漁獲努力量すなわち流した網数をかけて、いくつかの仮定のもとに海鳥の混獲数が推定されている。一九七七年から一九八一年の日本の母船式サケ・マス表層流し刺網漁による海鳥の混獲数は毎年一三万〜一九万羽であり、その内訳はハシボソミズナギドリ七万〜一三万羽、ハイイロミズナギドリ一万羽以下、エトピリカ二万〜五万羽とされている。[4] 基地式表層流し刺網による混獲数についてはこの研究では報告されていない。

母船式と基地式両方について、一九五二〜

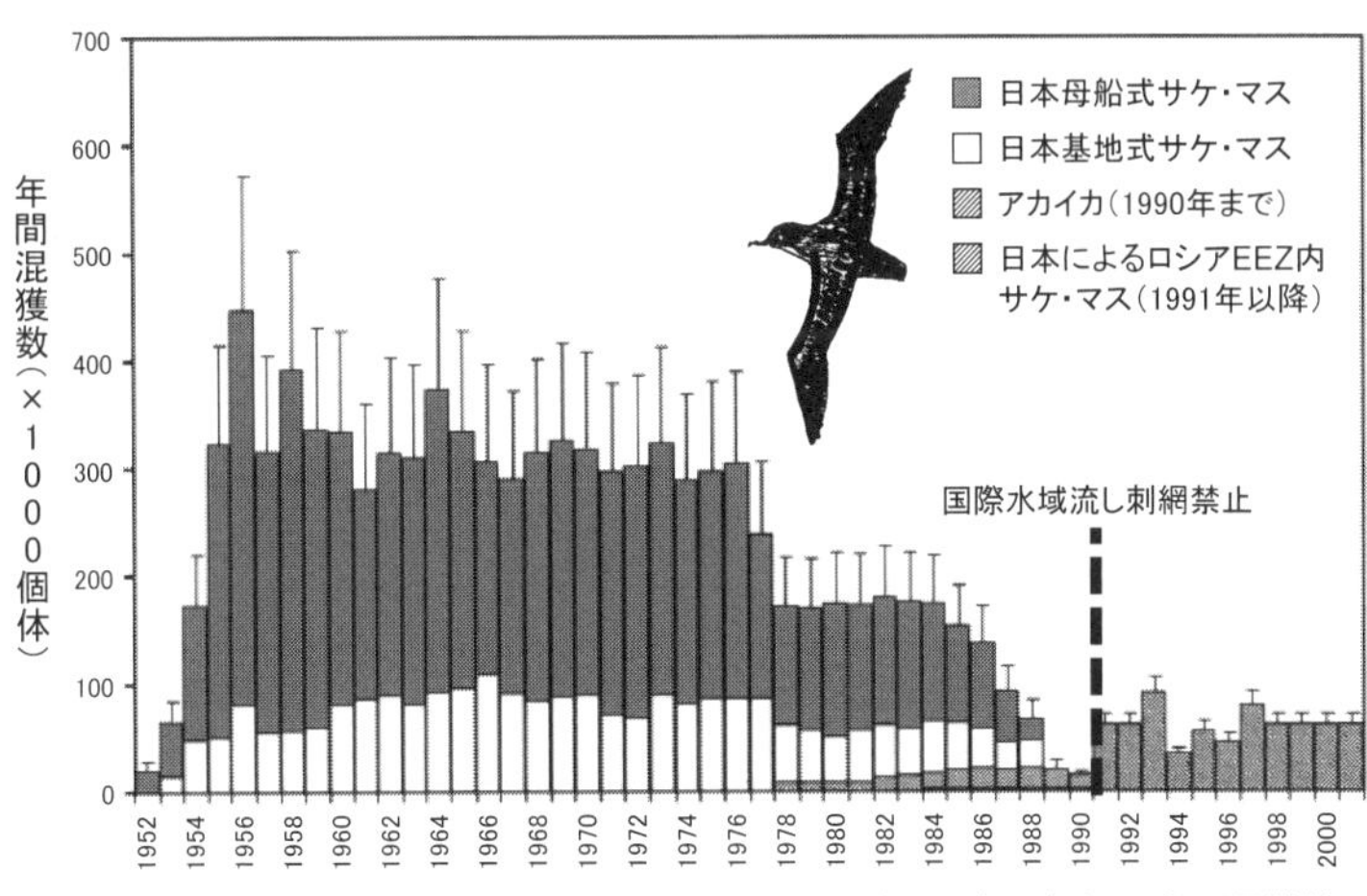

図 3-3　北太平洋北部における流し刺網漁によるハシボソミズナギドリの年間混獲数の推定値。流し刺網漁の形態別に色分けし、それらを積み上げた合計値を示している。縦棒はシミュレーションで得られた標準誤差。文献 5 より。

二〇〇一年の五〇年間の北太平洋の表層流し刺網漁による総混獲数を同様の手法で推計したところ、ハシボソミズナギドリ四六〇万〜二一二〇万羽、ハイイロミズナギドリ一〇〇万〜一二八〇万羽であった[5]。年代別にみると、ハシボソミズナギドリは、一九五〇年代〜一九七〇年代は基地式サケ・マス表層流し刺網漁によって毎年一〇万羽弱、母船式表層流し刺網で毎年一〇万〜四〇万羽が混獲され、一九八〇年以降はアカイカ表層流し刺網漁によって毎年一万羽程度が混獲された（**図3-3**）。

一方、ハイイロミズナギドリは、一九五〇年代〜一九七〇年代までは基地式サケ・マス流し網漁で毎年一〇万羽、それ以降はアカイカ表層流し刺網漁（日本と韓国による）によって毎年三〇万〜四〇万羽もが混獲された。アカイカ漁はハイイロミズナギドリが滞在する、やや南の海域で操業されていたためである。

他の研究でも似た数値が報告されている[6・7]。こうした表層流し刺網漁には危急種のカンムリウミスズメも混獲されていた[8]。

このように国際水域における表層流し刺網漁によって、相当な数の海鳥に加えクジラ・イルカ類、鰭脚類、ウミガメ類も多数混獲された。その影響が強く懸念され、国連総会の決議によって一九九一年に、国際水域における表層流し刺網漁が禁止とされた。この過程において、北太平洋北部海域の表層流し刺網漁による海鳥の混獲に対しアメリカ側が懸念を示したのに対し、一九七〇年代後半、日本の研究者が混獲数を推定していたにもかかわらず、日本側は「操業実態にまつわる恥部をただひたすら隠ぺいしたいという一時のがれの反応」をとったと述べられている[6]。

以降、日本は入漁料を払って、ロシアの排他的経済水域内のオホーツク海南部から南千島列島周辺海域において、サケ・マス表層流し刺網漁を行ってきた。それによる海鳥の混獲数も、やはり相当数あったことが報告されている[9]。それによれば、一九九三〜一九九七年までの間に混獲されたのは、非繁殖期［＊3］にこの海域を訪れるハシボソミズナギドリが最大で年間一〇万羽程度と最も多かったが（図3-3も参照）、そこで繁殖するウミガラス類やエトピリカといったウミスズメ科の混獲も多かったのがこの漁の特徴である（図3-4右）。この表層流し刺網漁も二〇一六年にロシア連邦政府により禁止とされた。これに代わる漁法として海鳥の混獲がない曳網漁の一種である表層トロール［＊4］が試験的に行われている。

こうした大規模な表層流し刺網漁に加え、排他的経済水域内の、小型船を使った表層流し刺網漁や沿岸の底刺網漁による海鳥の混獲もある。小型漁船による操業にはオブザーバー制度はないので情報が少ない

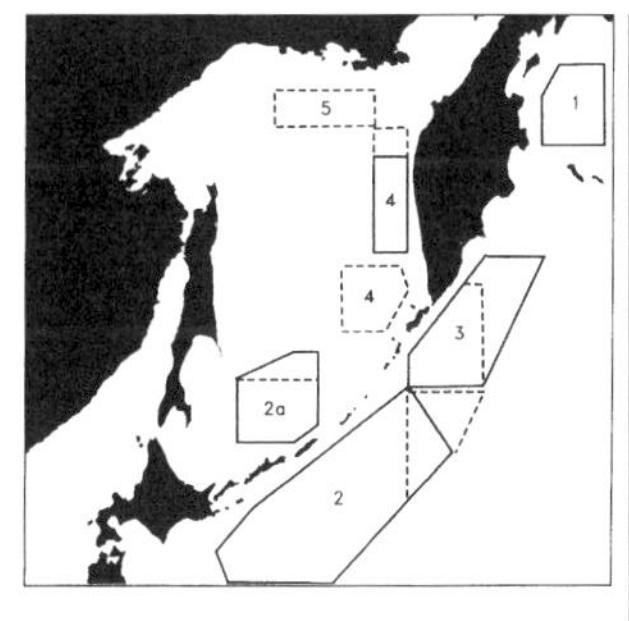

種あるいはタイプ	5 年間の推定合計混獲数
ミズナギドリ類	337,587
ウミガラス類	203,051
エトピリカ	111,730
エトロフウミスズメ	90,957
フルマカモメ	54,810
コウミスズメ	9,053
そのほか	19,993
合計	827,181

図 3-4 日本のサケ・マス流し刺網漁が、ロシアが主張する排他的経済水域 EEZ（左。文献 9 より）で 1993 年から 1997 年の 5 年間に混獲した海鳥の数の推定値（右。文献 9 より計算）。1993〜1996 年（破線）と 1997 年（実線）のサケ・マス流し刺網漁区を示し、漁区 2 についてはロシアが主張する領土に基づくものである（文献 9 より）。数字は漁区の番号。ミズナギドリ類はハシボソミズナギドリとハイイロミズナギドリの合計、ウミガラス類はハシブトウミガラスとウミガラスの合計。2016 年以降、ロシア EEZ 内での流し刺網漁は実施されていない。

のだが、かなりの海鳥が混獲されている可能性がある。

例えば、カナダのブリティッシュコロンビア沿岸で行われていた刺網漁によって一九八〇年には一七五〜二五〇〇羽のアメリカマダラウミスズメがおもに夜間に混獲されたと推定されており、これは地域繁殖個体群の六％にあたる[10]。北欧三国やデンマークが面するバルト海・北海の底刺網を含む小規模な刺網漁では合計で年間九万羽のさまざまな海鳥種が混獲されていると推定されている（**表3-2**）。この数値は情報漏れにより過小評価であり、実際には年間一〇万〜二〇万羽が混獲されただろうとされている。

我が国での沿岸での小規模な底刺網漁による混獲の例をあげよう。札幌北西部日本海側に位置する積丹半島沿岸の陸棚域で、二月にイカナゴが集群し産卵が始まると、その卵を捕食するためにホ

表 3-2　バルト海および北海の小規模な沿岸刺網漁による海鳥・カモ類の年間混獲数推定値。文献 11 より代表的な例を抜粋。

海域	調査年	混獲数	種類
南スウェーデン	1982/83～1987/88	500～6,500	ウミガラス 90%
スウェーデン海域	2002	18,000	カワウ 54%
スウェーデン足環装着個体	1972～1999	1,500	ウミガラス
フィンランド沿岸	2005～2008	～5,000	コオリガモ
ラトビア沿岸	1995～1999	2,500～6,500	コオリガモ 38%
グダニスク湾（ポーランド）	1972～1976、1986～1990	17,500	カモ類
パック湾（ポーランド）	1987～1990	3,750	コオリガモ 41%
ウーゼドム島（ドイツ）	1989～2005	3,000	コオリガモ 74%
バルチック海沿岸	1977～1978、1980～1981	15,800	ホンケワタガモ、カモ類
オランダ沿岸	1978～1990	50,000	カモ類、アビ、アイサ類
オランダ沿岸	2002～2003	12,000	カモ類
スコットランド北東	1992	24,000	ウミガラス、オオハシウミガラス

ッケが集まる。このホッケを漁獲するためにかけられた底刺網に、イカナゴを食べようとそこに集まってくる海鳥が混獲された報告がある。ホッケ刺網漁を行う一〇隻から、五日間に六五二個体の混獲海鳥が回収され、種が同定されたものとしては、ハシブトウミガラス三八六羽、ウミガラス四二羽、ヒメウ一羽だった[12]。越冬期に沿岸域に訪れる潜水性海鳥の刺網漁による混獲はある程度の数になる可能性がある。さらに沿岸定置網による混獲もあるが、その実態はよくわかっていない。

2　延縄漁による海鳥の混獲とその死亡数

延縄にも表層延縄と底延縄がある。表層延縄漁はマグロ・カジキ類やサメ類といった表層性の大型魚を狙うもので、幹縄に浮きをつけた浮縄と長い場合は五〇メートルに達する枝縄がついている（図3-5上）。各枝縄の先につけた鈎にサンマやイカなどの餌をつけて、船尾か舷側から投縄する。一回の操業での投縄総延長は、マグロ・カジキ類

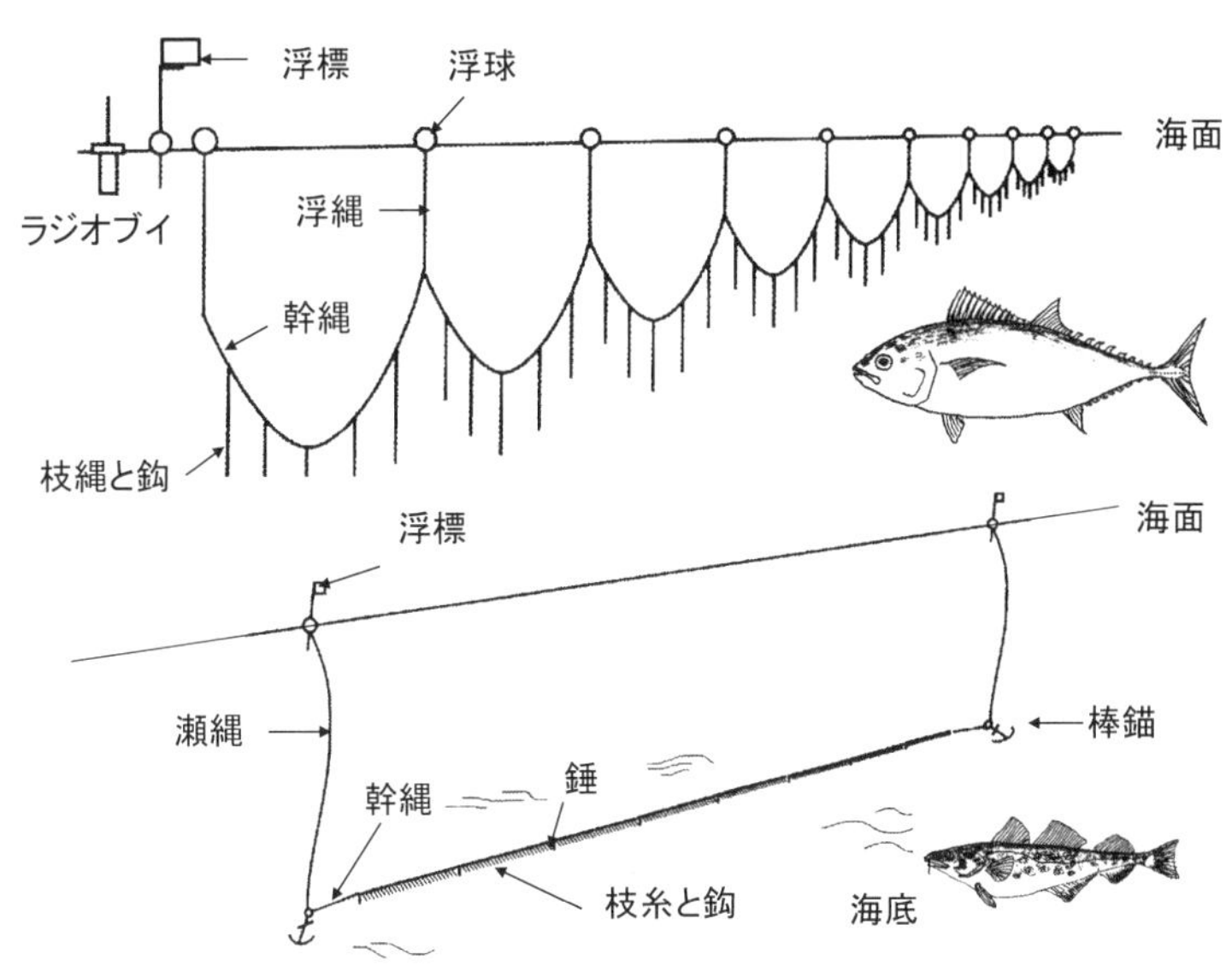

図3-5 マグロ・カジキ類を狙う表層延縄漁（上）とタラ類、ギンダラ、オヒョウ、マジェランアイナメなどを狙う底延縄漁（下）の仕掛けと設置方法。枝縄あるいは枝糸の先の鈎に餌をつけて投縄する。

を狙う遠洋マグロ漁業の船では、一〇〇キロメートル以上、総投下鈎数は三〇〇〇以上になることもある。対象魚によって、浮きと錘、浮縄の長さを調整して設置深度を変える。日本の延縄漁船の場合、メカジキを狙うときの深度は浅く（浮縄の長さは一〇メートル程度）、メバチマグロを狙う場合は深い（浮縄の長さは四〇メートル程度、鈎の深度は一〇〇メートルより深い）。

底延縄漁はタラ、ギンダラ、オヒョウといった底魚を狙うもので、幹縄や枝縄に錘をつけて海底に沈むように設置する（**図3-5下**）。ベーリング海で行われるアメリカの底延縄漁では、総延長七～一六キロメートルの幹縄に一～一・五メートルの間隔で枝糸が取り付けられており、一回の操業で使用する鈎数は五〇〇〇～一万を超える。

図 3-6　投縄中の延縄漁船の後ろに群がる海鳥。ポールから船尾に混獲回避のためトリライン（5 節参照）を出している。吹き流し自体は見えていない。写真提供：水産資源研究所・水産庁

延縄漁は、朝や夕方に、五〜一〇ノット程度で航走しながら投縄し、数時間後、四ノット程度でゆっくり航走して揚縄する。

表層延縄では、海鳥にとっては投縄するときが問題となる。鈎につけられた餌である冷凍の魚・イカには浮力があり、またスクリューの渦に巻き上げられて、船尾から五〇〜一〇〇メートルくらいまでしばらく浮いている。これを食べようと、表面拾い食い性のアホウドリ科、ミズナギドリ科が集まり（**図3-6**）、餌を鈎から奪っていくが、しばしば餌を鈎ごと飲み込んだり、翼や脚に鈎が刺さったりして、かかってしまう（**図3-7**）。かかると鈎とともに海中に沈み溺死する。生き餌だけを食べる追跡潜水者のウミスズメ科やペンギン科、また、表面ついばみをする種でも延縄の餌（イカやアジ）を食べられない小型のウミツバメ科、アジサシ亜科が

図 3-7　俊鷹丸（水産資源研究所）における延縄調査で混獲されたコアホウドリ。写真提供：水産資源研究所・水産庁

混獲されることはあまりない。

底延縄の場合は、幹縄に錘がついていて直ちに沈んでいくため、投縄時に混獲されることは少ない。一方、揚縄時、獲物が小さい場合は、この獲物自体を狙って鈎にかかってしまうことがある。刺網と同じように、延縄でも、海鳥の他に、海中に設置されている間にウミガメ、サメといった漁業対象種ではないさまざまな大型捕食者が鈎にかかる（**図3-8**）ので、海洋生態系への影響が懸念されている[13,14]。

外洋［＊5］、特に国際水域ではさまざまな国の船が延縄操業しており、混獲数を求めるのは簡単ではないが、オブザーバー船の情報と総延縄努力量（総投下鈎数）を使い、いくつかの仮定のもとにその数が推定されている。例えば、中部北太平洋全体では表層延縄漁によって年間一万羽程度のクロアシアホウドリ[15]、ハワイの延

図3-8　俊鷹丸の延縄調査で漁獲されたヨシキリザメ（上）とアカウミガメ（下）。写真提供：水産資源研究所・水産庁

縄漁に限れば年間数百羽ほどのコアホウドリとクロアシアホウドリが混獲されていると推定される[16]。一方、アラスカ（おもにベーリング海）での底延縄漁による一九九五〜二〇〇一年の年間の海鳥混獲数は一万〜二・六万羽と推定されている[17]。

こうした研究をもとに、全世界における延縄漁による海鳥類の混獲数が見積もられている（**表3-3**）。これによれば、最も多く混獲されるのはアホウドリ科、ミズナギドリ科であり、年間の混獲数は最低でも一六万羽、たぶん三二万羽を超えるだろうと推定されている。この推定値は、混獲が理由で禁止となった北太平洋国際水域の表層流し刺網漁による年間の海鳥混獲数にせ

表 3-3　世界の表層・底延縄漁による年間の海鳥混獲数の推定。文献 18 より推定混獲数 1,000 羽を超す例を抜き出して作成。1990 年代中頃（文献 18）と 2000 年代中頃（文献 19）を比較して示す。NA はデータがないことを示す。

船籍：海域（漁業形態）	1990 年代中頃	2000 年代中頃
アルゼンチン：パタゴニア陸棚（底延縄）	1,160	58
ブラジル：南西大西洋（表層延縄）	6,656	2,061
ブラジル：イタイパヴァ港（表層延縄）	NA	最大 9,170
ブラジル：南西大西洋（底延縄）	4,241	0
カナダ：スコシア陸棚・グランドバンク（表層延縄）	NA	1,400
南極海：南極の海洋生物資源の保存に関する委員会の管理海域（底延縄）	6,8230	1,355
チリ：パタゴニア陸棚・チリ南方（底延縄・表層延縄）	NA	1,008〜1,414
中国（台湾）：大西洋・太平洋・インド洋（表層延縄）	2,945	4,018
日本：北緯 20°以南（表層延縄）	1,7242	6,299
日本：北太平洋（表層延縄）	14,540	14,540
地中海：マルチーズ海（底延縄）	NA	1,220
ナミビア：ベンゲラ海流域・南大西洋（底延縄）	NA	20,200
ニュージーランド：キャンベル・チャタム海嶺（底延縄）	4,958	1,122
ペルー：イロ、カラオ、サラベリー港（底延縄）	3,990	190
ロシア：西ベーリング海・カムチャッカ（底延縄）	NA	6,334
南アフリカ：ベンゲラ海流域、インド洋および大西洋亜南極海（表層延縄）	35,208	700
スペイン：太平洋・大西洋・インド洋・地中海・アイスランド（底延縄・表層延縄）	NA	59,159
ウルグアイ：南大西洋（表層延縄）	6,000	498
アメリカ：アラスカ、ハワイ、北西太平洋、メキシコ湾（底延縄・表層延縄）	40,136	5,640
不明国籍（表層延縄）	NA	4,533

まる数である。

一九九〇年代中頃と二〇〇〇年代中頃を比べると、いくつかの海域において混獲数は減っている（**表3-3**）。漁獲努力量自体が減ったことと、混獲率低減技術によるものである。

一方で、これまで延縄漁がなかった海域で新たに操業が始まったため混獲数が増えている事例や、地中海やノルウェーにおける底延縄漁や新興国の漁業のようにデータがないかあっても信頼性がないので評価できない場合があること、記録に残らない混獲も相当であるだろうことには注意しないといけない。

繁殖齢に達した成鳥の死亡率の上昇は繁殖に参加していない若齢個体のそ

れよりも、個体数減少に大きく関係する。また、オスの繁殖成績は個体差が大きいが、メスでは個体差が小さい。そのため、混獲されるのが成鳥か若鳥か、オスなのかメスなのかは、個体群レベルでのインパクトを考える際には重要である。

延縄によって混獲された個体の性や年齢には偏りがある。アホウドリ科・ミズナギドリ科のオスはメスよりも体サイズが大きいため競争力が強く、そのため、延縄にも混獲されやすいのではないかと考えられていた。ところが、パタゴニア沖で延縄操業時に集まってきたアホウドリ科・ミズナギドリ科の成鳥を捕獲して調べたところ、その性比はそれぞれの種の体サイズのオス・メスの差の程度とは無関係だった[20]。また、多くの研究を見渡してみると、混獲された個体数には性差や年齢差があったが、オスが多いのか、若鳥が多いのか、といった傾向は海域間で大きく異なり、高緯度ではオスと成鳥に、亜熱帯域ではメスと亜成鳥が多く混獲されるようであった[21]。性や年齢によって分布が異なるので、それが混獲数の差となって表れているようだ。

3 刺網による混獲のインパクト

個体数が多い海鳥種は混獲数も自然と多くなる傾向があるので、混獲数が多ければ、ストレス自体は大きいと言えるのだろうが、個体群へのインパクトも大きいとは限らない。こうした混獲が海鳥の生存率の低下、その結果としての個体数減少をもたらしたのだろうか。まず、外洋における表層流し刺網漁のインパクトについてみてみよう。

一九九〇年代までは北太平洋北部での表層流し刺網によって、ハシボソミズナギドリとハイイロミズナギドリが年間最大でそれぞれ四〇万羽程度が混獲された（1節と図3-3など）。しかし、これがオーストラリアとニュージーランドに繁殖するハシボソミズナギドリ三〇〇〇万つがい、ハイイロミズナギドリ五二〇〇万つがい[22]の種個体群にどういった影響を与えたのかははっきりしない。両種はわずかに減少傾向にあるが、全世界の個体群サイズは依然莫大である[23]。混獲数を仮に両種あわせて毎年三〇万羽だったとした場合、これは非繁殖個体（仮に全個体数の五〇％）を含む全世界の個体数の〇・三％以下となる。これを検出できるほど個体数推定が正確ではないせいか、明確な結論は出ていない[4,24]。

ただし、この二種と同じようにオーストラリアとニュージーランドで繁殖し、おもに我が国周辺の北太平洋西部で非繁殖期を過ごすアカアシミズナギドリの個体数は、最近も減少し続けており、この種は前の二種と違って、延縄の餌や漁船からの投棄魚にも誘引されるので、日本の排他的経済水域内で継続されている表層流し刺網漁や国際水域も含めた延縄漁による混獲が懸念されている[25]。

沿岸刺網漁でインパクトが比較的はっきりしているのは、アメリカのカリフォルニア州沿岸でのオヒョウを狙った底刺網漁による混獲である。一九七九年から一九八七年の間に七万羽から七万五〇〇〇羽のウミガラスが混獲され、中部カリフォルニアで繁殖するウミガラスの数は一九八〇〜一九八二年には二二万九〇八〇羽だったのが、一九八六年には一〇万八五三〇羽と半分以下に減ってしまい[26]、その原因の一部はこの底刺網による混獲であると考えられた[23]。

先のバルト海・北海における小規模な刺網による混獲をとりまとめた研究[11]は、混獲による死亡率の上昇が海鳥個体群へどう影響するかも分析している。情報の多い三種（コオリガモ、ウミガラスとスズガモ）について、個体群を維持するためにはどの程度までなら混獲による個体の取り除きが許されるかの目安である〝生物学的取り除き可能量〟（ＰＢＲ）［＊6］を計算し、実際の混獲数と比較したところ、少なくともウミガラスとスズガモについては、混獲数がＰＢＲに近いかそれを超えており、個体群が維持できなくなるとしている。

我が国のウミガラス、ケイマフリ、エトピリカは一九八〇年代までにその数を大きく減らした。北海道北西部の日本海に浮かぶ天売島のウミガラスも、一九六三年から一九七二年の一〇年間に個体数を八分の一にまで激減させた。この減少期間には二七〇隻ほどの日本海小型サケ・マス表層流し刺網船が操業していた。北海道沖では、ウミガラスの繁殖期である五月中旬から六月中旬がこの漁期であり、この時期にウミガラスを中心とする多数の海鳥を混獲していたという情報がある。これが減少原因の一つだったのではないかと考えられている[27]。刺網漁による混獲は日本に繁殖するカンムリウミスズメ、ウミガラス、エトピリカ、ケイマフリに重大な影響を与えているとの懸念を示す報告もある[2]。

このように、国際水域での表層流し刺網は一九九一年に全面禁止されたが、各国の排他的経済水域内での表層流し刺網や沿岸での底刺網は継続されており、これらによる個体群へのインパクトはほとんどわかっていない。

4 延縄漁の混獲によるインパクト

延縄漁業は重要な産業であるため、延縄漁による混獲の個体群へのインパクトについては、慎重に検討されている。なかでも、最も多く混獲されているのが、絶滅が強く危惧されているアホウドリ科であることが問題とされる。では、アホウドリ科の個体数の減少の原因は本当に延縄漁による混獲なのか。三つの方法で分析されている。

一つは延縄の漁獲努力量と個体数減少との関係を繁殖地間の比較により分析した研究である。亜南極の島々に繁殖するワタリアホウドリを衛星対応発信機で移動追跡し、また非繁殖個体の足環の回収記録を分析したこの研究では、繁殖期・非繁殖期いずれにおいても、彼らの利用海域は、ミナミマグロの表層延縄漁業とマジェランアイナメ（我が国ではメロあるいは銀ムツの名で市場に出ている）の底延縄漁場と重複していることがわかった[28]。また各島の個体群年間減少率はその島の周囲での延縄漁の強度が強い場所ほど大きかった（図3-9）。こうした証拠に基づき、延縄漁が個体数減少に関わっていたのだろうと推論している。その後、漁獲努力量全体が減少し、日本の延縄漁船がワタリアホウドリの採食範囲外に操業を集中させるようになると、ワタリアホウドリの成鳥生存率と加入数［＊7］が回復したことは、この推論を支持するとしている。

二つ目は、混獲による成鳥死亡率の上昇によって個体数減少が説明できることをモデル計算した研究である。南大西洋の亜南極海域にあるイギリス領サウスジョージア島のワタリアホウドリの個体群動態モデルを作り、混獲がすでに起こっている三〇年間の研究から、加入率と成鳥の生存率を推定して、個体数変化率を求めたところ、年一％の減少であり、実際の長期データからの実測値と近かった[29]。この研究では、

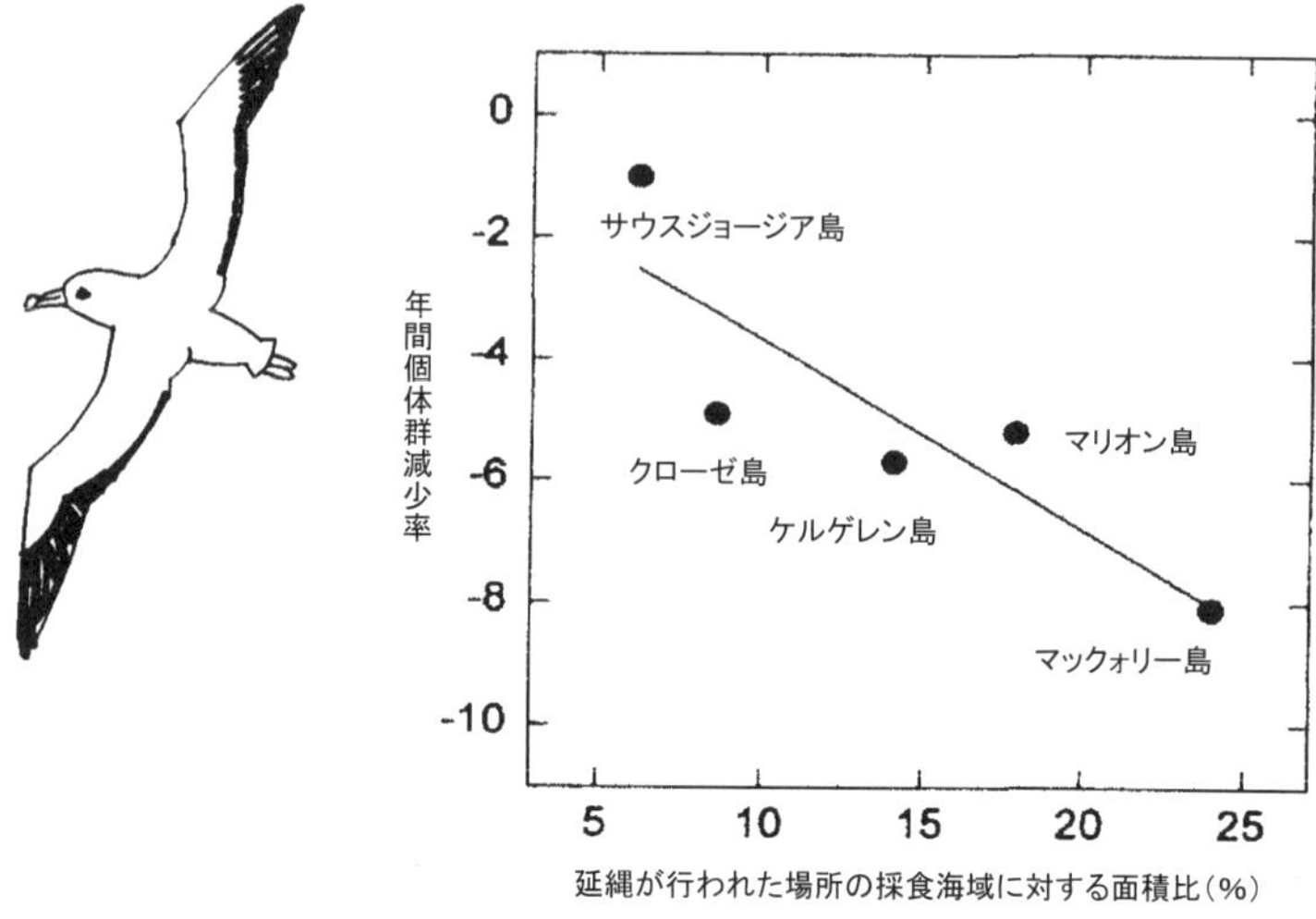

図 3-9　各島で繁殖するワタリアホウドリの採食場所の中で延縄が行われた場所の面積割合（緯度・経度 5 度セル単位で計算）とその島の個体数減少率の関係。採食海域で延縄が行われている面積比が大きい繁殖地ほど減少率が大きいという統計的に有意な関係がみられた。その回帰直線を示す。文献 28 より。

延縄漁が行われる前よりも、成鳥生存率が一〜二%、加入率が五%以上減ったとすれば、この個体数減少が説明できるので、混獲が個体数減少の原因だと結論づけている。

同様のモデル計算によって、南インド洋の亜南極海域にあるフランス領アムステルダム島にだけ繁殖するアムステルダムアホウドリと中部北太平洋のクロアシアホウドリでは、このまま混獲が続けば、それぞれ、個体数の減少が続く[30,31]か、横ばい状態のままである[32]と予測されている。

三つ目として、延縄漁が海鳥個体群にインパクトを与えているか、気候要因も含めた長期データからも検討されている。インド洋の亜南極海域のフランス領ケルゲレン諸島のマユグロアホウドリの繁殖成績は、繁殖海域の水温が高いかトロール漁船が多い年によかったが、それは水温が高いと何らかの理由で餌の利用可能性が高く、また、トロール船が多いとそこからの漁業廃棄物である投棄魚、つまり表面ついばみ・拾い食いをするアホウドリ科にとっての餌供給量が多くなるためであると考えられた[33]。次に、親鳥の生存率はトロール船の数にはあまり影響されなかったが、越冬海域のマグロ延縄漁船数が多いと低くなったので、延縄による混獲が大きなインパクトを与えていると結論づけられた。

気候と混獲の影響は、繁殖地が同じでも、採食生態や越冬海域が異なる種間では異なるようである。サウスジョージア島で繁殖する三種のアホウドリ科は、ここ三五年で個体数が四〇～六〇%も減っている（図3-10）。詳しい分析によると、ワタリアホウドリとマユグロアホウドリでは混獲が亜成鳥と成鳥の生存率を大きく下げるとともに、水温上昇と海氷減少および強い風が個体群回復を妨げているのに対し、ハイガシラアホウドリでは混獲が成鳥生存率だけを下げており、特に、エルニーニョの年には生存率が大きく低下した[34]。

一方、北大西洋中部の西にあるポルトガル領マデイラ諸島のセルベーゲム・グランデ島に繁殖するオニミズナギドリでは、成鳥生存率は、繁殖海域での延縄の漁獲努力量が高く水温が高いと、また非繁殖海域での気候変化インデックスであるＳＯＩ［＊８］が正であると低い傾向があり、結論としては、この種では気候や水温の効果の方が混獲よりも強く影響しているとされている[35]。

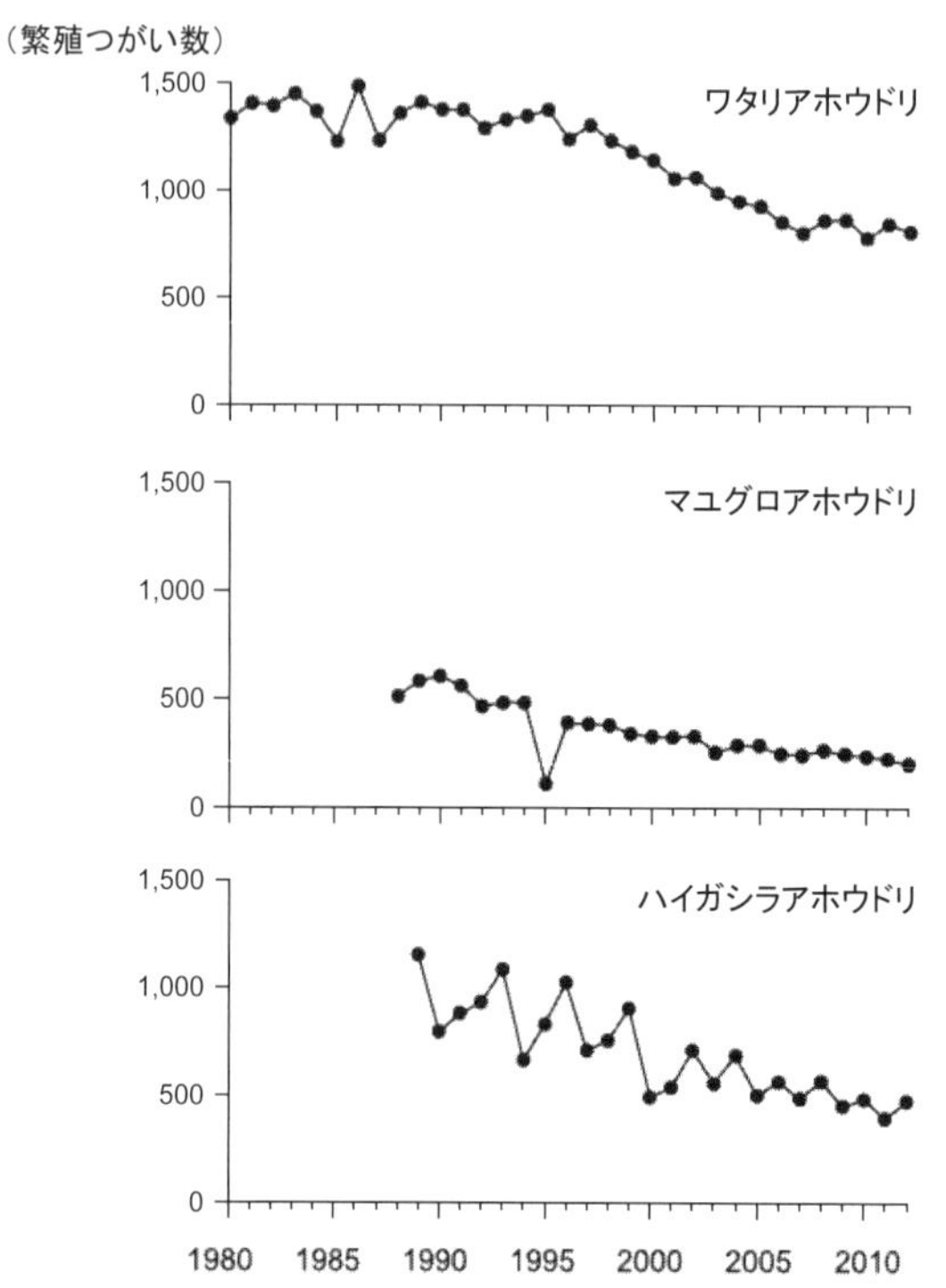

図 3-10　サウスジョージア島のアホウドリ科 3 種の繁殖数の減少。文献 34 より。およそ 2000 年以降、周辺海域では混獲回避措置がとられているが、繁殖数は減り続けている。

5 混獲率低減手法の開発

このように、刺網漁と延縄漁によって毎年かなりの数の海鳥が混獲されているので、これらが海鳥にストレスを与えているのは確かである。そして、延縄漁による混獲はアホウドリ科の個体数減少の一つの原因であり、インパクトも与えているようだ。

そのため、混獲率を低減するための手法の開発が行われ、我が国でも大きな努力が払われてきている[36]。混獲率低減手法の開発において、重視されてきたことは、海鳥の混獲率を下げるが、魚の漁獲率を下げないこと、そして労力をかけずに実施できて、安全で、作業性もよいことである。混獲率を下げたにしても、漁獲率が大きく下がってしまうのであれば元も子もないし、また、その手法が漁業者に大きな負担を強いるようでは受け入れられない。

まず表層流し刺網漁の混獲率を低減する手法が研究されている。国際水域における禁止により表層流し刺網漁のストレスは大きく減った。しかし、各国の排他的経済水域内では、まだ表層流し刺網漁が操業されている海域も多い。アメリカのワシントン州のサケ・マス表層流し刺網漁にはウミガラス類やウトウが混獲されるのだが、この表層流し刺網混獲を減らすためには、海鳥に対して網の視認性を高めるため、海面直下の、網の上部を着色すればよいことがわかった（図3-11）。

その際、サケ・マスが獲れなくなってしまっては困る。そこで、上部いくつの網目まで着色するかが問題とされた。上部二〇目まで着色した場合は、単位網数あたり海鳥の混獲数（混獲率）は着色しなかった場合の五五％とかなり減ったが、漁獲数は八八％とあまり減らなかった。一方、上部五〇目まで着色して

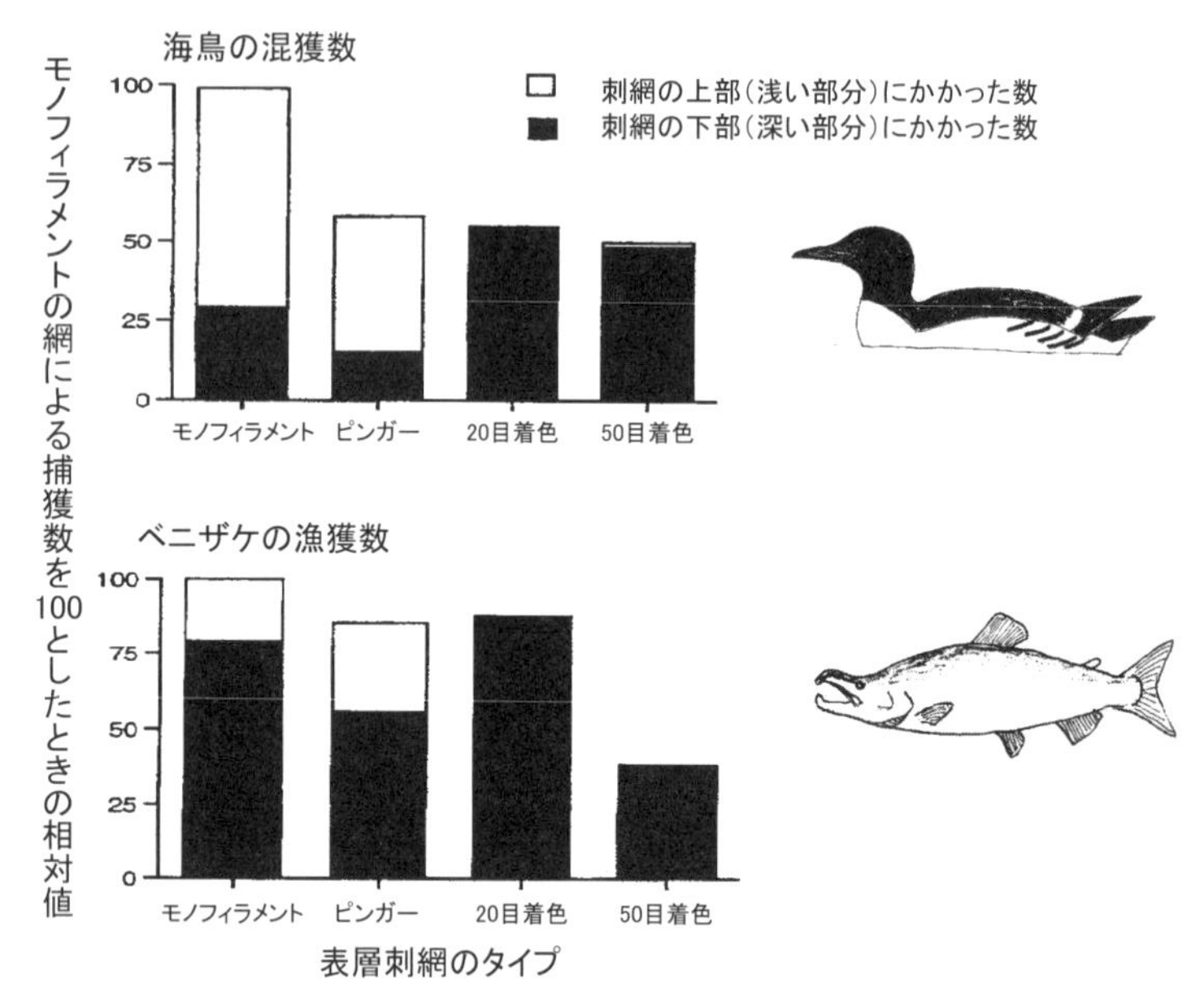

図 3-11　表層流し刺網における海鳥混獲数と漁獲数の混獲低減手法による比較。文献37より。実験では、透明なモノフィラメントの通常の網と、飛行中の海鳥から網をよく見えるようにするため刺網の上部（浅い部分）20の網目を着色したものと50の網目を着色した網を使い、海鳥（おもにウミガラス類）の混獲数とベニザケ漁獲数を比較した。
この実験では、アザラシへの効果もみるため超音波を発するピンガーを装着した網もテストしている。網の上部を着色し海鳥から見やすくすると混獲数は減るが、多くの網目まで着色すると漁獲されるベニザケの数もかなり減る。

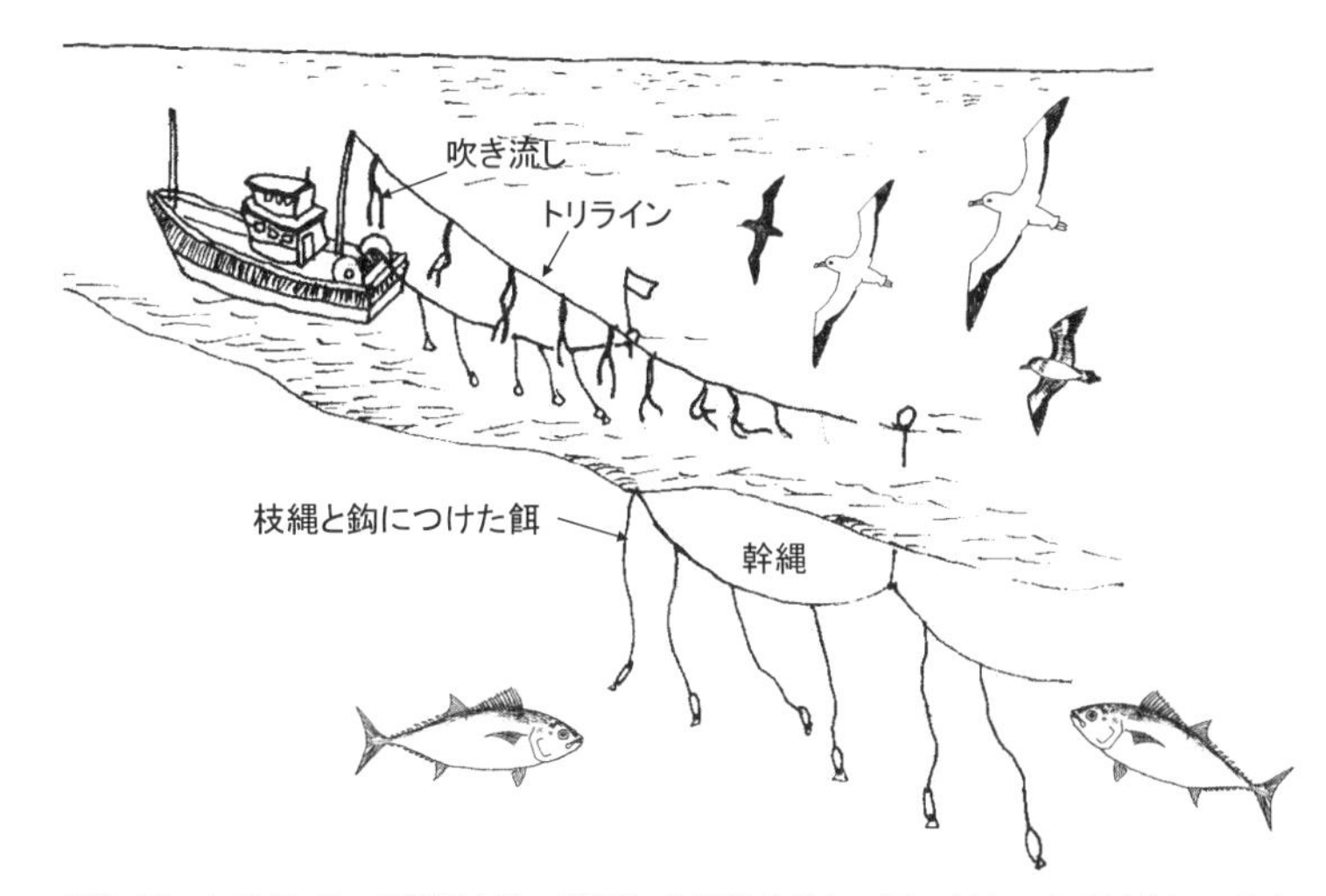

図 3-12　トリラインの設置方法。船尾から投縄すると、50〜100m までは鉤につけたイカやアジなどの餌が浮くので、それを表面拾い食いするアホウドリ科などが食べようとして鉤にかかってしまう。そこで、ポールを立て、ラインに吹き流しを数十センチ間隔でつけて、船尾から、餌が浮いている範囲に流す。鳥は警戒してこの吹き流しの範囲には入ってこない。

しまうと、海鳥の混獲数のさらなる減少はほとんどなかったが、漁獲数は三九％と大幅に減ってしまった。この結果から、二〇目まで着色する手法であれば、漁業者にも受け入れやすいだろうと考えられている[37]。

一方、我が国の沿岸域でもよく行われている底刺網漁における混獲を低減する手法の開発はあまり進んでいないが、ペルーで、カレイ類を狙った底刺網にＬＥＤライトをつけるとグアナイウの混獲率が八五％減ることが報告されている[38]。

表層延縄による混獲は、投縄後、餌が表層に浮いている間だけ、アホウドリ科・ミズナギドリ科など表面ついばみ・拾い食い種がこれを食べようとするために起きる。そのため、船尾から投縄されて餌が浮いている範囲に鳥を近づけなければよい。日本

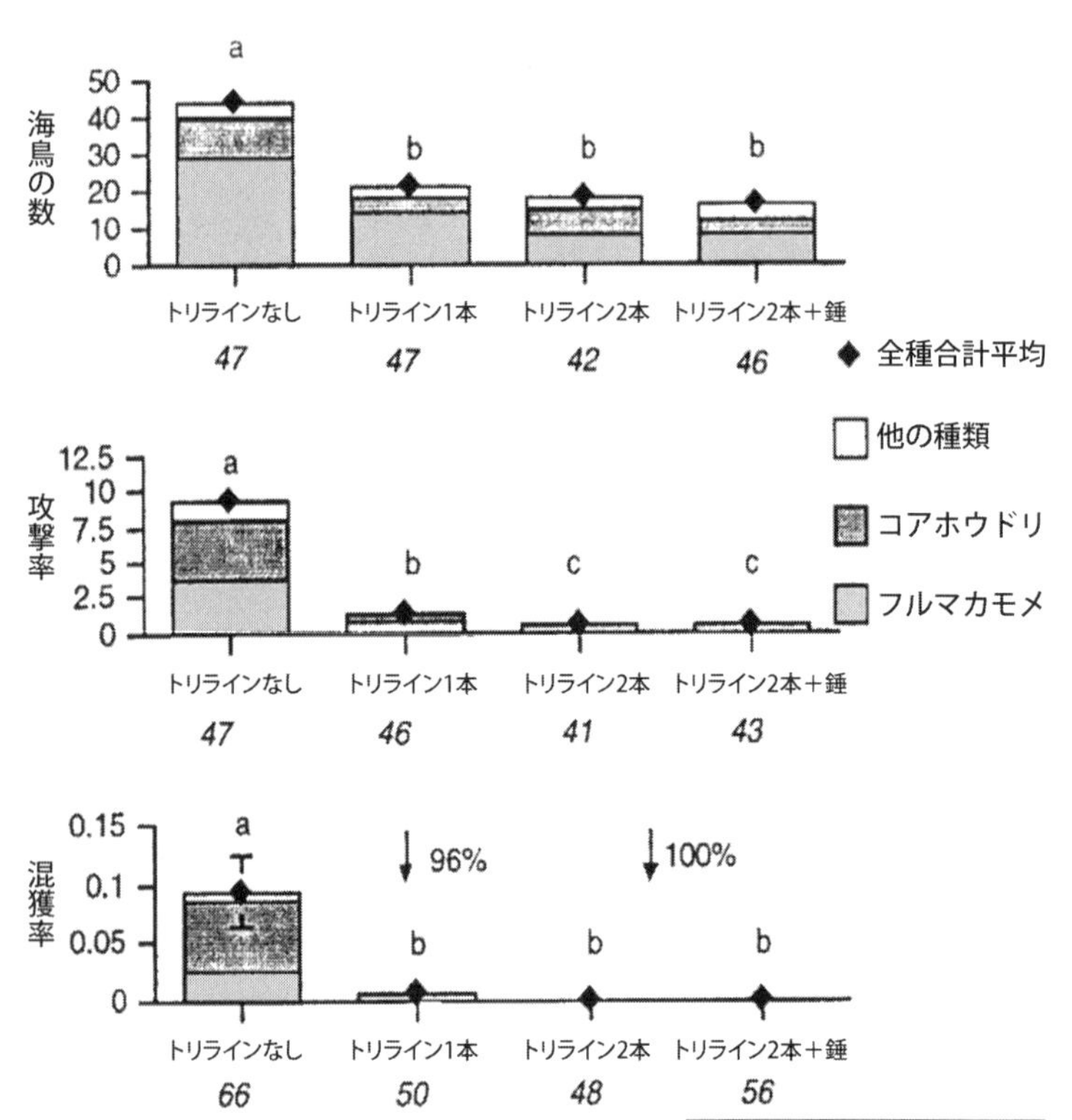

図 3-13　アラスカの試験的底延縄漁におけるトリラインの効果。2000 年に行われたギンダラ延縄で 1,000 鈎あたりの各種の混獲数（フルマカモメ、コアホウドリ、その他）を棒グラフで示す。トリラインを 1 本あるいは 2 本つけた場合と、トリライン 2 本と枝縄に錘をつけた場合（加重枝縄）の混獲率（1,000 鈎あたりの混獲数）。下の数字は各実験の試行回数。合計数の平均値（◆）と標準誤差（従線）も示す。文献 40 より。トリライン 1 本で混獲を 96%減らすことができる。実際の操業では漁船あたり 3,000 鈎程度を毎日入れる。
右はフルマカモメ。撮影：西澤文吾

図 3-14　餌がついた鈎を早く沈降させるために、鈎の手前に錘をつけた加重枝縄（左）と、同時に漁獲率が高まるといわれている水中ライトを装備した枝縄（右）。写真提供：水産資源研究所・水産庁

のマグロ延縄漁業者は、それまでも、海鳥に餌をとられないようにするため（餌をとられるとその分マグロがかかる数が減る）、船尾から吹き流しをつけた縄をたらすという手法をとっていた。混獲率低減手法として、まず、この吹き流しをつけた縄（「トリライン」と呼ばれる。**図3-12**）を使うことが推奨された[39]。トリラインを一本つけるだけで、適切に運用すれば、混獲率を劇的に減らすことができる（**図3-13**）。

次に、アホウドリ科はほとんど潜水せず、餌が浮いている間だけこれを食べるので、餌を早く沈降させれば、混獲しづらくなる。冷凍された餌には浮力があるため、よく解凍してから鈎につけると早く沈む。また、餌を早く沈ませるために枝縄に錘をつける手法（「加重枝縄」と呼ばれる）も推奨されている（**図3-14**）。ただし、この加重枝縄は、潜水もよくするミズナギ

表 3-4　マジェランアイナメ底延縄漁において夜間投縄した場合の混獲率低減効果。操業 1 回あたりの混獲数と混獲率（1,000 鈎あたり混獲数）を示す。文献 45 より。

投縄の時刻	延縄操業回数	混獲数	操業あたり混獲数	混獲率
日中	5	12	2.40	1.00
夜間	23	21	0.91	0.38

ドリ科には効果がなく、また、ミズナギドリ科が潜って餌をくわえてあがったところをアホウドリ科が横取りして鈎にかかってしまう二次的な混獲もあることが報告されている。[41]

その他の延縄の混獲率低減手法として、投縄が行われているのと逆の舷あるいは船首位置に魚のあらを投棄してそこに海鳥をあらかじめ誘引しておく戦略的投棄、[42]空中から餌を見えづらくするために青く染める、[43]投縄中は鈎にカバーがついていて鳥がかからないようにするフックポッドと呼ばれる装置を使う[44]などがある。視覚に頼る海鳥は夜間に採食することはあまりないので、投縄時刻も重要である。延縄オブザーバー船データの分析や操業実験の結果は、夜間投縄では混獲はかなり少なくなることを示している（**表 3-4**）。

混獲の実態を、漁業形態（刺網漁、延縄漁、トロール漁〔曳網漁〕）、船、場所、海鳥群集の特性、季節ごとに分析した研究によれば、漁法ごとにみても、混獲を減らす単一の手法はなく、複数の手法の併用が必要であるとされている。[46]延縄漁においては、加重枝縄を戦略的投棄、トリラインあるいは夜間投縄と組み合わせるのが効果的である。アホウドリ類・ミズナギドリ類の保全に関する多国間協定（ACAP：Agreement on the Conservation of Albatrosses & Petrels、我が国はオブザーバーとして参加している）ではトリライン、加重枝縄、夜間投縄の三つを組み合わせるべきとしている。刺網漁では、先に述べた通り、網の視認性を増すと混獲が減ることがわかっている以外は、まだ十分な低減手法が開発されていない。

リスクの高い海域［＊9］でこうした混獲率低減手法をとることに加え、漁具の設置深度を制限することも、混獲率および混獲数の低減に役立つだろう。例えば、ウミガラスなどの潜水性の海鳥の潜水深度はおよそ決まっているので、それより深いところに網をかければ混獲は減る。先に述べたように、一九八〇年代にアメリカのカリフォルニア州沿岸のウミガラス個体数が減少し、それはオヒョウ底刺網が原因であると考えられた。そのため、モントレー湾では一九八四年には二七・五メートル、北部カリフォルニア全体では一九八七年に七三メートルより浅い海域での底刺網漁が禁止された。その結果、一九八三年には二・五万〜三万羽のウミガラスが混獲されていたが、一九八四年以降は六〇〇〇〜一万羽、一九八七年には二〇〇〇〜三〇〇〇羽とその混獲数は減少した[26,47]。

ただし、こうした漁業制限を設けた区域に接した漁区では、漁獲効率が高いので漁船が集中し、かえって混獲数が多くなる可能性にも注意しなければならない。アルゼンチン沖の海域で、アルゼンチンヘイクを狙ったトロール漁が禁止となった直後に、マユグロアホウドリとオオフルマカモメをバイオロギング手法［＊10］の一つであるGPSデータロガーで追跡したところ、この禁漁区に接した盛んにトロール漁が行われている海域で過ごす時間が増えた[48]。これは、禁漁区に接した漁区では魚影が濃いので漁船が集中し、漁船からの投棄魚を狙ってマユグロアホウドリとオオフルマカモメも集まるためである。その結果として混獲数が多くなるのかもしれないと懸念されている。

6　混獲回避措置はインパクトを減らしているのか？

マグロ類の延縄漁に関する地域漁業管理機関は、アホウドリ科の混獲問題を重視しており、これまでに述べた各国の研究機関による複数の混獲率低減手法の実験結果をもとに、これらの手法をとるべき海域を定め、混獲数の低減に努めてきた。

みなみまぐろ保存委員会（ＣＣＳＢＴ）や中西部太平洋まぐろ類委員会（ＷＣＰＦＣ）、全米熱帯まぐろ類委員会（ＩＡＴＴＣ）などのマグロ延縄漁業を管理する各機関は、混獲リスクの高い海域では二つの混獲率低減手法を組み合わせるといった混獲回避措置をとってきた（表3-5）。大西洋まぐろ類保存国際委員会（ＩＣＣＡＴ）も、保全対象として重要なアホウドリ科個体群への混獲のインパクトの評価を行っている。その結果、何らかの混獲回避措置がとられたあとも、かなりの数の海鳥が混獲されていることがわかった。この死亡が減らなければ、いくつかの個体群では、個体数は減り続け、長期的存続可能性が脅かされるだろうと結論づけられた。[50] インド洋においてもインド洋まぐろ類委員会（ＩＯＴＣ）が太平洋と同等の措置をとっている。

こうしたルール作りは、漁業資源ではない海洋生物の保全に向けた国際水域における取り組みとして、画期的なものである。こうした混獲回避措置が一九九〇年代から、国際ルールとしては一九九七年にＦＡＯにより国際規範が提案され、地域漁業管理機関でも二〇〇七年から（表3-5）回避措置をとることが定められている。しかしその結果、アホウドリ科の個体数が回復したのかといえば、そうではないことをサウスジョージア島の三種のアホウドリ科の例は示している。さらに、アホウドリ科の繁殖数の二〇一六

表 3-5　マグロ類の地域漁業管理機関による混獲回避措置の実施勧告の例。文献 49 より。IPOA-Seabirds とは FAO が 1997 年に提案した国際行動計画で、各国はそれに基づいた規制をしている。管理措置の数字はその措置が定められた年を示す。
例えば、WCPFC の保全管理措置 2018-XX は 2018 年に定められ 2020 年より発効。こうした勧告などは新しい情報に基づいて更新されている。WCPFC は、2007 年に北緯 23° 以北および南緯 30° 以南で操業する大型延縄船に対して、2 つ以上の混獲率低減手法をとることを定めている。

海域	管理機関	管理措置	規制内容
ミナミマグロ漁場（南太平洋）	CCSBT	勧告 ERS	各国の IPOA-Seabirds の遂行 インド洋においては IOTC の措置に従う 中西部太平洋においては WCPFC の措置に従う 大西洋においては ICCAT の措置に従う
中西部太平洋	WCPFC	保全管理措置 2018-XX	各国の IPOA-Seabirds の遂行 23°N 以北で船体長 24m 以上の船は 2 つ以上、24m 未満の船は 1 つ以上の混獲率低減手法使用 30°S 以南で夜間投縄、トリライン、加重枝縄のうち 2 つ以上の混獲率低減手法使用 その他海域で 1 つ以上の混獲率低減手法を推奨
東部太平洋	IATTC	決議 C-11-02	各国の IPOA-Seabirds の遂行と報告 23°N 以北 30°S 以南および 2°N～15°N で 95°W 以東、15°S～30°S で 85°W 以東において、2 つ以上の混獲率低減手法使用 その他海域で 1 つ以上の回避措置使用
大西洋	ICCAT	勧告 11-09	25°S 以南で夜間投縄、トリライン、加重枝縄のうち 2 つ以上の混獲率低減手法使用 25°S 以北、20°S 以南は勧告 07-07 に従う
大西洋	ICCAT	勧告 07-07	20°S 以南でのトリライン使用 予備のトリラインの携行 鳥が多いときには 2 つのトリラインを使用 夜間投縄、加重枝縄を行うメカ延縄船は除外
インド洋	IOTC	決議 12/06	25°S 以南で夜間投縄、トリライン、加重枝縄のうち 2 つ以上の混獲率低減手法使用

年と二〇一九年におけるとりまとめによれば、それぞれ八種、一一種において未だに減少傾向が報告されている（**表1-2**）。インパクトの低減という点からは、国際ルールが定められたものの成果はあまり上がっていないようだ。

なぜアホウドリ科の個体数が回復しないのか。まず第一に、混獲率低減手法自体には効果があるのだが、現場での実効性があまり上がっていないのが理由と考えられている。トリラインは効果があることを示したが、その設置方法により混獲率は大きく変わる[51]。適切な設置と運用がカギである。また、延縄漁の混獲率に影響する要因の分析においては、個々の船による影響も大きかった[43·46]。

これは、トリラインを使っている場合でも、ある船では低減効果があるのに、他の船では認められないことを示している。特定の船で混獲率が高く、これには個々の船の操業手法に関わるさまざまな要因（鈎の種類、船速、プロペラに対する延縄投入位置、トリラインの設置の適切さ）が複合的に関係しているらしい。すべての船で、混獲率低減手法をとったうえで、さらに、特定の船に対しては個別に指導することを検討する必要があるのではないか、とまで提言されている[17]。

我が国でも、延縄漁において、混獲率に影響する操業形態や混獲率低減手法のさまざまな側面が分析され、操業現場での効果が総合的に評価されている[52·53]。例えば、夜間投縄は混獲率を大きく減らすが、作業するうえで危険度が増し、また、魚の種類によっては漁獲率が下がってしまうので、なかなか受け入れがたいことがわかってきた。こうした点も考慮し、突出して効果的な単一の手法はなく、現場で大きなコストをかけずに、その場に合ったやりやすい複数の手法を組み合わせることが効果的であると結論づけられている。

今後、混獲回避措置の効果を上げるには、漁業者が混獲回避の必要性を理解し、実効性のあるものにするための経験を積むことが最も重要であるとされている。混獲率低減手法の開発に加え、現場での作業性や実効性を考えて、すべての漁業者のモチベーションを高めるプログラムを開発すべき段階に入っている。

二番目として、地域漁業管理機関による漁獲量や操業海域、混獲回避措置の実施といった規制を逃れるため、非加盟国に船籍を移した漁船（便宜置籍）による違法・無報告・無規制な漁業活動（ＩＵＵ：Illegal・Unreported・Unregulated）が、広く行われていることも大きな理由だろう。亜南極のフランス領ケルゲレン諸島のマユグロアホウドリの個体数は一九九〇年代から二〇〇〇年代に減少しており、モデルで計算された混獲のほとんどが島周辺で行われた違法の底延縄ＩＵＵ船によるものと考えられている。[54]

もう一つの可能性は、混獲回避措置をとるべき海域が十分ではないことである。これについては14章1節で詳しく説明する。

他に、混獲回避措置により混獲数は減っているのだが、アホウドリ科は長生きであり、繁殖開始年齢が高いので個体群増加率は小さく、その効果はまだ表れていないと説明されることがある。しかしながら、最新のＩＵＣＮのまとめでもアホウドリ科二二種中一一種で個体数減少が続いている現実をみると、この説を信じ続けるのはいささか楽観的過ぎるだろう。

混獲率が減っていない理由として、最近の気候変化と一部の個体群で観察される個体数増加の可能性もある。ハワイの延縄漁によるアホウドリ科の混獲について、混獲率に影響する気候を含めた幅広い要因を分析したところ、[43] まず、エルニーニョの年には混獲率が上昇した。これは自然の餌が減ると表面的には混獲率が上がることを示唆する。漁船に追随するアホウドリ科の数の増加はその海域の生産性の低下と関連しているのかもしれない。

次に、近年ハワイ諸島のクロアシアホウドリの個体数は増加しており、これも混獲率の見かけ上の増加に関わっているようだった。個体数が増えれば混獲率（鈎数あたり混獲数）も混獲数も増えるのは当然である。個体群動態に関わるのは「個体あたり」の混獲リスクの増大である。個体あたりのリスクを評価する際は、船の周辺に集まっていた鳥の数や当該海域の鳥の密度を考慮する必要がある。

コラム① 日本のマグロ延縄漁業と海鳥混獲

越智大介（水産資源研究所）

日本の「遠洋マグロ延縄漁業」は第二次大戦後急速に発展・拡大し、世界の各大洋で操業が行われるようになった。[55] しかし、その漁場拡大の裏で、漁業による海鳥への干渉が大きくなっていった。こうした延縄漁業による海鳥の混獲問題は、一九八〇年代の公海表層流し刺網における海鳥の混獲が問題になって以降、国際的に大きな議論を呼び、一九九七年にＦＡＯ主導で海鳥混獲を削減するため国際行動規範（IPOA-Seabirds）が策定された。以降は各漁業国で海鳥混獲を減らす研究開発が行われ、現在、効果的な混獲回避措置がとられ始めている。

マグロ延縄での混獲リスクの分析や回避措置の効果に関する研究は、近年、国内でも進展をみせている。日本の科学オブザーバーデータやログブックデータ（操業記録）の分析から、「遠洋マグロ延縄漁業」が海鳥の混獲に直面するのは、おもに南緯二五～三〇度以南であること[56]、アホウドリ類（*Diomedea* 属、*Phoebetria* 属、*Thalassarche* 属）やミズナギドリ類（*Procellaria* 属）などの絶滅の恐れのある海鳥類の分布と延縄漁業の操業エリアの時空間的な重複により、これらの種類の混獲が発生しているらしいことが明らかとなった[57]。また、混獲回避技術に関しては、一〇トン以上の比較的大型の延縄船で使われる、トリラインと加重枝縄の適切な設計や運用方法に関する研究成果が出された[58など]。最近では、世界各国の沿岸～近海で操業する、小規模延縄船で応用可能な混獲回避技術の開発が新たな課題となっている。

効果的に海鳥混獲を削減する取り組みには二つのアプローチがある。一つは本章5節で紹介した混獲回避技術そのものをより効果の高いものに置き換えることであり、もう一つは、漁業者が混獲回避技術を正しく運用するよう動機づけする枠組みを構築することである。例えば、効果的な混獲回避技術が新たに開発されたとしよう。しかし一般的に、漁獲率低下の懸念などから漁業者は新たな技術の導入に対して消極的な態度をとることが多く、正しい運用が行われないか、最悪の場合使われない、といったことが起こりうる。その結果、技術が新しくなっても混獲は減らないなどの問題が生じることとなる。したがって、十分な海鳥混獲の削減達成には、漁業者が自発的に混獲回避技術を使い、混獲を削減しようとする動機づけが必要となる。

その例としてニュージーランドでは、政府のリエゾンオフィサー（連絡官）が混獲回避技術の運用方法の指導や混獲削減の意義などについて、個別の漁船に対して現地指導を行っている。[59] オブザーバーを乗船させて、混獲回避措置を含め操業の遵守状況を監視することも、回避技術の正しい運用に対する強いインセンティブとなる。ただ、半年以上寄港しない遠洋船では、オブザーバーの人員確保自体が課題とされ、そのため、最近ではオブザーバー乗船に代わるものとして、監視カメラなどを用いたe－オブザーバーシステムの試行が進められている。[60]

海鳥混獲の発生は、裏返すと対象魚の漁獲機会が失われていることを意味しており、そのことをよく理解している漁業者は独自に混獲回避装置を開発・運用し、自然保護団体などが主催する、混獲を減らすための新しい回避装置（スマートギア）開発の国際的コンペティションで賞を取るものも出てきているが、すべての漁業者がそう考えているわけではない。海鳥を混獲のリスクから遠ざけるためには、行政および研究者が連携して漁業者に粘り強く混獲回避の重要性について説明し、扱いやすい混獲回避技術を漁業者とともに考えていく必要があるだろう。

＊1…漁業活動が資源や生態系に及ぼす影響を詳細に把握することを目的として、漁船へ科学オブザーバーが乗船して調査を行うこと。

＊2…単位漁獲努力量（刺網の場合は一反、延縄であれば一〇〇〇鈎）あたりの混獲数のこと。混獲率に漁獲努力量（刺網なら総反数。縄なら総投入鈎数）を乗じたものが推定混獲数となる。混獲率は、混獲回避措置とその実施

状況や操業形態（船の大きさも含む）とともに漁船周辺に集まる海鳥の数にも影響される。集まる海鳥数は、気候変化の影響を受ける糧秣魚類の資源量と分布、その海域での海鳥の密度にも影響される。混獲率を下げる手法をとることは、「混獲回避措置」と呼ばれるが、その手段自体については、本書ではわかりやすく、「混獲率低減手法」とした。

＊3…その種の繁殖期以外の時期を指す。一般に「越冬期」ともいわれるが、ハシボソミズナギドリのように北半球の夏にこの海域で非繁殖期を過ごす種も多く、混乱するので本書では非繁殖期とする。ただし、北半球で繁殖する種については、わかりやすさを考えて、非繁殖期を「越冬期」、その期間に過ごす海域を「越冬海域」とすることもある。「非繁殖個体」とは、まだ若いので繁殖に参加していない個体、繁殖失敗した個体、ワタリアホウドリのように二年に一回しか繁殖しない種では繁殖をスキップしている個体を指す。

＊4…船尾から網を下ろし、ワイヤーで表層を曳く漁である。トロール漁は「曳網漁」とも呼ばれ、海底直上を曳いて、カレイ類、メバル類、カニ類といった底物を狙う底曳きトロール漁と、表層や中層を曳いてホキやニシン、サバ、ホッケなどの魚種を狙う表・中層トロール漁に分けられる。

＊5…本書では「本土から見えない範囲」のようにあいまいな意味で使っており、陸棚も含む。国際水域とは排他的経済水域ＥＥＺ（国土から二〇〇カイリあるいは陸棚縁の内側）の外側のおよそ一〇〇〇メートルより深い海盆域。公海のこと。

＊6…Potential Biological Removal の略であり、最小推定個体数、純増加率、回復係数により決めた捕獲枠のこと。これに相当する日本語はない。この例では、これ以上混獲されたら個体群の減少をもたらすであろう数のことである。我が国の漁業管理は、現状の生物学的、非生物学的条件の下で、資源量を減らさずに最大の漁獲量を上げることを目指しており、魚種ごとに生物学的漁獲可能量（Allowable Biological Catch：ＡＢＣ）と呼ばれる漁獲量を決め、これをもとに、過去の漁獲実績などを考慮して年間漁獲可能量（Total Allowable Catch：ＴＡＣ）を決めている。

＊7…各年に繁殖開始年齢に達した個体数のこと。その年に加入する個体が生まれた年の親の数、親一羽あたり産卵数、

ふ化率に繁殖開始年齢までの生存率をかけた数として求められる。

＊8…グローバルスケールでの中長期的な気候変化を示す指標のこと。ある地点と遠く離れた地点の水温や気圧の差で示されることが多い。ＳＯＩ（Southern Oscillation Index）はタヒチとオーストラリアのダーウィンの海面気圧の月平均値の差。太平洋熱帯域の気候変化の指標として使われる。正の値が続く時期は東部太平洋熱帯域の水温が低いラニーニャに対応する。

＊9…延縄漁獲努力量（鈎数）が高く、海鳥、特に希少種の密度も高い海域を示す。海鳥一個体が単位時間に混獲される確率（危険性）の意味で使うこともある。本書では「リスク」を多様な意味で使う。

＊10…野外で自由に生活する動物の位置、行動、生理情報を動物に装着した電波発信機やデータロガー（センサーを搭載した記録装置）で得る技術のこと。ここでは位置を追跡する技術を指す。電波を発信して衛星で受信し位置を知るアルゴスシステム、ＧＰＳで位置を記録するデータロガー、光強度を連続記録し日の出日の入り時刻から毎日の位置を割り出すデータロガー（ジオロケーター）が含まれる。二〇〇三年、国立極地研究所の内藤靖彦教授のもと開催された世界初の国際シンポジウムの折に、この技術の呼び名を決めようとなり、Yan Ropert-Coudert 博士が発案した日本発の造語である。その後、世界的に広く用いられている。

4章　投棄魚が変える海鳥の生活

さまざまな漁業において漁獲量の〇・一～六二・三％が投棄され、こうした投棄魚はカモメ亜科、トウゾクカモメ科、アホウドリ科、ミズナギドリ科、カツオドリ科などの食物の一～八割を占める。投棄魚の増加はこうした表面ついばみ・拾い食いする一部の海鳥種だけを利し、海鳥群集をいびつなものにしている。投棄魚の禁止は一時的にはこうした海鳥種に負の効果をもたらすだろうが、生態系の健全化と経済的・環境的に持続可能な漁業のためには望ましい。

人間は、意図せず野生動物にかなりの食物を供給している。人間が食べられる物のうち、その定義はさまざまであるが、およそ三〇～四〇％は、生産、加工、流通、消費の過程でフードロスとして廃棄され、その一部は野生動物、特に食性の幅が広い捕食性動物の餌となっている。[1] こうして出される廃棄物の中には、家庭の生ごみ（残飯）のように、廃棄される場所と日が決まっているので、野生動物にとって、安定的に利用できるものが多い。そのため、廃棄物である残飯を食べる個体や種だけが生存率や繁殖成功率を上げ、個体数を増やす場合があり、結果的に遺伝的多様性や種の多様性を損なう可能性がある。また、残飯の供給は、競争、食う・食われるといった種間関係や、生態系における物質・エネルギー流の変化を通じて、生物群集、食物連鎖、生態系をいびつなものにしてしまうかもしれない。

図 4-1 北海道大学水産学部付属練習船おしょろ丸による底曳トロール漁の実習における漁獲物。ほとんどが商品価値のないソコダラ類などであり、高級魚のキチジ（☆）はちらほら見える程度である。撮影：著者

1　漁業廃棄物としての投棄魚の量

漁業活動も生産過程でかなりの廃棄物を出す。刺網漁や延縄漁、トロール漁といった漁業には、漁獲対象でないさまざまな獲物がかかる。これが混獲であり、海鳥がかかってしまう問題もその一つであった。一方、混獲物の多くは魚類である。例えば、メヌケやキチジといった高級底魚を狙う底曳トロールには商品価値のないソコダラ類がたくさんかかってしまう（**図 4-1**）。

こうした、釣りでいうところの〝外道〟は持ち帰ってもほとんど商品価値がないので、漁業残滓として海洋投棄される。底刺網にかかっている間に鮮度が落ちて売り物にならなくなった魚体や魚のあらも海洋投棄され、海鳥がこれを食べる。港に持ち帰ったあとで選別される場合、混獲物やあらは産業廃棄物となるが、一部は海鳥に利用されることもある。本書ではこれらをまとめて「投棄魚」とする。

そもそもどのくらいの量の魚が投棄されているのか。

世界的にみれば、毎年、全漁獲の八%にあたる七三〇万トンが投棄されている[2]。漁獲重量に対する投棄割合は漁業形態により大きく異なる(**表4-1**)。特にその割合が多いのはエビのトロール漁であり、漁獲重量の六二%もが海洋に投棄される。次に投棄量も投棄割合も大きいのは、マグロの延縄漁である。底曳トロール漁では、投棄割合は一〇%程度ではあるが、漁獲量自体が大きいので総投棄量は多く、また、北海の例のように投棄割合が三〇~四〇%に達する海域もある[4]。イカ釣りなど選択性の高い漁法での投棄割合は極めて少ない。

日本での例としては、カタクチイワシやサバ類を狙う千葉県館山沖の大型定置網では、サメやエイは海上で投棄されるか港に持ち帰ってから廃棄物として処理され、その全漁獲に対する重量割合は八・四%[5]、カレイ、シャコ、エビ類、シログチを狙う福岡県豊前海区の小型底曳網漁ではヒトデやカニの他、未成魚が投棄され、その量は入網物の六割程度にもなる[6]といった報告がある。

2 海表面ついばみ・拾い食い採食をする種が投棄魚に依存する割合

投棄魚をよく食べるのは、海に浮いている大型のイカの死体など比較的大きな海洋生物をついばんで食べるアホウドリ科・ミズナギドリ科や飛び込み潜水するアジサシ亜科・カツオドリ科、表面ついばみ採食に加え海岸で貝やヒトデを拾い食いするカモメ亜科である(**図4-2**)。

表4-2にこれらの種類の餌中に投棄魚が占める割合を示した。

北海のスコットランドで繁殖するオオトウゾクカモメのペリット(消化できない魚の骨をまとめて吐き

表 4-1 世界における年間水揚量と投棄量（単位は 1,000 トン）。文献 3 による。文献 4 も参照。投棄率とは投棄量を水揚量と投棄量を足した値（これが漁獲量に相当する）で割ったものであり、さまざまな報告の重みづけ平均とカッコ内に最小値と最大値を示す。

漁業形態	水揚量	投棄量	投棄率(%)
エビ漁トロール	1,126.3	1,865.1	62.3（0〜96）
底曳トロール(底魚)	16,051.0	1,704.1	9.6（0.5〜83）
表層延縄(マグロ類)	1,403.6	560.5	28.5（0〜40）
沖合中層曳トロール	4,133.2	147.1	3.4（0〜56）
巻網(マグロ類)	2,673.4	144.2	5.1（0.4〜10）
さまざまな漁具(多様な魚種)	6,023.1	85.4	1.4
移動式かごあるいはツボ罠	240.6	72.5	23.2（0〜61）
底曳桁網	165.7	65.4	28.3（9〜60）
小規模沖合巻網(イワシ類など)	3,882.9	48.9	1.2（0〜27）
底延縄	581.6	47.3	7.5（0.5〜57）
刺網(底刺網・表層刺網合計)	3,350.3	29.0	0.5（0〜66）
手釣り	155.2	3.1	2.0（0〜7）
マグロ類一本釣り	818.5	3.1	0.4（0〜1）
手取り	1,134.4	1.7	0.1（0〜1）
イカ釣り	960.4	1.6	0.1（0〜1）

図 4-2　漁船からの投棄魚に群がるクロアシアホウドリなど。写真提供：水産資源研究所・水産庁

表 4-2　海鳥の餌中の投棄魚や人間の廃棄物の割合。比較的多く投棄魚を食べている表面採食・拾い食いする種の例を示す。

種類	海域・コロニー	漁業	時期	%	判別方法	単位	調査手法	文献
オオトウゾクカモメ	北海（スコットランド）	底曳トロール	繁殖期	28〜82	種類	個数	コロニーでの吐き戻し・ペリット	7・8
オオアジサシ、ベニアジサシ、マミジロアジサシ	グレートバリアリーフ（オーストラリア）	エビトロール	繁殖期	>20（5〜70）	種類	個数	コロニーやねぐらでの吐き戻し	9
ヨーロッパミズナギドリ	地中海エブロデルタ沖	底曳トロール・巻網船	繁殖期	41	直接観察	エネルギー	トロール船からの観察とモデル計算	10
マユグロアホウドリ	アルゼンチン陸棚域	トロール底・表層延縄	非繁殖期	63〜71	餌タイプ	炭素・窒素ベース	血液の安定同位体比	11
マユグロアホウドリ	アルゼンチン陸棚域	トロール底・表層延縄	繁殖期	20	餌タイプ	炭素・窒素ベース	血液の安定同位体比	12
アメリカオオセグロカモメ	モントレー湾（カリフォルニア）	人間の廃棄物	不明	10〜31	餌タイプ	炭素・窒素ベース	羽根の安定同位体比	13
オオセグロカモメ	天売島（日本海）	底刺網	育雛期	41〜61	種類	回数	給餌内容観察	14

出したもの）中の魚の耳石［＊1］を分析したところ、三〜八割が、潜水できないオオトウゾクカモメが自力ではとれない中・底層魚であるタラ類（成魚）であり、トロール漁の投棄魚を食べたのだと考えられている。[7・8] また、オーストラリア北東部熱帯域のグレートバリアリーフで繁殖するオオアジサシ、ベニアジサシ、マミジロアジサシの餌の、少なくとも二割がエビのトロール漁で混獲され投棄された投棄魚（底魚）だった。[9] 繁殖中のヨーロッパミズナギドリの必要エネルギーの四割を、スペインの地中海北西側にある湿地帯エブロデルタ沖で操業する底曳トロール船と巻網船［＊2］からの投棄魚が占めていた。[10]

非繁殖期にも、投棄魚に依存している種がいる。マユグロアホウドリは南大西洋アルゼンチンのパタゴニア陸棚域で非繁殖期を過ごすが、この海域では延縄とトロール漁業が行われている。マユグロアホウドリの血液の安定同位体比［＊3］から彼らが食べていた餌を推定したところ、カタクチイワシ、アルゼンチンアカイカなど糧秣魚類は一九〜二七％なのに対し、トロール漁からの投棄魚であるアルゼンチンメルルーサ（タラ目）は二五〜四五％、底延縄漁からの投棄魚であるマジェランアイナメ（メロあるいは銀ムツ）は二一〜四二％、表層延縄漁からの投棄魚であるサメとマグロは八〜一五％であり、餌の六〜七割が投棄魚であると推定された。[11]

一方、同じ海域を利用する繁殖中のマユグロアホウドリ八九個体の移動軌跡をGPSデータロガーで得て、同時に漁船の移動軌跡を漁船の位置・操業情報収集システムVMS［＊4］で調べたところ、一五個体が漁船に接近していた。また、血液の安定同位体比からおよそ一か月の間に食べた底魚（おそらく投棄魚）の割合を推定したところ、どの個体も二〇％程度であり、繁殖期を通してみるとどの個体もある程度

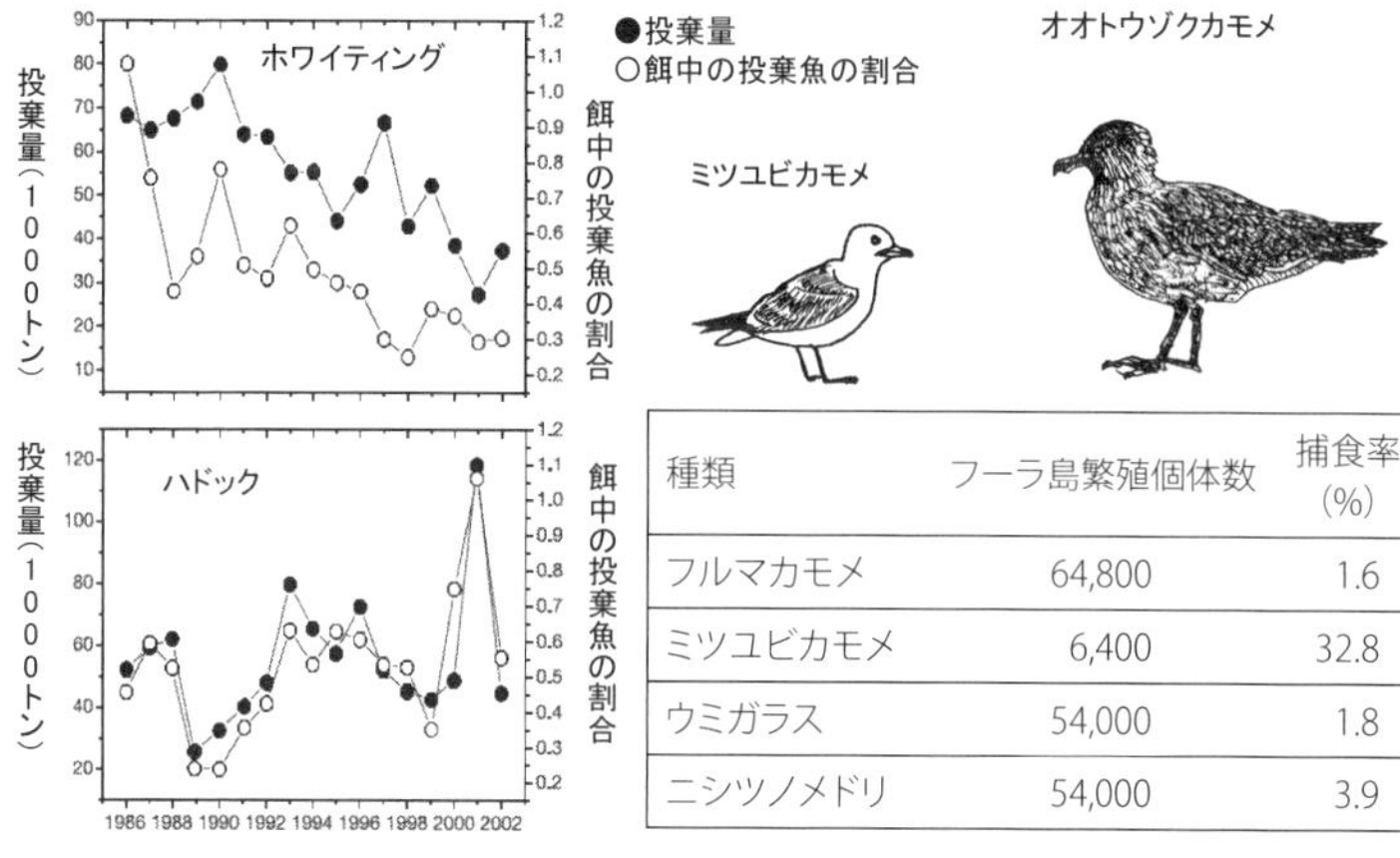

種類	フーラ島繁殖個体数	捕食率（%）
フルマカモメ	64,800	1.6
ミツユビカモメ	6,400	32.8
ウミガラス	54,000	1.8
ニシツノメドリ	54,000	3.9

図 4-3　左：北海における底曳トロールから出される底魚 2 種の投棄量とスコットランドのフーラ島でのオオトウゾクカモメの餌中のそれぞれの魚種の割合（逆正弦変換した値）の年変化。投棄量が多い年には餌中のそれぞれの種の割合が多い。ホワイティング（小型タラ目、左上）とハドック（モンツキダラ、左下）について示している。
右：もし投棄禁止となりフーラ島のオオトウゾクカモメがその不足分を補うためにある 1 種の海鳥を捕食するとした場合の各海鳥種の捕食率。左右ともに文献 16 より。

は投棄魚に依存しており[12]、その割合は非繁殖期に比べると小さいのかもしれない。

海鳥の餌中の投棄魚やごみの割合は年によって大きく変わり、それは投棄魚やごみの量の変化による。スコットランドのオオトウゾクカモメのペリット中の耳石を八つのコロニーで五年以上集め分析した結果では、餌中の投棄魚（ホワイティング〔小型タラ目〕とハドック〔モンツキダラ〕）の比率はトロール漁による水揚げ量が多い場所や年ほど大きく[15]、フーラ島の長期研究でも同様の傾向がみられている（**図4-3左**）。

また、歴史的な変化もみられる。アメリカのカリフォルニア州モントレー湾のアメリカオオセグロカモメの胸の羽根の安定同位体比の長期変化から人間生活由来の餌、つまりごみの割合を推定したところ、一九〇〇年初めには、窒素換算で一割程度だったのが、最近は三割に上昇していることがわかった（表4-2）。

表面ついばみ・拾い食いする海鳥種にとって、集群するオキアミやイワシ類は、いったん見つければ大量に食べられるが、いつどこにその群れが出現するか正確な予測がつかないし、死んで浮いているイカを見つけるのは偶然である[17]。一方、投棄魚は、操業中の漁船や港での陸揚げ中に出されるので、その場所や時刻は予測しやすい。そのため、これらの海鳥種は、利用できるときは投棄魚やごみを積極的に利用してしまうのだろう。

ただし、投棄魚が常によい餌であるとは限らない。湿重量一グラムあたりのエネルギー価は、投棄魚であるタラ類やカレイ類（三～七キロジュール）の方が、脂肪含量が多いイワシ類（六～一〇キロジュール）よりも実は低い[18]。そのため、容易に得ることができるという理由で投棄魚に強く依存してしまうことで、逆にエネルギー面での採食効率が悪くなる可能性が指摘されている[19]。注意深い解釈が必要である。この説は〝ジャンクフード仮説〟と呼ばれることもある。

3　投棄魚が支えうる海鳥の個体数

北海におけるトロール漁などからの投棄量は年八〇万トン程度で、タラ類・カレイ類が最も多く、次が底生無脊椎動物、魚のあらと続き、サメ・エイ類も投棄される（表4-3）。これは北海の年間漁獲量の二二％、魚類資源量の四％に相当し、エネルギーに換算すると三四〇万メガジュールにもなる[20]。この量は、この海域で通年生活する表面ついばみ・拾い食いする種（フルマカモメ、シロカツオドリ、オオトウゾク

表 4-3　北海における底曳トロール漁における年間の投棄量と、投棄されたうち海鳥に消費された割合。文献 20 より。

投棄物	年間投棄量（t）	海鳥による消費割合（%）
タラなど	262,200	71～90
カレイ類	299,300	8～41
無脊椎動物	149,700	1～9
あら	62,800	54～100
サメ・エイ類	15,000	12

カモメ、カモメ、ニシセグロカモメ、セグロカモメ、オオカモメ、ミツユビカモメ）五九〇万個体を養うことが可能で、北海に生息する海鳥の半分程度を通年支えうることになる[20,21]。また、イギリス周辺海域に限った計算でも、投棄魚は二八〇万個体の海鳥の生活を支えうると推定されている[22]。

投棄魚がすべて海鳥に食べられるわけではなく、北海のトロール漁業からの投棄物のうち、ヒトデやホヤといった海産無脊椎動物はほとんど利用されなかったが、タラ類は八割程度、カレイ類は四割弱が海鳥に食べられた（**表4-3**）。また、地中海エブロデルタ沖において、日中は底曳トロール船、夜間はイワシ類巻網船から投棄された魚のうち七〇%がヨーロッパミズナギドリが食べうるものとされ[23]、アルゼンチンのパタゴニア陸棚域の例では、トロール船から投棄されたアルゼンチンメルルーサのうち九一%がミナミオオセグロカモメとマユグロアホウドリに食べられた[24]。こうした結果は、投棄魚のかなりの割合が海鳥に食べられていることを示しており、これを考えると潜在的には非常に多くの表面ついばみ・拾い食いをする海鳥を養えるのは確かだろう。

4　投棄魚は海表面ついばみ・拾い食い種個体群に有利に働く

こうした混獲物の海洋投棄によって海鳥の生活はどう変わるのだろうか。まず分布の点からみてみよう。地中海、スペインのエブロデルタ沖海域では五～六月あるいは七～八月にトロール漁が禁漁となるが、禁漁となった海域ではアカハシカモメの密度が低くなる。[25]また、この海域で繁殖するヨーロッパミズナギドリとスコポリミズナギドリにおいては、トロール漁が禁漁となる季節には特定の採食場所を繰り返し使う傾向が強まり、遠くまで出かける長いトリップ［＊5］の比率が高くなる。[26]一方で、オランダのワッデン海のニシセグロカモメは、底刺網漁が行われる平日にはその海域を利用したが、漁が休みになる週末にはこの海域はあまり利用せず、陸上で果実、昆虫、残飯を採食する、[27]といったように操業スケジュールに合わせた生活をする。

より大きな空間スケールでも漁場と表面ついばみ・拾い食いする海鳥種の分布には関係がある。ベーリング海で周年生活するフルマカモメは投棄魚への依存度が高く、一九九〇年代から二〇一〇年代にかけてその分布を北寄りに変えたが、それはトロール漁場がしだいに北に移っていったためであると考えられている。[28]このように、投棄魚をよく食べる種の分布や採食行動は、投棄魚を出す漁船の分布とその変化に大きく左右される。

次に、繁殖成績への影響も大きい。エブロデルタにはアカハシカモメとキアシセグロカモメが繁殖し、いずれもトロール船からの投棄魚をかなり食べている。アカハシカモメでは、産卵期（五～六月）に禁漁となった年では、産卵が遅れ（図4-4左上）、また巣あたりの産卵数が劇的に減少し（図4-4右上）、巣

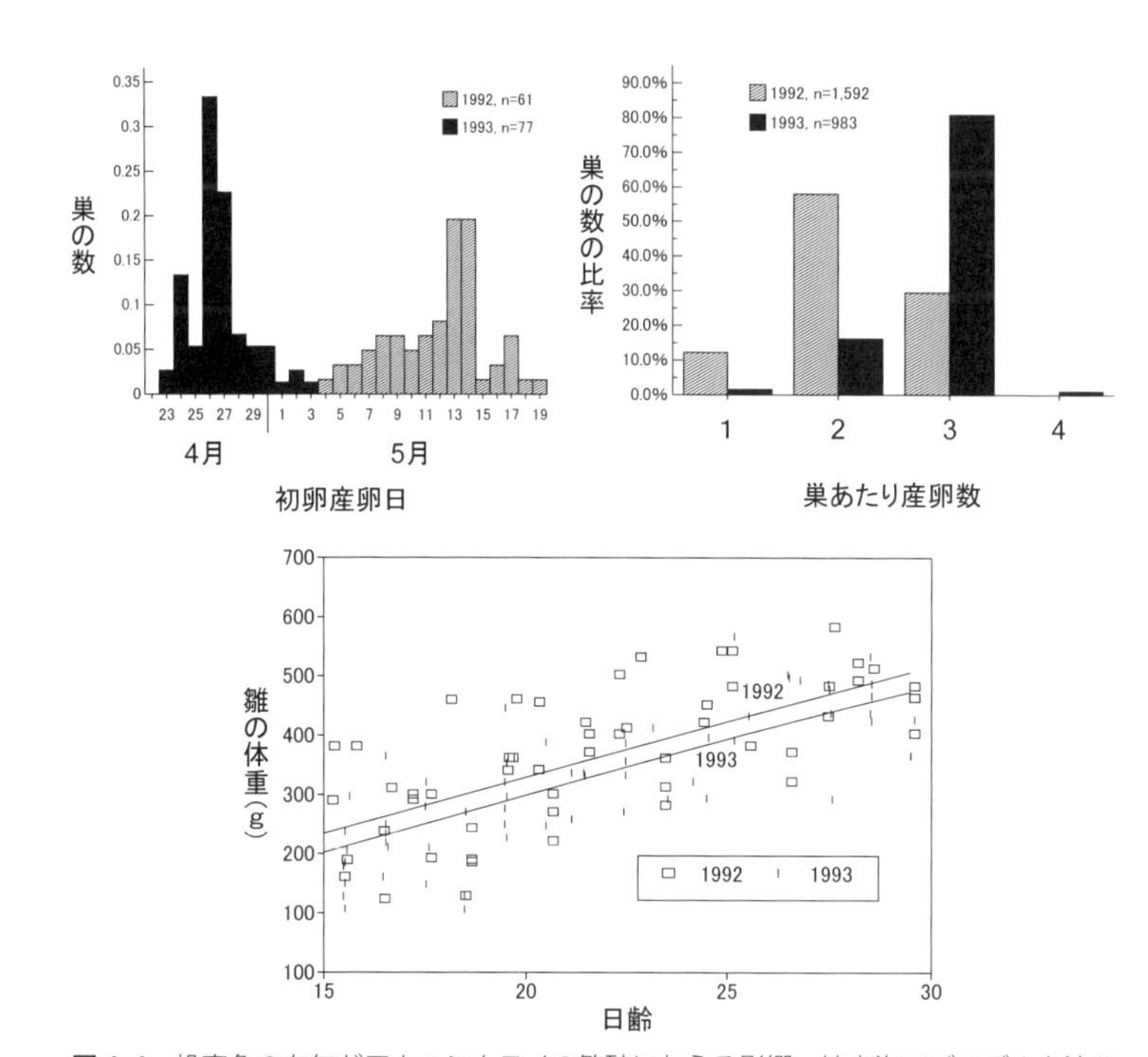

図 4-4　投棄魚の有無がアカハシカモメの繁殖に与える影響。地中海エブロデルタ沖の漁場において、資源保護のため、底曳トロール漁が 1992 年には産卵前に、1993 年には育雛期に禁漁となった。アカハシカモメは 1 巣におよそ 2〜3 卵を産む。
産卵前に禁漁となった 1992 年には、アカハシカモメの各々の巣の初卵産卵日が遅くなり（左上）、巣あたり産卵数が少なくなった（右上）。n は巣数。一方、育雛期に禁漁になった 1993 年には、同じ日齢で比べると雛の体重が軽く、成長が悪かった（下）。文献 29 より。

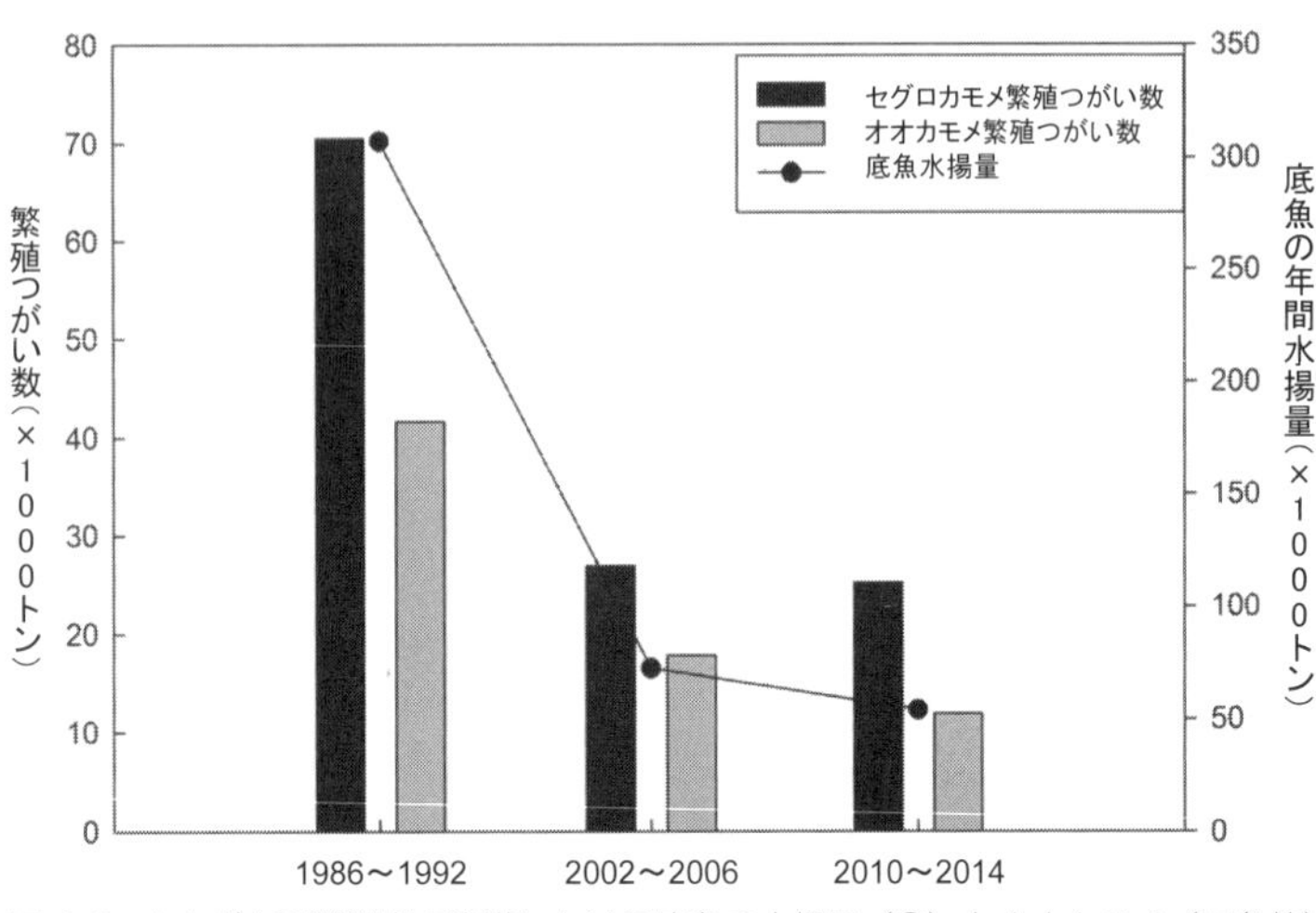

図4-5　カナダ大西洋沿岸の漁港における底魚の水揚量（●）とオオカモメ（灰色棒）とセグロカモメ（黒棒）の繁殖数の年代間の変化。文献31より。

の放棄が多かったが、それは投棄魚が利用できなくなってメスのボディーコンディション［＊6］が低くなったためであると考えられている。また育雛期（七～八月）に禁漁となった年には、雛の成長と生存が低くなった（**図4-4下**）。キアシセグロカモメでも、育雛期に禁漁となった年には、餌中の投棄魚の割合が減って、雛の巣立ち数が減少した[30]。

三つ目として、個体群にも影響するようだ。カナダの北部大西洋側においては、一九九二年にトロール漁が禁漁となり、タラの水揚げ量は一九八六～一九九二年期から二〇〇二～二〇〇六年期の間に七六%、二〇〇二～二〇〇六年期から二〇一〇～二〇一四年期の間に二五%まで激減した。これに伴って、投棄魚に依存する傾向が強いオオカモメとセグロカモメの繁殖数も、一九八六～一九九二年期から二〇〇二～二〇〇六年期の間にはそれぞれ年三・七%と三・六%、二〇〇二～二〇〇六年期から二〇一〇～

二〇一四年期の間には年一・六%と四・一%減少した（図4-5）。

また、地中海北西部のフランス沿岸に分布するキアシセグロカモメの研究では、各コロニーの個体数の増加率は、漁港や海岸沿いの町のごみ捨て場に近いほど、そしてそこに出されるごみの量が多いほど大きかった[32]。イギリスでも、二〇〇〇年から二〇〇六年の間にマレーグ地域での水揚げ量が急減し、その頃セグロカモメの繁殖数も急に減ったことが報告されている[33]。

このように、表面ついばみ・拾い食い種は投棄魚に強く依存することで繁殖成績が高くなり、個体数を増やす傾向がある。

5　他の海鳥種へのインパクト

投棄魚の量の変化は、表面ついばみ・拾い食い種の行動を変えることで、他の海鳥に影響を及ぼす。大型カモメ類やオオトウゾクカモメは、イカナゴなどの糧秣魚類を表層で食べ、投棄魚や残飯を拾い食いするとともに、他の海鳥から餌略奪もするし、小型ウミスズメ科やウミツバメ科を捕食したりもする。投棄魚が減るとその分を補うため、彼らは他の海鳥種を捕食する。

スコットランドのシェトランド諸島にあるフーラ島で繁殖するオオトウゾクカモメは、タラ資源の減少や海洋投棄の禁止により、投棄魚を食べられなくなり、ニシツノメドリやミツユビカモメなど他の海鳥種を捕食するようになった[16]。特に、主要な餌の一つであるイカナゴの資源量が、気候変化や過剰漁獲のため少なかった年には、他の海鳥を捕食する傾向が強くなった。その際、投棄魚が減った分をもし一種の海鳥を食べて補うとしたら、種類によってはかなりの捕食圧を与えると推定され（図4-3右下）、海鳥群集を変化させることが懸念された。

カナダ北部大西洋岸でも先述の通り、一九九〇年代に漁業資源の崩壊を防ぐためにトロール漁が制限され、投棄量が減少した。特に水温が低くカラフトシシャモが産卵のため接岸する時期が遅れた年には、大型カモメ類によるコシジロウミツバメの捕食数が多くなった[34]。

さらに、投棄魚は海洋生態系全体へも影響する。投棄魚は海面でまず海鳥に食われる。その際、先に述べたように、カレイ類や海産無脊椎動物は海鳥にあまり食べられないので、沈んで底生生物の餌となる[35]。フランスの大西洋側にあるビスケー湾において海鳥の分布の時間変化と船への誘引および投棄魚の分布から、海鳥による投棄魚の消費量の分布をモデル化した研究[36]によると、海鳥は投棄量の四分の一を消費し、残りは沈むので、それらを食べる底生生物群集にも大きく影響すると考えられている。

6 漁業廃棄物投棄の禁止の影響

海洋生態系への影響を配慮した、また経済的・環境的に持続可能な漁業を進めるため、ＥＵは共通漁業政策（ＣＦＰ）を一九八三年に策定し、一〇年ごとに見直してきた。二〇一三年の改定では漁獲物の海洋投棄を禁止とし、漁獲物はすべて持ち帰ることが義務づけられた。その結果、それまで投棄魚に依存していた海鳥種には負の影響が出ると考えられている[2,20]。ＥＵ海域に生息するフルマカモメ、大型カモメ類といった大型の表面ついばみ・拾い食い種は、個体数を減らすかもしれない。あるいは、他の餌へ切り替えたり、残飯の別の供給源である都市へ進出することによって、個体数を維持するかもしれない。その際、餌を海鳥の卵や雛、時には成鳥に切り替えた場合には、他の海鳥種にインパクトを与えるかもしれない。

特に、投棄魚への依存度が高い絶滅危惧種については注意が必要だろう。ヨーロッパで最も絶滅リスク［＊7］が高いヨーロッパミズナギドリの成鳥の年間生存率は、混獲のため〇・八〇九とミズナギドリ目の一般的な値（年間〇・九以上）と比べると低いが、投棄魚を食べることで繁殖成績を高く保っているので、なんとか個体群を維持していると考えられている。したがって、投棄魚禁止となった場合（現在禁止となっている）、絶滅確率［＊7］は現在よりも上昇し、六一年後に絶滅してしまうと予測された[37]。投棄魚禁止措置をとりながら本種の個体群を維持するためには、混獲回避措置をさらに強力に進める必要がある。投棄量を段階的に減らし、餌減少へ「慣らす」暫定的な措置も提言されている[38]。

投棄魚は海鳥を誘引することで混獲リスクを上げるので、投棄禁止により混獲リスクを減らせるかもしれないという意見もある[2,39]。南アフリカ陸棚域で操業しているトロール漁業は、非繁殖期をこの海域で過ごすマユグロアホウドリや準絶滅危惧種（NT）であるオークランドアホウドリ（ニュージーランド種 *T. steadi*；**表1-2**）に投棄魚を提供する一方で、網を曳くケーブルがこの両種に衝突死をもたらすことがある。移動追跡結果によると、トロール漁場で過ごす時間割合は、マユグロアホウドリでは三九％と低かったが、オークランドアホウドリでは八五％と高く[40]、投棄魚を禁止することで、ケーブルへの衝突を減らすことができると考えられている。

ここまでをまとめると、海鳥の個体数が世界的に減る傾向がある中で、投棄魚は表面ついばみ・拾い食い種だけに利益を与えることで、海鳥群集をいびつなものにしている。餌略奪性と捕食性の海鳥種の数の増加は、他の海鳥種の絶滅リスクを高めることにもなる。また、投棄魚は海鳥を漁船に誘引することで混獲リスクを高める。そのため、投棄魚の禁止は健全な海鳥群集を維持するうえで歓迎すべきことである。

漁業にとっても長い目で見れば、投棄魚を減らす選択的漁業を行うことには利益がある。[41] 例えば、北太平洋の国際水域のサケ・マス表層流し刺網によって混獲されるシマガツオは白身の魚で、塩焼でもフライでも結構おいしいのだが、ほとんど市場に出回ることがない。そのため網にかかっても投棄されていたのだが、混獲量は相当だったのでその資源量が減ったと考えられている。[42] 混獲は、将来加入が期待される若齢魚をとってしまうことでもあるし、現時点で市場価値がないと思われている、そのため研究すらされていない、潜在的には大きな利益を生み出すかもしれない魚種の資源を知らないうちに枯渇させている可能性がある。

コラム② 投棄魚利用の種間、オス・メス、個体間の差

私たちが研究を続けている北海道の天売島には、オオセグロカモメとウミネコが繁殖している。この二種の採食生態と繁殖が私の博士論文のテーマだった。四〇年前この島で調査を始めた学生の頃、オオセグロカモメの親が巣に戻って吐き戻した餌を観察したところ、マイワシの他、中層・低層性のホッケやスケトウダラも多かった（**表4-2**）。オオセグロカモメは潜水しないので、刺網漁

ホタテガイ廃棄処理場の残滓に群がるオオセグロカモメ。撮影：風間健太郎

から投棄されたこれらを食べていたのである。

底刺網の船が漁を終え港に戻り、ホッケ、スケトウダラ、タラ、カレイを網から外す際、商品価値のない魚は港でごみ入れに入れられたり、その当時はカモメ類に食べさせるため、放り投げられたりしていた。これを狙って群がるカモメ類の集団の中でよい場所を確保しようと、追い払い行動がよくみられた。追い払う側になるのはオオセグロカモメ成鳥であり、ウミネコ成鳥と幼鳥は追い払われた。その結果、オオセグロカモメ成鳥だけが五分あたり〇・六回投棄魚にありつけていた。

その頃、観光客が港の岸壁でカモメ類にスナック菓子をまいて与えることがあった。船に乗っているときに、手に持って差し出しているとウミネコがこれをさらっていくので、その目的でスナック菓子が売られていた時代のことである。岸壁でまかれたスナック菓子に集まるときだけは、不思議なことに、ウミネコ幼鳥が三メートル以下まで人に近づき、そのため攻撃面ではオオセグロカモメやウミネコの成鳥より弱いにもかかわらず一・八倍の速度でこれを食べることができた。逃避距離を決める警戒心がこうした行動の差に表れているのかもしれない。

多くのカモメ類において、こうした投棄魚やごみあさりをする傾向はオスの方がメスよりも、成鳥の方が亜成鳥よりも強い[43・44]。攻撃力や競争力が強いためである[45・46]。天売島のオオセグロカモメでも、雛に与えた餌中の投棄魚の割合がオスとメスで違い、オス（六一％）の方がメス（四一％）よりやや高かった[47]。また、質のよい自然の餌が豊富な場合は、成鳥はこれらを食べるが、亜成鳥や幼鳥は低い競争力や採食能力を補償するため、ごみ捨て場をよく利用するといった傾向も報告されている[43・48]。いずれにせよ、こうした観察結果は、投棄魚が利用できる環境では、その影響は種、年齢や性によって異なるかもしれないことを意味する。

投棄魚の利用には個体差も報告されている。世界最大の干潟で世界遺産でもあるオランダのワッデン海に繁殖するニシセグロカモメ四〇個体の移動を装着型ＧＰＳデータロガー（3章注10）で調べたところ、八個体が底刺網漁場をよく利用していた[49]。また、イギリスのウェールズで育雛中のシロカツオドリの移動軌跡をＧＰＳデータロガーで調べ、同時に漁船の位置をＶＭＳから得て、両者の出会いを分析したところ、繰り返し漁船近くで採食する個体とそうでない個体がおり、この傾向は数週間にわたり継続した[50]。

＊1…脊椎動物の内耳にある炭酸カルシウムの結晶からなる組織。平衡感覚や聴覚に関連する。魚類の場合、種ごとに形が異なる。また、年輪や日周輪ができるので年齢や日齢を知ることができる。

＊2…魚群探知機、ソナー、目視で魚群を発見し、一隻あるいは二隻の船で漁網（イワシ、サバ、イナダ、カツオ・マグロ網）を使って表層の魚群を囲み、運搬船に積み上げて漁獲する漁のこと。船団を構成することも多い。

＊3…窒素には^{14}Nと重い安定同位体^{15}Nがあり、大気窒素中の^{15}Nの重量比は〇・三九一％である。「安定同位体比」（窒素の場合^{15}N／^{14}N）は標準物質（窒素の場合大気中の窒素）からのこの比のずれを千分率（‰）で表したものであり、窒素の場合はδ^{15}Nと示す。生物体内では^{14}Nが速く代謝され^{15}Nが残るので〝濃縮〟され、栄養段階が一つ上がるとだいたい三～四‰増す。これを濃縮係数という。炭素には^{12}Cと重い^{13}Cがわずかに含まれる。標準物質として使われるサウスカロライナ州の矢じり石化石の炭酸カルシウムの^{13}C比率は一・一〇六％とかなり大きいので、生物体のδ^{13}Cは普通マイナスの値をとる。δ^{13}Cは栄養段階によってはあまり変化しないが、海から水蒸気となって大気中に出るときに重い^{13}Cが置いていかれるので、淡水に比べ海水中の^{13}Cの比率が大きい。

＊4…Vessel Monitoring Systemの略。環境や漁業管理を行う行政機関が、商業的漁業を行う漁船の動きを知るためのシステム。排他的経済水域内の一部の水域等海域を限定して使用される。日本ではマグロ延縄船の位置や操業情報をアルゴスシステムやインマルサット経由で水産庁関係機関がとりまとめ、情報管理を行っている。

＊5…巣を出て海上に出かけ、餌を食べて、また巣に戻ってくるまでを指す。ミズナギドリ目では、雛へ頻繁に給餌するため繁殖地から近い場所で採食をする「短いトリップ」を繰り返すが、その海域の餌が少ない場合は、その間に親自身のエネルギー蓄積が減るので、それを補うため遠くの餌が豊富な海域に出かけて採食し親自身の体力を回復する「長いトリップ」をときどき行う長・短距離採食戦略をとることが知られている。

＊6…蓄積脂肪量など栄養状態を指す。脂肪量を測るのは難しいので、体サイズで補正した体重、つまり肥満度を代わりに使うことが多い。

＊7…レッドリストでの絶滅の危惧のランクと同じ意味で使う。「絶滅確率」とは、ある年数（例えば五〇年）までの間にその個体群が絶滅する確率をいう。まずこれまでの個体数の変化から年間の個体群増加率の分布を得る。次

に、現在の個体数から出発して、この分布からランダムに選んだ個体群増加率を年ごとに与え、五〇年間の個体数の変化を求める逐次計算を一〇〇〇回行う。そのうち、五〇年後までに個体数が〇となった場合が一〇〇回であれば、五〇年絶滅確率は一〇%として計算される。現在の個体数が少ないか年間増加率が小さければ、絶滅確率は高くなる。噴火などの外的要因の影響を予想したいときは、それが起こる確率や起こった場合の個体群へのインパクトをいくつかのシナリオで想定し計算することが可能である。

5章 糧秣魚類資源をめぐる海鳥と漁業の競争

商業的漁業がイワシ類、イカナゴ類などの糧秣魚類資源の減少を引き起こすかもしれない。その場合、資源量が海鳥の必要とする量より大きくても海鳥の繁殖成績や生存率が低下することがある。健全な海洋生態系を保ちつつ持続的な漁業を行うためには、漁業とマグロ・サメ類、クジラ・アザラシ類、そして海鳥類といった高次捕食者の間の競争関係の理解は欠かせない。

海鳥の餌となるのは、オキアミやイワシ類、イカナゴ類といったいわゆる「糧秣魚類」で、大型捕食性魚類と海生哺乳類の餌でもある。こうした糧秣魚類の漁業は、養殖魚の餌などフィッシュミールとしての需要の高まりとともに、ますます盛んになっており、毎年の漁獲量は二〇〇〇万トンを超え[1]、五六億ドル（US）を生み出している。[2] このように莫大な収益が見込まれるので糧秣魚類を狙った巻網漁や表層・中層トロール漁による大規模な商業的漁業が各地で行われている。海鳥と漁業は競争関係［＊1］にあるのだろうか？　また、海鳥と同じ栄養段階［＊2］にあるクジラ、マグロ、タラといった大型の高次捕食者を狙った漁業は、これらの数を減らすことで、海鳥に何らかの影響を及ぼすのだろうか。

本題に入る前に、海鳥はどれくらいの量の海洋生物を食べているのか紹介しておこう。毎年、ミズナギドリ科が二四一〇万トン、ペンギン科が二三六〇万トン、ウミスズメ科が一一二〇万トンの餌を食べていると推定されている。[3] これが全世界の海鳥による餌消費量の八四％を占める。次に消費量が大きいのはウ科による一五〇万トン、ペリカン科による五〇万トンである。単一種として最も消費量が多いのはマカロニペンギン、続いてヒゲペンギンで、三番目はウミスズメ科のハシブトウミガラスである。これらを含む世界の海鳥およそ八億個体による年間の海洋生物資源消費量は七〇〇〇万トンであり、これは二〇〇〇年頃の年間漁獲量（九〇〇〇万トン）に匹敵する。

1　南極半島とペルーの事例

明らかな競争関係が生じるのは同じ糧秣魚類資源を同じ海域で取り合っている場合である。南極半島周辺でのナンキョクオキアミの漁業は、近くのサウスシェトランド諸島で繁殖するペンギン類とナンキョクオットセイによる年捕食量（八三万トン）の一二％の量を漁獲している。[4] 南アフリカ沖のベンゲラ海流域では、ピルチャード（マイワシ属）とアンチョビー（カタクチイワシ属）を狙う巻網漁場とケープカツオドリの採食範囲の面的な重複は一三％に過ぎなかったが、そこでの漁獲量はケープカツオドリの餌要求量の四一％である。[5] これらの報告では、海鳥と漁業が糧秣魚類資源量を減らす可能性が示唆されている。

しかしながら、こうした糧秣魚類資源量と漁獲量、そして海鳥による捕食量の推定は、もともと異なる目的で、それぞれが異なる時・空間スケールで推定されている。そのため、海鳥と漁業との間に競争関係があるのかないのか、その検証はなかなか難しい。捕食量だけからみれば、南極半島周辺ではペンギン類、ナンキョクオットセイと漁業が相当量のナンキョクオキアミを取り合っているかのようであるが、一九八〇～一九九〇年代のサウスシェトランド諸島周辺で行われた日本のオキアミのトロール漁の漁獲場所はヒゲペンギンの採食場所より沖合であるうえ、曳網深度は三〇～八〇メートルと採食深度（二〇～四〇メートル）とは重複しておらず、明白な競争関係はないだろうとする報告もある。[6]

それでも、漁業がある特定の海域の糧秣魚類資源量を減らしており、漁業によって資源が減った分を補うために海鳥は採食努力量［＊3］を上げ、繁殖成績や親の生存率を低下させている証拠がいくつかある。[1]

その一つが、アンチョビーを海洋生態系のカギ種［＊4］とするペルー沖の生産性の高い海域である。世界最大規模の漁場でもある。数年ごとに表面海水温が上がるエルニーニョ現象が起きて、アンチョビー資源が崩壊することがある。この海域に面したペルー沿岸は、この資源に依存した海鳥の一大繁殖地であり、肥料とするため海鳥の糞（グアノ）の堆積物が採取されてきたので、その生産量から海鳥の数の長期変化を推定することができる。一九〇〇～一九四〇年代にかけては海鳥の繁殖数は三〇〇万～八〇〇万羽の間で推移していたが、一九四六年に海鳥保護区ができ、一九五四～一九五五年には一六〇〇万～二八〇〇万羽まで増加した。しかし、一九五〇年代にアンチョビーの商業的漁獲が始まり、一九七二～一九七三年には、過剰漁獲とエルニーニョによってアンチョビー資源が崩壊し、漁業も海鳥も打撃を受けた。[7・8] エルニーニョ後、アンチョビー資源も漁業も回復したのだが、海鳥個体群は低レベルのままだった（**図5-1**）。

その理由を探るため、この海域を対象に、生態系モデルを使って計算をしたところ、アンチョビーの資源量はそこそこであるにもかかわらず、漁業によって、海鳥が食べる量が減ったのが、海鳥の数が回復しないことの主たる原因ではないかと考えられた。[9] その後の研究でも、グアナイウ、ペルーカツオドリ、ペ

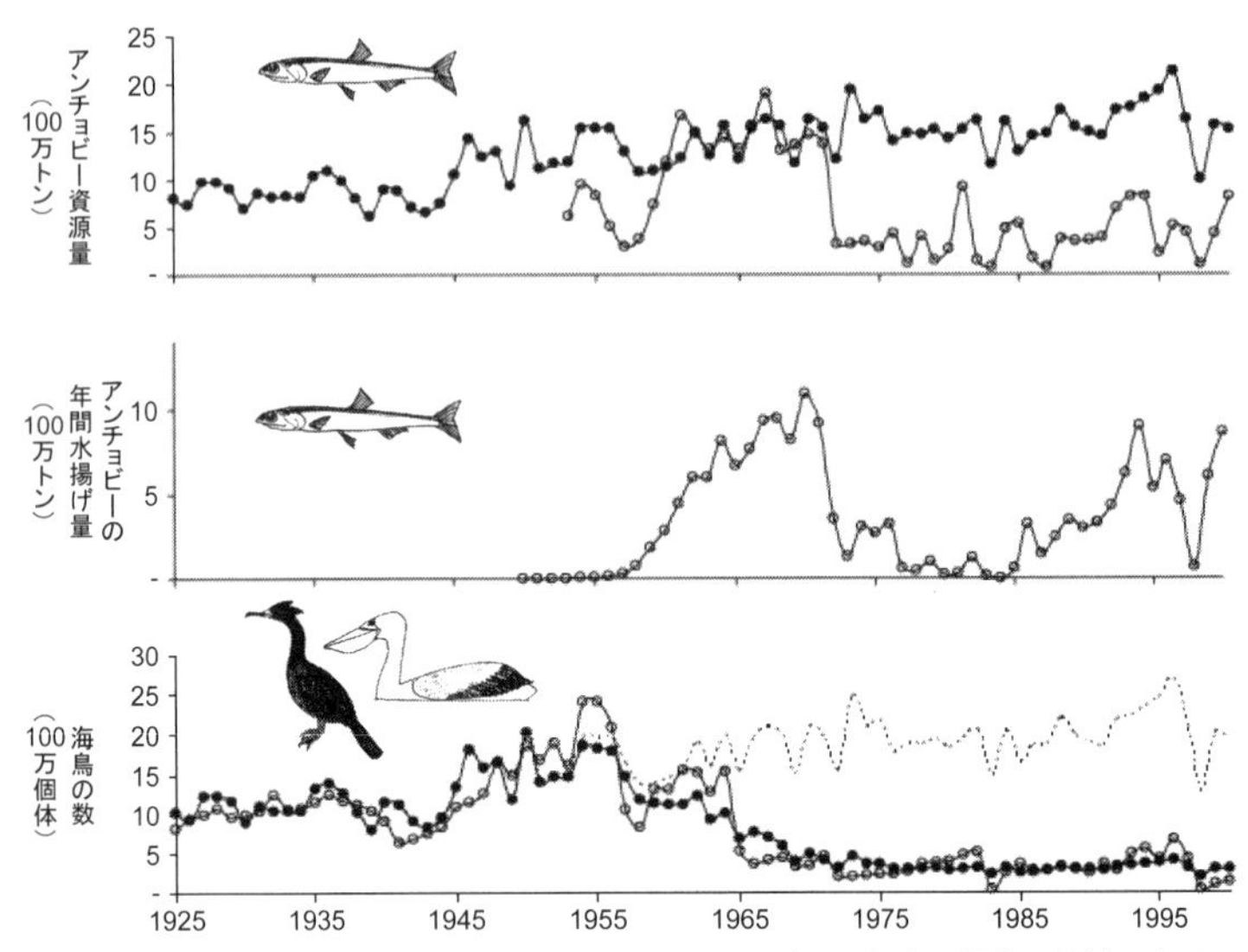

図 5-1　ペルー沖フンボルト海流域におけるアンチョビーと海鳥の推移。文献 9 より。
上：生態系モデルによる一次生産量から推定したアンチョビー資源量（●：漁獲がない場合の推定量に相当する）とペルー海洋研究所による資源量推定モデルを使ったアンチョビーの推定資源量（○：漁獲がある場合の実際の推定量に相当する）。
中：アンチョビーの年間漁獲高。
下：商業的漁業がないと仮定した場合の海鳥個体数（破線）とアンチョビー推定資源量からモデル計算によって得られた海鳥個体数（●）およびペルー海洋研究所による海鳥個体数の推定値（○）。

ルーペリカン（*Pelecanus thagus*）の個体数変化には、気候変化やその海域の低酸素層の深度に加え、アンチョビー漁業が影響していることがわかった[10]。

2 糧秣魚類資源量と海鳥の繁殖成績の関係——三分の一ルール

糧秣魚類資源量がどこまで減ったら海鳥の繁殖成績が下がり、個体群に影響が出るのだろうか？ ヨーロッパ北部の北海ではイカナゴがカギ種であり、底魚、クジラ・アザラシおよび海鳥といった高次捕食者の重要な餌となっている（**図5-2**）。この海域のシェトランド諸島（スコットランド）周辺において、それまではなかったイカナゴ漁業が一九七四年に始まり、フィッシュミールとしての需要の高まりとともにその漁獲量は一九九〇年代にピークに達し、その頃キョクアジサシとミツユビカモメの繁殖成績が急に減少した[11]。また、シェトランド諸島フーラ島のクロトウゾクカモメの繁殖成績は、イカナゴ資源量が漁獲のない頃の最大資源量（一五万トン）の二〇％に相当する三万トンを切ると急に下がることがわかった（**図5-3**）。この資源量はこの繁殖地のクロトウゾクカモメ個体群が繁殖期において食べる総量（六五トン）の四六〇倍であるにもかかわらずである[12]。

ナンキョクオキアミを餌種とした南極海生態系でも似た現象が観察されている。イギリス領サウスジョージア島のマカロニペンギンの繁殖成績は、ナンキョクオキアミ密度が三〇g／m^{2}になるまでは低下しないがそれ以下になると急に減り、これは最大密度一〇〇g／m^{2}のおよそ三分の一である[13]。

各地のさまざまな海鳥種でなされたこうした研究をまとめたところ、海鳥繁殖地周辺の糧秣魚類の資源

図 5-2　天売島周辺で漁獲されたイカナゴ属（*Ammodytes* sp.）。イカナゴ属は北海をはじめとする北半球の陸棚域で、捕食性大型魚類、海鳥、クジラ・アザラシ類などの重要な餌生物となっている。撮影：彦根清子

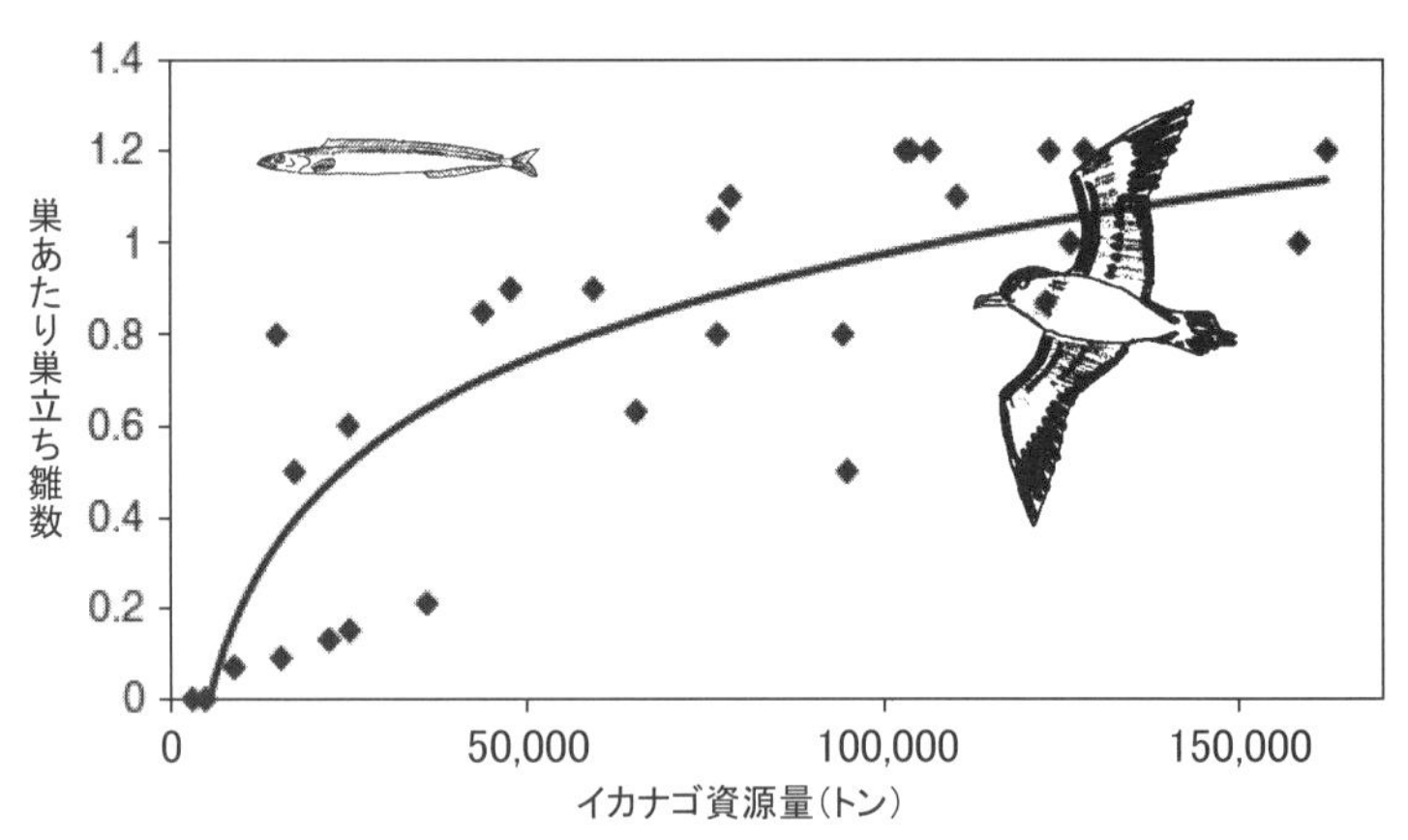

図 5-3　北海のイカナゴのシェトランド系群資源量とシェトランド諸島のフーラ島で繁殖するクロトウゾクカモメの巣あたり巣立ち数（◆）との関係。1976 年から 2004 年の各年の値をプロットした図。北海全体でのイカナゴ漁獲は 1970 年以降急速に増えた。文献 12 より。

量が最大時の三分の一くらいになった時点で、海鳥の繁殖成績が下がり始めることがわかった[14]。糧秣魚類資源が最大資源量の三分の一以下になった場合は、たとえそれが、実際に海鳥が食べる量よりもはるかに多かったとしても海鳥に影響が出るのである［＊5］。

こうした糧秣魚類資源量の変化には気候変化が大きく関わっているが、漁業もこれらを減少させる場合がある。北半球のいくつかの沿岸海域におけるニシン漁、カリフォルニア沖のマイワシ漁、北海のイカナゴ漁、ペルー沖のアンチョビー漁のように、過剰漁獲が起きてしまう危険性が常にある。過剰漁獲により、地中海のイタリア半島とバルカン半島に挟まれたアドリア海のカタクチイワシ資源は維持生産レベルを下回っている[15]。我が国においてマイワシ資源が一九八七年前後に崩壊したのは、産卵場所の水温上昇が主たる原因となって再生産［＊6］がうまくいかなかったためであり[16]、その後、再生産自体は回復したが、マイワシ資源自体がなかなか回復しなかった理由の一つは、年間漁獲可能量（ＴＡＣ）レベル以下であっても過剰漁獲していたからだとする意見もある[17]。

個体群増加率が大きく莫大な資源量を誇る糧秣魚類であっても、過剰漁獲されてしまう可能性があるのは確かである。高次捕食者を含めた海洋生態系の健全性を保つためには、管理対象魚の維持生産を目的とするばかりでなく、高次捕食者個体群を維持するために必要な資源量を最低限確保しなければならないこと、その量は結構大きいことをこれらの研究は示している。

3　禁漁による競争緩和

種間競争を証明するには、取り除き実験が最も効果的である。禁漁は漁業を取り除いたことになるので、海鳥と漁業の間に競争があるかを検証するよい機会である。海鳥と漁業との競争を示す二つ目の証拠として、スコットランドのメイ島に繁殖するミツユビカモメの繁殖成績と成鳥の生存率を、この種の主要な餌であるイカナゴの大規模な漁業が行われた年と禁漁年とで比較した研究を紹介しよう。まず、前年の春先の海水温が低いとイカナゴ再生産がよく、そのためミツユビカモメの巣あたり巣立ち数も多いことがわかった。重要なのは、この水温の効果を除いたうえで、禁漁年の方が、漁業が行われた年よりも巣あたり巣立ち数が多く（図5-4右上）、成鳥の年間生存率も高い（図5-4右下）ことである。また、こうした繁殖成績と成鳥生存率の年変化によって、繁殖個体数の最近の減少がよく説明できた。つまり、イカナゴ漁業はミツユビカモメの個体数減少の一つの原因であると結論づけられた[18]。

さらに、イカナゴ禁漁年と解禁年とでミツユビカモメの繁殖成績や成鳥生存率に差がみられたのは漁業海域だけであり、漁業がない海域では漁業海域の禁漁・漁業年に相当する期間どうしを比較してもその差がなかった[19]。これらの研究は、気候変化に加え、漁獲による糧秣魚類資源の減少が海鳥の生存率や繁殖成績に影響し、結果的に個体数に影響することを証明している。

4　漁業によって採食行動が影響を受ける

漁業によって糧秣魚類資源が減ったとはいえ、資源量が海鳥の食べる量よりはるかに大きいにもかかわ

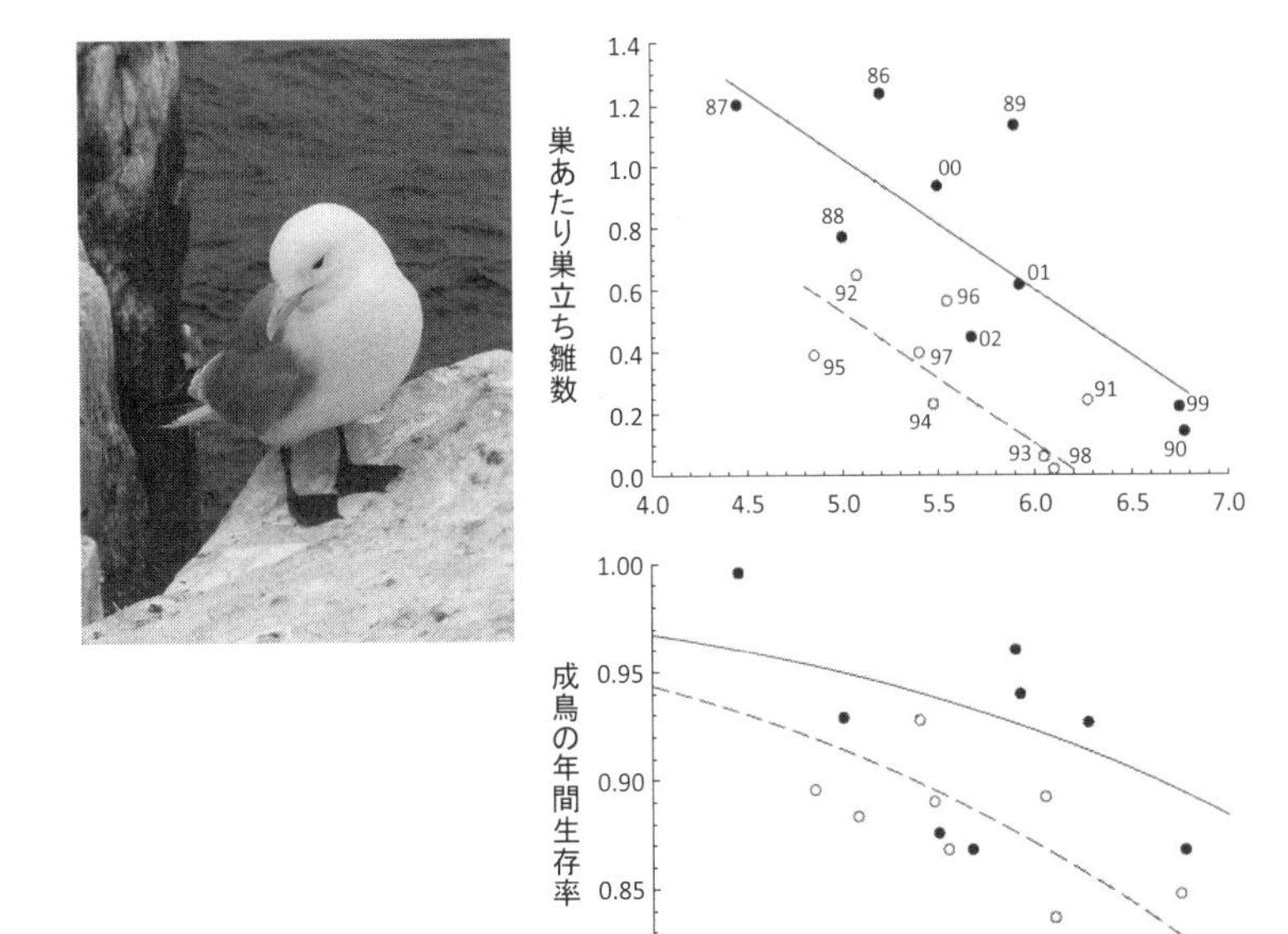

図 5-4 スコットランドのメイ島のミツユビカモメ（左。撮影：著者）の繁殖成績（右上）と成鳥年間生存率（右下。数字は年〔1987〜2002 年〕）をイカナゴ漁の禁漁年（●）と解禁年（○）で比較した研究。その年のイカナゴの再生産に影響する前年の冬の海表面水温の効果も示す。文献 18 より。

らず海鳥の繁殖成績が低下するのはなぜか。それは、漁業活動が海鳥にとって重要な場所の糧秣魚類資源だけを減少させ、また魚群をかく乱していたせいかもしれない。競争の証拠の三つ目として、漁業と海鳥の採食行動の関係をあげよう。

ペルー沖のフンボルト海流域でイスラス・グアニャペ諸島に繁殖するペルーカツオドリの採食場所とアンチョビー漁業との関係をGPSトラッキングとVMSシステムを使って調べた研究がある[20]。このカツオドリの繁殖シーズン中ずっと漁業が行われ、カツオドリ個体群のエネルギー要求量の一〇〇倍以上の量が毎日漁獲されていた。漁期の後半には、漁業によってコロニー周辺で魚資源の枯渇が起きて、カツオドリはより遠くまで採食に出かけるようになった。その結果、給餌頻度が下がり、雛の成長・生存率が低下した。このように、糧秣魚類の、系群としての資源量を維持するよう漁業管理したとしても、海鳥が繁殖する島周辺の採食範囲の糧秣魚類の量を集中して減らしてしまった場合、海鳥の繁殖成績を低下させる可能性がある。

さらにこの研究で興味深いのは、漁期後半にはカツオドリが漁船を避けて採食するようになったことである。漁業活動により魚群の集群行動がかく乱され、表層に濃密な魚群を形成することがなくなれば、海鳥にとっては利用しづらくなるのかもしれない。こうしたかく乱による魚群の深場への逃避や散逸は、漁業ばかりでなく海鳥自身の採食活動によっても生じるだろうことが、イギリス周辺におけるシロカツオドリによる魚の捕食[21]や南極半島周辺でのヒゲペンギンによるナンキョクオキアミの捕食[22]でも指摘されている。三分の一ルールには、漁業によるかく乱に加え、繁殖地周辺で採食しなければならない海鳥たち自身によるかく乱も関わっているかもしれない。

また、漁業活動が海鳥の採食場所にも影響することが禁漁年と解禁年との比較によってわかってきた。南アフリカのベンゲラ海流域で繁殖するケープペンギンは、先述の通りピルチャードとアンチョビーを食べている。これらの糧秣魚類は巻網漁の主たるターゲットでもある。二〇〇九年と二〇一〇年には、最大規模のコロニーからの距離二〇キロメートル以内が禁漁とされ、五〇キロメートル離れた隣のコロニー周辺では漁が継続された。コロニー周辺が禁漁になるとペンギンの採食努力量が減り、解禁になると増えた。巻網漁がこうしたイワシ類の利用可能性を減らしたため、ケープペンギンは採食努力量を上げたのだと考えられている。[23] 利用可能性の低下には、イワシ密度の減少と同時に漁業活動によるかく乱も関わっているかもしれない。

5　競争者としてのクジラとマグロ

海鳥の競争者となりうるマグロ・サメやクジラ・アザラシを漁獲する漁業もある。歴史的には、過剰漁獲により、マグロ、タラといった大型捕食性魚類やクジラ類の生物量が減った年代がある。これは、海鳥にとって競争者が減ったことになるのだろうか。

まず、捕鯨によって南極海におけるヒゲクジラ類の資源量が六分の一にまで減った一九七〇年代には、それまでクジラによって食べられていたナンキョクオキアミが余剰となり、それをアザラシ・オットセイ類やペンギン類が食べることによって個体数を増やしたとする見方があった。[24,25] たしかにその頃一部の海域では、アザラシ・オットセイ類やペンギン類の個体数が増えた。しかしながら、捕鯨以前にアザラシ・オットセイ類の数が減っていたのは、アザラシ・オットセイ類はクジラより容易に捕獲できるので、狩猟され数が減っていたためで、その後の個体数増加は狩猟圧がなくなったためであるという説[26]や、オキアミ資源量はヒゲクジラ類による捕食の有無ではなく、海氷の年変化を原因とする再生産の強さの変化によるという説[27]もある。捕鯨による、栄養段階を通じた波及効果については十分に納得のいく結論は得られていない。

ベーリング海では過剰漁獲によってスケトウダラの成魚が減少した。これにより、成魚（高次捕食者）が幼魚（糧秣魚類）を食べるという共食いが減って幼魚が増えるので[28]、幼魚を食べる海鳥種にとっては有利に働くかもしれない。スカンジナビア半島とヨーロッパ大陸に囲まれたバルト海では状況はもう少し複雑だ。過剰漁獲によりタイセイヨウダラが減り、その餌でもあるスプラット（ニシン科の小魚）が増えた。しかし、その密度効果のせいで、海鳥の餌としてちょうどいいサイズの四歳のスプラットがやせ細ってしまい、結果として、一度に一匹の魚しかくわえてくることができないウミガラスの雛の巣立ち体重は軽くなった[29]。

一方で、北海で二〇世紀に入って潜水性海鳥が増えたのは、漁業によってニシンやサバが減り、そのせいでこれらの餌となっていた糧秣魚のイカナゴが増えたことが理由かもしれないとする見方もあるし[30]、漁業によってイカナゴ資源も減少したがタイセイヨウダラなどの捕食性魚類も少ないままなので、海鳥と漁業は共存できているのだろう[31]という見方もある。

海鳥とマグロ類、クジラ・イルカ類の関係は餌をめぐる競争だけではない。アホウドリ科、ミズナギドリ科の多く、ウミツバメ科、カモメ・アジサシ科、ペリカン科といった多くの表面ついばみ・拾い食い種は、海面か海面近くにいる魚しか食べられない。そのためこれらの海鳥は、マグロ・カツオ・サバやクジラ・イルカ類によって海面近くに追い上げられた糧秣魚類の群れを食べる。[32・33・34] 過剰漁獲によるマグロやクジラの減少は、水中での餌探索がクジラやマグロに比べ苦手であろう海鳥、特に表面ついばみ採食を主とする種に対し、もしかしたら、餌探索や採食を困難にするといった負の効果をもたらすかもしれない。

なぜ、特に海鳥にとって漁業や大型捕食性魚類・海生哺乳類との糧秣魚類資源をめぐる競争が問題となるのだろう。もともと飛行するために進化した鳥類である海鳥は、水中での滞在時間が限られるので、マグロやクジラより魚群を収穫する効率が悪いのかもしれない。また、海鳥は陸上で巣を作って繁殖するので繁殖期の間は一定間隔で巣に帰らなければならず、その周辺海域でしか採食できないので、マグロやクジラよりは採食海域が限定される。こうした競争では常にストレスを受ける側になるのかもしれない。

＊1…複数種あるいはグループの生物が同じ資源を利用しており、その資源が減ったり一方の種の数が増えたりして、もう一方の種が利用できる資源が減った場合、結果的にその種の繁殖成績や個体数が減る、あるいはその種の行動（餌の種類を変えることも含む）が大きく変わること。

＊2…食物連鎖において、太陽光をエネルギーとして無機物から有機物を作り出すものすなわち植物を生産者（栄養段階1）、それを食べる食植性動物を一次消費者（栄養段階2）、これを食べる動物を二次消費者（栄養段階3）、これらの動物を食べるものを高次捕食者（栄養段階4）といったグループに分けたときの段階をいう。

＊3…一日の採食時間や採食に費やすエネルギーのこと。巣を離れていた時間あるいはその割合で表されることがある。採食時間に加え餌探索のための飛行時間が含まれる場合もある。

＊4…その生態系で生物量が多く、また多くの種類の捕食者の餌となる一次消費者あるいは二次消費者であって、その一種の資源量の変化が、餌生物、捕食者双方の資源量に大きな変化をもたらす生物種を指す。例えば、ナンキョクオキアミ、カイアシ類、イワシ類である。「キーストーン種」はそれがいなくなることで食物網に大きな変化をもたらす生物種で、潮間帯のヒトデのような高次捕食者の一種を指すことが多い。

＊5…最近、カツオドリでは、もっと低い比率（八％）で繁殖成績の低下が始まる例が報告された[35]。

＊6…産卵、ふ化、巣立ち、繁殖までの生存の過程の意味。水産用語では、産卵親魚数とその親が生んだ子魚が資源として加入する数の関係を再生産曲線という。親あたり再生産が「再生産率」。

第3部

海洋汚染の影響

「汚染物質」とは、人間が新たに作り出した物質と自然界にもともとあったがその濃度が人間活動によって高くなっている物質のうち、直接は人間や野生生物への健康被害をもたらし、また、間接的には漁業や農・林業活動を阻害する物質である。こうした物質は大気、雨、川などから最終的に海洋中に、薄く広がる。油類、化学汚染物質、プラスチックなどが海洋汚染をもたらしている。
これらの物質はどのように海鳥に影響するのだろうか？

6章　重油流出事故

重油流出事故の被害は甚大で、タンカーが座礁した場合、流出した油により一〇万羽以上の海鳥が死ぬ。そのため繁殖数が減少した例もあるが、個体群へのインパクトが検証できていない例もある。事故対応として、汚染の被害にあった海鳥のリハビリ・放鳥が行われてきた。しかし放鳥後の生存率は悪く、今のところ個体群回復効果ははっきりしない。

海鳥は集団繁殖し、その周辺の海域で採食する。越冬中もある特定の海域で過ごすことが多い。海鳥が集中するこうした海域で起きた油流出事故は甚大な被害をもたらす（図6-1）。ニュースになるのは、タンカー（表6-1）、パイプライン、オイルターミナル、油田施設で発生した重大事故である。このような大規模な流出事故の頻度や量は、北太平洋では一九七〇年代から一九八〇年代に増えたが、大西洋では減っている[1]。ただし、近年では、巨大タンカーが使われることが多くなったので、事故あたりの流出量が大きい。一件で一九七〇年代の年間流出量に匹敵する事故もある。一方、日常的な油汚染として、油田・油貯蔵施設、船舶、パイプライン、工場からの油を含む排水・廃油の投棄も沿岸域では問題である。大事故に比べ目につきにくいが、多数の海鳥の死亡原因となっている[2]。

図 6-1　ナホトカ号油流出事故のあと油まみれで海岸に漂着したハシブトウミガラス（〔公財〕日本野鳥の会。撮影：田島一仁）。

1　世界最大の人為的環境破壊

大規模な油流出事故でいったいどのくらいの数の海鳥が死ぬのか。発見されるのは油まみれで海岸に流れ着いた死体である。海上ではそれよりはるかに多くの海鳥が死んでいる。その数を推定するためには、海流、風、海鳥の分布、油にまみれた海鳥の海上と海岸での消失割合を知る必要がある。

海上と海岸での死体発見率や消失割合の研究をとりまとめた報告(1-3)によると、海鳥死体を海上で流した実験では、海岸に流れ着く前にかなりの割合が海に沈む。例えば、ウミガラスの死体に電波発信機をつけ海に流したところ、九〇%が一四日以内に沈んだ。海岸線から五〇〇～一〇〇〇メートルの近距離から海鳥の死体を流した実験でも、カモメ類では三分の二が近隣の海岸に漂着したが、ウミガラスではまったく漂着しなかった。海に漂

表 6-1 カナダ・アメリカの北太平洋東岸における大規模な油流出事故と海岸で発見された海鳥の死体数と推定死亡数。文献 1 より。

年（月）	船名・汚染源	場所	流出量（トン）（種類）	発見された海鳥の死体数	推定死亡数
1991（7 月）	テンヨー丸号（魚輸送船）	バンクーバー沖（ブリティッシュコロンビア）	330（重油・ディーゼル）	4,300	?
1989（4 月）	エクソン・バルデイーズ号（タンカー）	プリンス・ウィリアム・サウンド（アラスカ）	36,400（原油）	31,000	350,000〜390,000
1988（12 月）	ネストゥッカ号（はしけ）	グレイズ湾（ワシントン州）	770（重油）	12,535	56,000
1988（1 月）	バージ・MCN5（はしけ）	アナコルテス（ワシントン州）	240（軽油）	報告なし	
1987（10 月）	スチューベサント（タンカー）	ブリティッシュコロンビア北部沖	2,000（原油）	不明	
1986（2 月）	エイペックス・ホーストン号（はしけ）	サンフランシスコ（カリフォルニア）	87（原油）	4,198	10,577
1985（12 月）	アクロ・アンカレッジ号（タンカー）	ポートアンジェリス（ワシントン州）	800（原油）	1,917	4,000
1984（10 月）	プエルト・リカ（タンカー）	サンフランシスコ湾（カリフォルニア）	4,900（混合）	1,300	4,815
1984（12 月）	不明	ピュージェットサウンド（ワシントン州）	17（重油）	＞ 406	＞ 1,500
1984（3 月）	モービルオイル（タンカー）	コロンビア川、オレゴン州	660（混合）	450	?
1971（1 月）	衝突	サンフランシスコ（カリフォルニア）	2,700（重油）	7,380	20,000
1956	シー・ゲート号（運搬船）	オリンピック半島（ワシントン州）	不明	不明	＞ 3,000
1937	フランク・バック号（タンカー）	サンフランシスコ（カリフォルニア）	11,800（重油）	不明	10,000

っていたオイルまみれのウミガラス一〇〇羽にタグをつけておいたところ、海岸に漂着し発見されたのはたった三羽だった、といった報告もある。

さらに、海岸に漂着したあと、海岸での消失も問題となる。砂に埋もれたり、キツネに食われたり、再び波にさらわれたりして、翌日まで残っている死体の割合は三八〜八四％だったとする報告がある。

大規模な調査が行われた油流出事故の例を紹介しよう。エクソン・バルディーズ号は一九八九年三月二四日、アメリカのアラスカ湾プリンス・ウィリアム・サウンドで座礁した。三万六四〇〇トンの原油が流出し、西に直線距離で九〇〇キロメートル余り離れた地点まで、二一〇〇キロメートルの海岸線と三万平方キロメートルの沿岸水

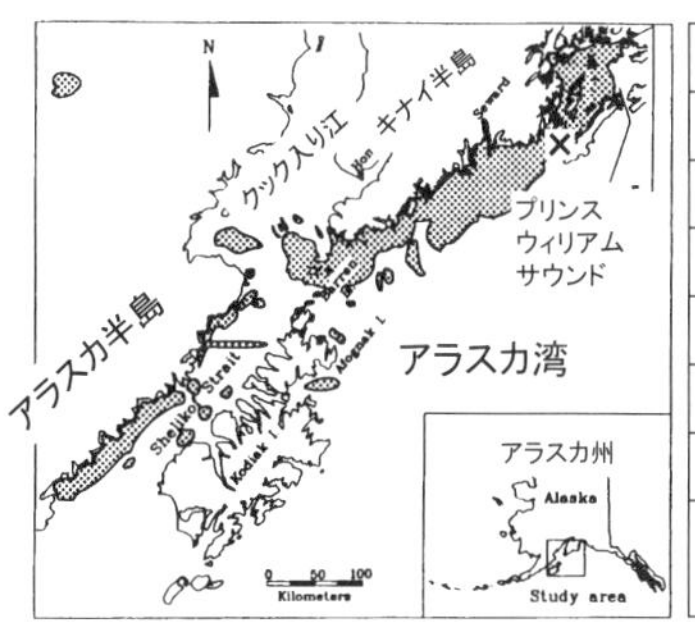

種類	8月1日以前	8月1日以降
ミズナギドリ科	846	3,519
ウ類	875	69
海ガモ類	1,546	21
カモメ類	700	1,499
ウミガラス類	21,500	492
パフィン類	263	958
そのほか（種不明含む）	3,445	382

図6-2　左：1989年5月24日、アラスカ湾のキナイ半島・ピュージェットサウンドで座礁したエクソン・バルディーズ号から3万6,400トンの原油が流出し、広範囲に被害を与えた。重油が広がった範囲を影付きで示す。座礁位置は×で示す。
右：エクソン・バルディーズ号油流出事故直後に死亡し、打ち上げられた海鳥数を8月1日以前と以降に分けて示す。左右ともに文献4より。

域が汚染された（**図6-2左**）。いくつかの研究をまとめると、事故直後に海岸と海上を巡回して回収した油汚染による海鳥の死体は三万一〇〇〇羽であり（**表6-1**）、その多くがウミガラスとハシブトウミガラスだった。ウミガラス類、海ガモ類は事故後早い段階で漂着し、カモメ類とミズナギドリ科は後半に漂着した（**図6-2右**）。調査期間や巡回頻度を考慮し、さらに海上で死亡した個体は一日あたり一五％の割合で海中に沈む、海岸漂着死体は一日あたり一六～二〇％または三〇～四〇％で海岸から消失する、種類によって漂着時期が異なる、などを仮定すると、全死亡数の一〇～三〇％が回収されたであろうと推定された[4]。この回収率を使い、総死亡数は三五万～三九万羽と推定された（**表6-1**）。この数は、北太平洋のサケ・マス表層流し刺網漁による年間混獲数にせまる。

　この事故は、これまでに発生した人為的環境破壊のうち最大級のものとみなされている。アメリカ人には大きな衝撃を与えたようで、温暖化により南極の氷が解けて、全地球が海に覆われた世界、今やSFとばかりは言っていられない世界を描いた、一九九五年のアメリカ映画、ケビン・コスナー主演の「ウォーターワールド」において、エクソン・バルディーズ号は、わずかに残った石油を独り占めする集団の王国として描かれている（実際に撮影セットとして使われたらしい）。この王国が破壊され、タンカーが船首を下に、まっすぐ水中に没するシーンで、最後にちらっと見える船尾に書かれた船名からそれが明らかになる。

2　流出した油が海鳥個体に与える影響

海上に流出した油類は海鳥個体にどういったインパクトを与えるのか。国内外の研究がまとめられている[1・5]ので、これらに従って紹介していこう。

付着した油と飲み込んだ油の直接的影響は五つほど考えられる。まず、第一に羽根に油が付着することによって、断熱性がなくなり、それを補うため代謝速度（エネルギー消費速度）が上がるが、それ以上に水中で熱を奪われるので、低体温症に陥る。ホンケワタガモの体に広範囲にわたり油をつけて水に沈めた実験では、代謝速度は三・六倍になった。また、油汚染から救護されたケープペンギンでは、油洗浄後数日経ってから水に入れた場合ですら一〇分で体温が一〜二度も低下した。

二番目として、油の羽毛への付着により体温保持能力が下がってエネルギー消費が増えるのだが、採食能力も下がるので、栄養状態が急速に悪化する。ナホトカ号油流出事故で死んだウトウの栄養状態を健康な個体と比較したところ、筋肉量も脂肪量も減少したとする報告がある[3]。その報告によると、油汚染されるとエネルギー消費が増えることを考慮して計算すると、「冬季四日間は持ちこたえうる蓄積エネルギーを、油汚染にあうとほんの一日半で使い果たして死亡していたことになる」という。

三番目として、油自体は海水に浮くが、羽毛に付着した油のため羽づくろいができず、羽根の撥水性が失われ、浮力を消失し、溺死することもある。

四番目は、羽づくろい時にくちばしについたオイルを飲み込むか、あるいは餌と一緒にオイルを飲み込むと、急性毒性・慢性毒性としてのさまざまな影響が出る。原油［＊1］も燃油［＊1］も消化管の炎症と出血を起こす。数日以内に溶血性変化が起こり、赤血球数が減少し、強い貧血症を引き起こす。カモメとウミガラスに少量の油を飲ませた実験では、血中ナトリウムイオンレベルが上がり、ナトリウム・カリウム-ATPアーゼ酵素レベルが下がるとともに、塩類腺（体液中の塩を濃縮・排出する体組織）の機能が低下し、水分調節能力が失われた。さらに、免疫システムの機能が低下するので、リンパ球数の減少やリンパ組織の萎縮を引き起こし、感染症を発症する可能性を高める。

最後に、長期的な影響もみられる。コシジロウミツバメに〇・三ミリリットルの油を飲ませたところ、ふ化率と巣立ち率の低下が観察され、オナガミズナギドリに二ミリリットルの原油を飲ませたところ、その年は完全に繁殖失敗し、翌年も繁殖成績が下がった。また、ウズラに二〇〇ミリグラムのC重油［＊1］を飲ませた実験でも、卵殻厚減少、産卵数減少、胚の死亡率上昇がみられている。これは、油が直接的に死亡をもたらすことに加え、さまざまな影響の複合的な結果として、個体群への影響（インパクト）がありうることを示唆する。

こうした流出した重油の個体影響にあいやすい種とあいにくい種がいる。油汚染の被害に最もあいやすいのは、アビ類、カイツブリ類、ペンギン科、ウ科、ウミスズメ科である。[3] これらは、工場、パイプライン、油田や座礁したタンカーからの油流出事故が起きやすい沿岸域にいることが多く、しかも潜水採食する。汚染海域では、こうした種類は海水に接する時間が長いので、油によって羽毛の断熱効果が失われ、体温を奪われやすくなる。次に油汚染による死亡リスクが高いのは、カツオドリ目とペリカン目、カモメ亜科、トウゾクカモメ科である。彼らも沿岸性なので、潜在的に油汚染に出合う可能性は高いが、海水に接する時間は短い。一方、ミズナギドリ目は外洋性であり、油汚染に出合う機会が少ない。

3　重油流出事故が海鳥個体群に与えるインパクト

個体群へのインパクトはどうだったのだろうか。先のエクソン・バルディーズ号事故がよい例だ。海鳥の繁殖数は目に見えて減ったのか。

この事故ではエクソン社が訴えられ（アメリカでは野生動物は州の公共財産であり、アラスカ州が損害賠償を求めた）、裁判となり、海鳥への影響についても論争があった。最も死体回収数が多かったのはウミガラスである。ところが、事故から二年後の一九九一年までの、ウミガラスの繁殖数の調査結果によると、油汚染の顕著な影響は検出されなかったという見解が出された。[6] 油汚染海域でも非汚染海域でも繁殖数の減少がみられているからである。これに対し、より長期のデータをみれば異なる解釈が可能であるとする反論が出された。[7] 結局、裁判ではエクソン社が負け、連邦最高裁の判決により五億ドルの賠償金を払った（エクソン社は保険金や税控除をこれにあてている）。

　一九八八年のカナダのブリティッシュコロンビアにおける「ネストゥッカ号」油流出事故においても、事故後、ウミガラスとアメリカウミスズメの繁殖個体群が減少したという確たる証拠はなかった[1]。このように、相当数の個体が死んだにもかかわらず、個体群へのインパクトが判然としないのは、油汚染以前の詳細なデータがないこと、調査精度が悪いこと、油汚染以外の自然条件の変動が大きいことが原因であり、油汚染の個体群への影響評価を難しくしている。

　突発的な油流出事故の起こる前に餌や繁殖成績、繁殖数のモニタリングがなされていることはまれであるが、事故前と後で繁殖数や繁殖成績が比較され、その影響が検出された例もある。二〇〇二年にスペイン北西部で日立造船建造のタンカー「プレスティージ号」の船体亀裂・破断事故が起き、六万三〇〇〇トンの重油が流出した。その後九年間、流れ出たオイルが確認されていた。五年間にわたり重油が漂着したヨーロッパヒメウの繁殖地では、繁殖数が流出前の七割と減ってしまった。繁殖成績も、事故前は重油漂着コロニーとそれ以外のコロニーで差がなかったのに、事故後、重油漂着コロニーでは四五％下がった（図6-3）。

　油流出が成鳥の生存率だけを下げた場合は、個体群への影響がわかりづらいかもしれない。イギリスのスコマー島生まれの足環付きウミガラスの一九八五年から二〇〇五年のデータを使って、生存率を分析したところ[9]、まず、足環の回収場所の分布から、非繁殖期には、ウミガラスはアイルランド〜ブリテン島〜スペイン北部沿岸に分布することがわかった。そして、この越冬海域では、研究期間中にプレスティージ

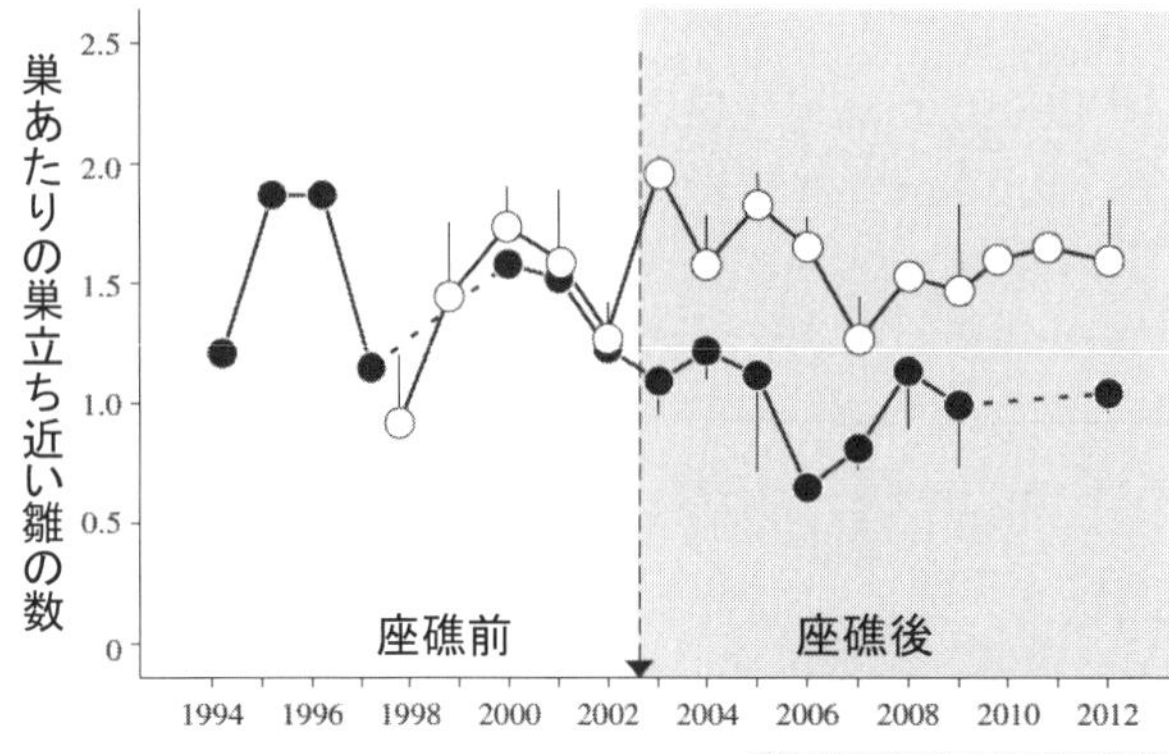

図6–3　上：2002年の座礁事故前後のイギリスのヨーロッパヒメウの繁殖成績を、重油漂着コロニー（●）とそれ以外のコロニー（○）で比較した結果。平均値と標準誤差（縦線）を示す。文献8より。
右：メイ島のヨーロッパヒメウの親と雛。撮影：著者

号を含む四回のタンカー油流出事故が起きていた。研究期間中、この島で繁殖する成鳥の死亡率は二倍になった一方で、若い個体の死亡率は変わらず、若鳥の繁殖への参加が二倍になった。これは、油流出事故により成鳥死亡率が上がってその数が減り、コロニーでの産卵場所をめぐる競争が減ったので、若鳥の繁殖参加が増えたためであると考えられた。つまり、見かけ上個体数は変わらない場合でも、油汚染で繁殖個体が取り除かれ若い個体が加入したことで繁殖集団が若齢化している可能性がある。

繁殖成績には繁殖地周辺や越冬中の餌が関連する。先のプレスティージ号の座礁事故の前後では、ヨーロッパヒメウの餌も大きく変化したことが知られている。

事故前は主に底魚を食べていたのだが、事故後は表層性の浮魚が主たる餌となり[10]、繁殖成績が低下した。水温や気候変動指数はこの頃変化しなかったので、気候変化の影響ではなく、この事故で流出した重油が海岸に漂着し、また海底に沈んで、甲殻類、棘皮動物、軟体動物といった感受性の強い底生生物に大きな影響を与え、それらを餌とする底魚が減ったのが、餌が変わった理由であると考えられている。油流出事故は、食物連鎖を通しても海鳥個体群に影響することを示唆している。

4 油汚染に暴露された海鳥個体の救護・リハビリ・放鳥は野外復帰につながるか？

漂着個体が生存していた場合、救護施設に収容して油を洗浄し、リハビリしてから野外復帰が図られる。リハビリ後放鳥できるまで回復した個体の割合は、一九七一年の重油流出時にはわずか五％だったが、技術の向上により一九八八年のネストゥッカ号事故の際には三分の二が、一九八九年のエクソン・バルディーズ号事故の場合は救護された個体のうち五〇・七％が放鳥された[1]。

問題は放鳥後の生存率である。油汚染した海鳥を救護し放鳥しても、その後の野外での生残率は低い[2]。ウミガラスではリハビリ放鳥後の平均余命はわずか九・六日で、年間生残率はたった〇・六％と推定され、カイツブリや海ガモ類でも放鳥から死んで回収されるまでの日数の中央値は五～一一日であり、非汚染個体（四六六～六二四日）に比べ短命だった。唯一、ケープペンギンでは放鳥後の年間生存率は八六～八七％と高かった。ペンギンでリハビリ後生残率が高いのは、羽毛構造の違い（短い羽毛）、長期絶食への耐性（厚い皮下脂肪）とそれに伴う栄養生理・生態学的特徴、陸上生活への耐性が理由かもしれない。

エクソン・バルディーズ号事故の影響評価をとりまとめた報告書の中でも、絶滅危惧種といった特例的な場合以外は、費用対効果から考えて、油汚染個体の救護・リハビリ・野外放鳥は、一般的には個体群の保全に、大きくは貢献しないとされている[11]。

コラム③　島根沖で沈没したナホトカ号からの油流出

ナホトカ号は一九九七年一月二日島根県沖で沈没し、積み荷のC重油のうち六二四万リットルが流出し、福井県をはじめとして日本海沿岸の八府県に漂着した。日本鳥類保護連盟の報告書[12]に従って、海鳥への影響について紹介しよう。

一月八日から三月三一日までの海鳥の漂着回収は一三一五羽であり、うち最も多かったのはウミスズメ四五五羽とウトウ四九七羽だった。油流出点は、船体の沈没位置と船体から分離した船首が漂着した位置の二か所あった。日々の油流出量と拡散漂流から時々刻々変化する油の分布を再現し、漂着日と位置からその個体の漂流ルートを逆算し、油の分布と重ね合わせることで遭遇場所が推定された。

その結果、海岸に漂着した海鳥は、船首から流出した油に対しては石川県沖、船体から流出した油に対しては鳥取、兵庫、京都府沖で遭遇したと推定された。ウトウとウミスズメについて、油遭遇後の経過日数とともに浮遊している死体の割合は負の指数曲線にしたがって減り、海岸に漂着し

ナホトカ号重油流出事故後に海岸清掃を行うボランティアの人々（〔公財〕日本野鳥の会。撮影：田島一仁）。

てからの残存率を日あたり〇・五九と仮定し、調査できなかった海岸線の割合も加味して、油汚染による死亡数が推定されている。その結果、船首からの流出油および船体からの流出油による死亡数は、ウミスズメでは、それぞれ、一〇一九羽と一二〇七羽、ウトウでは、それぞれ、二八二五羽、三四六一羽であった。

油流出事故があった一月はまだ繁殖期ではなく、死亡したのは越冬のために周辺海域にいた個体であろうと考えられる。回収されたウトウ死体のうち二羽は天売島において足環標識された成鳥だった。日本海側の最大の繁殖地である天売島での営巣数は一九九四年は二六万二〇〇〇巣、流出後の一九九七年は二九万一〇〇〇巣と大きく変わらず、個体数減少が検出できるほどの減少を引き起こしてはいない。流出した油による死亡率はせいぜい一％でたぶん検出可能限界以下だろうとされている。

一方、油流出海域には危急種カンムリウミスズメの繁殖地である七ツ島（石川県）、冠島、沓島（ともに京都府）がある。カンムリウミスズメは三月には繁殖するので、油汚染の影響があったかもしれない。これらの島での三月一四日と五月一日の調査では、成鳥死体二羽、雛死体一羽が見つかったが、これらはネズミによる捕食が原因ではないかとされている。ただし、事故前後での個体数や繁殖成績の詳細な情報がないので科学的な影響評価は困難であることに注意しないといけない。

こうした油流出事故はいつ起こるかわからない。しかし、起こりうる場所は、タンカーの航路や油田の位置からおよそ特定できるし、海流から事故が起きた場合の油の流出範囲も予測できる。油流出事故は繁殖地ばかりではなく、越冬中の海鳥にも大きな影響を及ぼしうる。繁殖地の情報はそろってきたしモニタリングも始まり環境省がコロニーデータベースを整備している。越冬地情報はまだあまりないが、バイオロギング手法の一つであるジオロケーターによる年間を通じた移動追跡により、日本で繁殖するウトウやカンムリウミスズメが朝鮮半島東部海域〜日本海南部で越冬することがわかった。こうした情報を総合的に利用することで、油流出によるリスクマップを作ることが可能である。

＊1…「原油」とは油田から採掘したまま精製されていない石油。「燃油」は燃料とするために精製された油で、重油、軽油、ガソリン、ジェット燃料が含まれる。「重油」は原油の常圧蒸留によって塔底から得られる残油、あるいはそれを処理して得られる重質の石油製品で、ガソリン、灯油、軽油より沸点が高い。A、B、C重油に分けら

れ、A重油は小型船舶用ディーゼル燃料、引火点が高いC重油は大型船舶用燃料として使われる。「軽油」は自動車のディーゼル燃料として使われる。

7章 化学汚染物質の影響

化学汚染物質は海の中に薄く広く拡散しておりその影響は目につきづらい。しかし、生物濃縮・増幅により海鳥体組織中の汚染物質濃度は高くなり、卵殻が薄くなり奇形率が高まるといった直接毒性がみられた。現在でも生理的ストレスが高くなる、成鳥生存率や繁殖成績が下がるなど間接毒性がみられ、個体数減少の原因の一つであると考えられている。

海洋における化学汚染物質［＊1］の量は、発電、工業、農林業からの排出に加え、日常生活上の排出も多く、増加し続けている。環境中に放出された化学汚染物質は、最終的には海洋生態系に取り込まれ、食物連鎖を通して濃縮され、魚を食べることによって海鳥に取り込まれ、海鳥の体内に蓄積される。化学汚染が海鳥個体群に影響したとする報告は、混獲や繁殖地での移入捕食者のインパクトの報告に比べると目立たず、一見、影響が小さいようにもみえる。しかしながら、化学汚染物質は広く薄く海洋中に広がっており、そのインパクトをとらえづらいという点で注意が必要なストレスである。海鳥の体内の化学汚染物質の濃度は近年上昇している。この点については、海洋汚染のモニタリングに直接関連するので、16章で詳しく紹介することとし、ここでは化学汚染物質が海鳥にどういった影響を与えるのかについて述べよう。

1　DDEにより卵殻厚が薄くなる

化学汚染物質が野生生物の個体の繁殖成績や生存率に直接的で深刻なインパクトを与えることは、イギリスで初めて報告された。猛禽類の卵殻の厚さが一九五〇～一九六〇年代に減少し、有機塩素系化学物質の卵内濃度が高い地域では卵殻が薄く、卵殻が壊れる頻度が高いことが報告された。そのため、こうした化学物質がホルモンやカルシウム代謝の異常を引き起こし、また親の行動に影響して、繁殖失敗につながるのではないかと疑われた[1]。その後、猛禽類に加え、イギリスさらにアメリカでカッショクペリカン、シロペリカン、シロカツオドリ、ミミウ、ウミガラス属、ミズナギドリ科、カモメ亜科といった海鳥類においても卵殻厚の減少が観察された[2,3]。

強力な殺虫剤として使われるDDT（ジクロロジフェニルトリクロロエタン。残留性有機汚染物質［＊1］POPsの一つであり、その異性体［＊2］の一つである*p,p'*-DDTが七割程度を占めている）は生物体内で好気的に代謝されてDDE（ジクロロジフェニルジクロロエチレン）に変化し、蓄積される。DDE濃度の高い卵は卵殻が薄いことが、アメリカのさまざまな場所のセグロカモメ[4]、スコットランドのシロカツオドリ[5]、アメリカのフロリダとサウスカロライナのカッショクペリカン[6]で観察され、その原因は*p,p'*-DDE（DDEの異性体）であると特定された（**図7-1**）。

その作用メカニズムとして、それまでの研究をレビューした報告では、*p,p'*-DDEが卵殻形成腺粘膜において、プロスタグランジン（血管拡張・子宮筋収縮作用を持つ）合成を阻害し、またカルシウムの移動を阻害することによって卵殻が薄くなるのだと結論づけられている[7]。アヒルでの実験では、構造が似てい

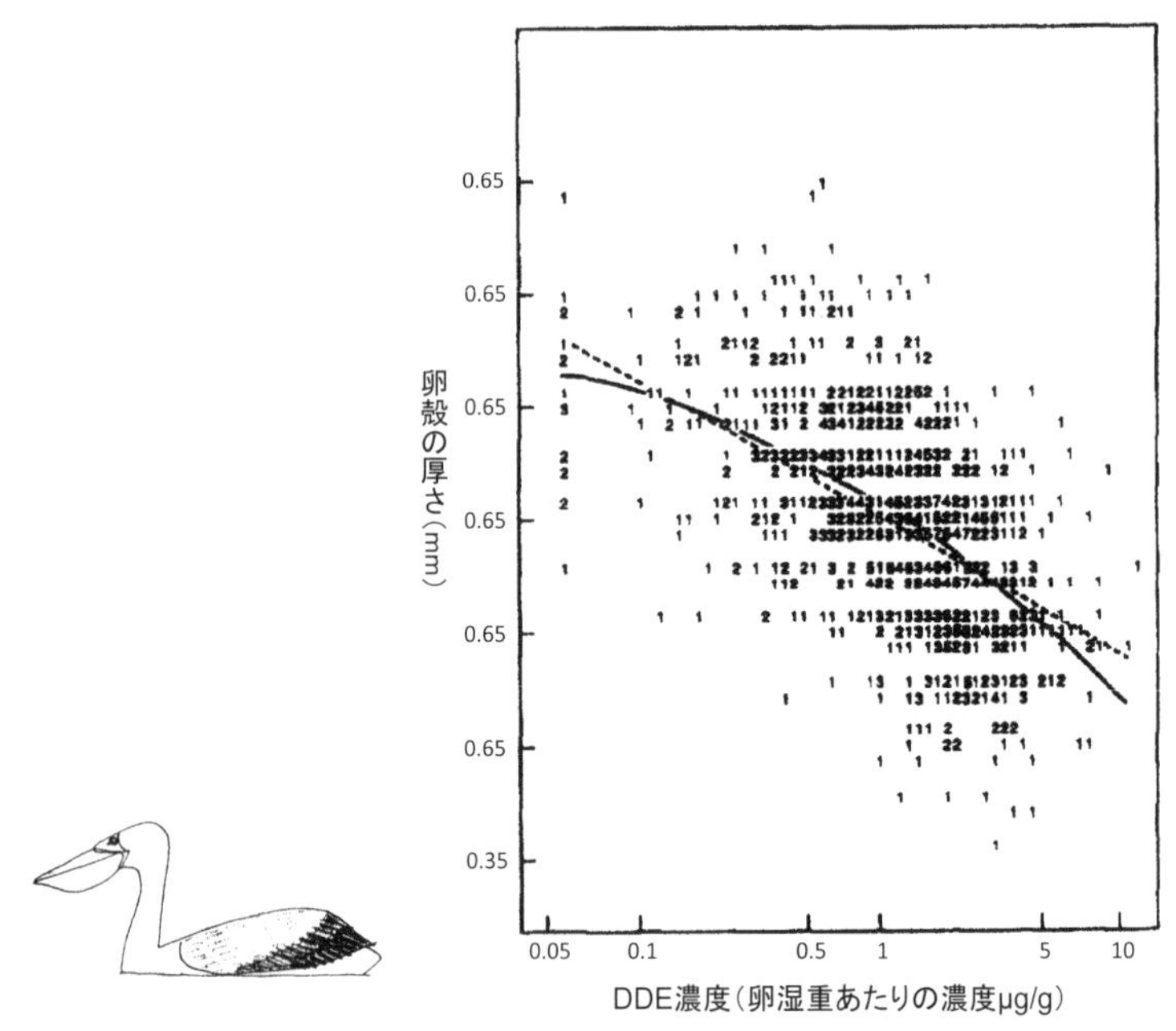

図 7-1 フロリダとサウスカロライナで 1969 年から 1980 年の間に集められた 932 個のカッショクペリカンの卵中の DDE 濃度と卵殻の厚さの関係。各点が 1 つの卵での値を示す。数字の 2 などはその値の卵が 2 つあったことを示す。DDE 濃度が高いと卵殻が薄い。その関係を直線回帰（破線）と 2 次回帰曲線（実線）で示す。文献 6 より。

る *o,p'*-DDE、*p,p'*-DDT、*o,p'*-DDT、*p,p'*-DDD は卵殻厚減少を引き起こさないことが確認された。さらに、産卵数、卵サイズ、卵黄・卵白重量は *p,p'*-DDE には影響されないが、メチル水銀、原油、ＰＣＢ（ポリ塩化ビフェニル）、γ－ＨＣＨ（ヘキサクロロシクロヘキサン）を精製した農薬であるリンデンには影響されることや *p,p'*-DDE に対する感受性には種間差があることが報告された[7]。

ＤＤＴは日本の国内法では一九八一年に輸入と製造が禁止されていたが、二〇〇一年ＰＯＰｓとして指定され、その製造・使用は、マラリアを媒介するカの殺虫剤としての一部の地域での使用などを除き、世界的にも禁止された。それまでにも危険性がわかっていたので、ＤＤＴの使用量は減っており、*p,p'*-DDE といった代謝産物の環境中濃度も減少し、それに伴って、一九九〇年代には、アメリカのニューヨークで繁殖するベニアジサシ、アジサシ、クロハサミアジサシの卵殻は一九七〇年代から比べると五〇％厚くなり、もとに戻っている[8]。

ただし、地域的な特性もあるようで、ヨーロッパのバルト海に面したラトビアではＤＤＴの使用が禁止されたのちも、ナベコウの卵中のＤＤＥなどの濃度は減少しておらず、卵サイズは小さく、死亡卵の割合も高いようだ[9]。かつてＤＤＴの工場があったアメリカのロサンゼルス沿岸の海底にはＤＤＴｓが蓄積しており、そこからの巻き上がり・溶出により最近でもＤＤＴｓによる汚染レベルが高い、といった現象も報告されている[10]。このように現在排出量は制限されていても、すでに環境中に放出され蓄積されている「遺産的汚染物質」があり、これが再度環境中に放出される可能性があることには注意しなければならない。

表 7-1　1960～1980 年代の北太平洋のアメリカ・カナダ沿岸域などにおいて、POPs が海鳥、サギ類の繁殖などに影響したと考えられている例。濃度の効果の有無も示す。文献 11 より。

種	場所	年	影響	汚染物質	濃度反応性
ミミウ	カリフォルニア	1969～1989	繁殖失敗 卵殻が薄くなる（重度）	DDE（32ppm）	あり
ミミウ	ブリティッシュコロンビア	1989	くちばしの奇形	ダイオキシン、PCBs	不明
ミミウ	ブリティッシュコロンビア		薬物代謝酵素活性の一つ（EROD）の誘導	PCBs	あり
カッショクペリカン	カリフォルニア	1969～1972	繁殖失敗 卵殻が薄くなる（重度）	DDE（71ppm）	あり
アメリカオオセグロカモメ	カリフォルニア	1972	繁殖失敗 20% 卵殻が薄くなる	不明	記載なし
ワシカモメ	ワシントン州	1984	肝臓の萎縮 卵殻が薄くなる（軽度）	不明	記載なし
オニアジサシ	カリフォルニア	1981	ふ化失敗 25%	DDE（3.2ppm）	不明
ダイサギ	カリフォルニア	1967～1970	繁殖失敗 15% 卵殻が薄くなる	DDE（25ppm 程度）	あり
オオアオサギ	ブリティッシュコロンビア	1987～1988	繁殖失敗	ダイオキシン	不明
オオアオサギ	ブリティッシュコロンビア	1988	薬物代謝酵素活性の一つ（EROD）の誘導	TCDD（テトラパラダイオキシン：猛毒のダイオキシン類）	あり
オオアオサギ	ブリティッシュコロンビア	1988	浮腫、胚の軽量化	TCDD	あり
ゴイサギ	カリフォルニア	1983	胚の軽量化	PCBs	あり

2　POPs がもたらす胚発生異常

ＰＯＰｓは海鳥の繁殖、特に胚発生の過程に、さまざまな直接的影響を与える（**表 7-1**）。アメリカとカナダにまたがる五大湖において化学汚染が深刻だった頃、セグロカモメ、アジサシ亜科、ミミウでは、胚の死亡、皮下脂肪および心膜の浮腫、成長阻害、肝臓のダメージ、異常繁殖行動、発生異常、ポルフィリン代謝異常（ポルフィリンという有機化合物が代謝されない）が見つかっている[3]。ＰＣＢは胚の致死性を高めるだけでなく、先天性奇形率を高める。また、メカニズムはまだよくわかっていないが、親が巣にいて卵や雛を防衛する時間割合の低下を引き起こし、結果的に捕食を招くこともあるようである。

汚染が深刻だった当時は、五大湖のミミウとオニアジサシにおいて、正常卵に比べＰＣＢと *p,p'*-DDE 濃度が高い卵では胚発生に異常がみられた[12]。特に、ミミウでは合計TEQ（ダイオキシン類［＊3］の毒性とその濃度の積の総和によるリスク指標）が高いと胚の奇形率が高く、オニアジサシではダイオキシン類のコプラナーPCB、PCCDs、PCDFsが高いと卵に異常が起きる割合が高いようだった。

また、五大湖の一つ、ミシガン湖のミミウにおいて、巣の中のふ化直前の卵あるいはふ化しなかった卵を採取し、POPs濃度とその巣の他の卵のふ化率の関係を調べたところ、PCBとディルドリン（殺虫剤）の濃度はふ化率に影響しなかったが、採取した卵のDDE濃度が高い巣ではふ化率が低かった[13]。この例ではDDEは卵殻の厚さには影響していなかったので、DDE濃度は、卵殻厚に影響するレベルには達していなかったが、胚発生に何らかの影響を与えるレベルであったと考えられている。

フジツボなどの付着を防ぐ防腐剤として船の塗装に使われた酸化トリブチルスズ［＊4］が、低濃度で、巻貝において、メスのオス化を引き起こすことが報告され、低濃度の汚染物質が内分泌かく乱物質［＊5］として働きうることが指摘された[14]。ノルウェーのスピッツベルゲン島の南にあるベア島のシロカモメにおいて、メス親の血液中のOCs（有機塩素系化合物）［＊6］濃度と、その個体が産んだ卵からふ化した雛の性比の関係を分析した研究[15]では、ボディーコンディションが低いメス親に限れば、血液中OCs濃度が低い個体が産んだ卵からふ化した雛はメスに、血液中OCs濃度が高い個体が産んだ卵からふ化した雛はオスに、その性比が偏っていた。OCsの濃度が高いメス親はOCsを卵に移行させるので、メスの胚の死亡率が上がり、そのため雛の性比がオスに偏った可能性が疑われる。

3 化学汚染物質の間接的な三つの影響

海鳥の大量死が時折報告されている。その直接の原因としては、餌不足や病気があげられるが、汚染物質が間接的に関与した可能性もある。一九六九年夏、アメリカのオレゴン州の海岸でウミガラスが大量死しているのが見つかった。病理解剖の結果、溺死が直接の死亡原因であることがわかったが、死んだ個体の脳の *p,p'*-DDE 濃度は八・七 ppm で、健康な個体(一・一 ppm)より高かった[16]。ただし、その濃度は他の種で実験的に確かめられた致死濃度よりは低かったため、*p,p'*-DDE が直接の死亡原因であるとは考えられておらず、何らかの間接的な影響があったのだろうと考えられている。

このように、外洋で死んだ海鳥が見つかることはまれである。また、近年は、毒性が強いPOPsの製造・使用が規制されたため、ここで述べたような卵殻厚減少や胚発生異常といった明瞭な健康被害をもたらすほど高レベルな化学汚染物質濃度が観察されることはあまりない。しかし、こうした直接的な影響(直接毒性)に加え、化学汚染物質が生理的なストレスを高め、繁殖関連ホルモンレベルを低下させ、免疫能力を低下させることで、間接的に、菌やウイルスへの感受性を高め、繁殖率を下げ、成鳥死亡率を高くしている可能性(間接毒性)を考える必要がある(付表7-1)。

その一つが酸化ストレスである。水銀など重金属は電子を失いやすいので反応性が高く、活性酸素種ROS[*7]の形成を促進し酸化ストレスを与える[17]。重金属の影響の大きさを調べるため、酸化ストレス指標が使われている。その一つが、血漿(けっしょう)中の抗酸化物質[*7]の濃度である。カモ類とアホウドリ類の野生個体の分析では、血液中の汚染物質(水銀、鉛、POPs)濃度の高い個体は抗酸化物質量や抗酸化酵素活性［＊7］が低く、酸化ストレスでダメージを受けたたんぱく質が多かった[18など]。

二番目は、鳥類における代表的なストレスホルモンであるコルチコステロン濃度のベースラインや短期ストレスに対する上昇程度への影響である。スピッツベルゲン島のミツユビカモメのオスに、拘束するか抗炎症薬を注射するといったストレスを与えた場合、総ＰＣＢ濃度が高い個体ではコルチコステロン上昇が大きかった[19]。一方、ホンケワタガモとオオトウゾクカモメでは、重金属やＯＣｓ濃度の高い個体でコルチコステロンレベルが高いわけではなかった[20,21]。こうした種間差をもたらす要因はまだわかっていない。

また、化学汚染物質は、繁殖に関わる重要なホルモンであるプロラクチン生成を抑制することも知られてきた。プロラクチンレベルが十分でないと繁殖行動がうまくいかない。ノルウェーのベア島のシロカモメおよびスピッツベルゲン島のミツユビカモメの暴露実験と個体変異の分析によると、水銀や有機塩素化合物はプロラクチンレベルを下げるようである[22,23]。

三番目は免疫力の低下やＤＮＡの損傷の程度である。免疫力の定義は難しく、それを示す指標はいろいろあるが、その一つは白血球や抗体産生を調べる方法である。南極半島のヒゲペンギンでは、総ＰＣＢ濃度や総ＤＤＴｓ濃度の高い個体は、好酸球［＊8］とリンパ球［＊8］の数が減り、偽好酸球［＊8］が増え、リンパ球数に対する偽好酸球数比が高いことから、こうした個体では、何らかの免疫血液学的な変化が起こっていることが示唆されている[24]。しかし、ここでも、ホンケワタガモとオオトウゾクカモメではその傾向はみられず、種により反応が異なっている。ストレスの指標としてＤＮＡ二重鎖の切断の度合いが使われることもある。ホンケワタガモのメスで調べたところ、汚染が進んだバルト海では、ＰＯＰｓと水銀の血中濃度の高い個体ほど切断頻度が高かった[25]。

化学汚染物質がどういったメカニズムでこうした生理的ストレスや免疫力低下をもたらすかはまだよくわかっていないようだ。解毒酵素による毒物の代謝と関係しているかもしれない。体内に入ってしまった化学汚染物質を、水溶性の高いものに変えて尿として排泄しやすくする働きを持つ解毒酵素の代表が、シトクロムＰ４５０（ＣＹＰ）である。北太平洋で採取されたクロアシアホウドリの肝臓を調べてみると、ダイオキシン関連物質濃度が高い個体は、ＣＹＰに関連した薬物代謝酵素活性が高かった[26]。ダイオキシン関連物質濃度が高いと、これを代謝しようとＣＹＰ生産を誘発するとともに、その結果として、生産された解毒酵素の働きが酸化ストレスを高めてしまう可能性もある。

こうした、化学汚染物質がもたらす間接毒性には性差、年齢差、種間差がある。オオトウゾクカモメでは汚染物質濃度が高い個体でストレスが高まっているとする証拠はなかったし、マガモとオオバンでは反応が違う。一般にメスはオスより抗酸化能が高いとされる[17]が、ワタリアホウドリでは水銀濃度と酸化ストレスの関係はメスでだけ認められている[27]。

従来、化学汚染物質の毒性については、マウスを使った室内実験によって調べられてきた。化学汚染物質に対するマウスの反応と海鳥の反応とは大きく異なるだろう。また、海鳥における反応の種間の差や性差がなぜもたらされるかは、モデル生物を使った室内実験だけではわからない。間接毒性の仕組みを理解し、種個体群へのインパクトをモデル化するには、種間の変異を知る必要がある。

4　他のストレスとの相乗効果

化学汚染物質は、餌不足や繁殖期における高いエネルギー消費との相乗効果を通じて海鳥個体にストレスを与える可能性もある。その仕組みを紹介しよう。ＰＣＢなど疎水性の化学汚染物質は、脂肪や筋肉に蓄積される傾向が強い。一方で、育雛中のようにエネルギー消費速度が高いときや餌不足のときには、エネルギー収支が負となり、短期間で蓄積脂肪量が大きく低下する。蓄積脂肪が分解されると、その結果として、血中の化学汚染物質濃度は上昇する。脂肪を消費した、つまりストレス状態にある個体は、自動的に強い化学汚染ストレスにさらされることになる。

ベルギーの海岸に漂着したウミガラスを調べたところ、油が付着しており、中〜高レベルの衰弱、中程度から強度の胸筋の縮退、皮下脂肪の減少や消失が多くの個体で観察された。衰弱程度がシビアな個体ほど脂肪量が少なく、銅と亜鉛濃度が高かった[28]。これは、重金属濃度が高い個体は餌をとれなかったという可能性もあるが、飢餓の結果として脂肪が分解され、体重が減り、重金属濃度が上昇したことを示すと考えられている。ホンケワタガモはメスだけが抱卵し、その間蓄積脂肪を消費し続けるのだが、脂肪消費が激しかったメスほどＤＤＥと殺菌剤であるＨＣＢ（ヘキサクロロベンゼン）濃度の増加が大きかった[29]。

こうした脂肪の急速な消費は、血液中のＰＯＰｓ濃度上昇[30]や脳の汚染物質濃度の上昇を引き起こす[31]。そのため、低温や餌不足などの環境条件の悪化により脂肪が消費されると、結果的に、化学汚染物質濃度の上昇を引き起こしストレスを高める可能性もある。

5　化学汚染物質の個体群へのインパクト

こうした直接および間接毒性の結果として、個体群はどういったインパクトを受けるのか。一九七〇年代のＰＯＰｓ汚染は海鳥個体群に重大な影響をもたらしたことがわかっている。

カッショクペリカンを例にあげよう(32)。アメリカのルイジアナ州において、一九一八〜一九三三年には一万二〇〇〇〜八万五〇〇〇羽いたのが、一九五〇年代にはいなくなってしまった。その原因ははっきりしていない。個体群を復活させるため、一九六八〜一九七六年に七六五羽の若鳥がフロリダから移入され、一九七一年には再び繁殖が確認され、一九七五年まではその数は増加していた。しかし、その後、一九七五年の数か月の間に大量死が起こり、四〇〇個体いたのが二五〇個体まで減少してしまった。

この個体群を維持するためには巣あたり一・二〜一・五羽の巣立ち雛が必要なのだが、一九七四年と一九七六年にしかこの数は達成されていなかった。一九七一〜一九七六年の間に卵殻厚は六・七〜一三・五％減っていたことがその一つの理由だろう。同じ頃ペリカンの餌である魚も大量死しており、魚のエンドリン（ＰＯＰｓの一種で有機塩素系殺虫剤）濃度を調べたところ、致死レベルだった。また、一九七五年に測られたペリカンの脳のエンドリンのレベルも他の鳥で実験的に調べられた致死濃度と同じくらいだった。こうした結果から一九七五年の大量死はエンドリンのせいであると断定され、一九五〇年代の個体群崩壊の原因としても、長期的低温、台風、病気に加え、エンドリンが大きく関わっていたのかもしれないと考えられている。

最近、海鳥の各個体の血中汚染物質濃度を調べると同時に、その個体の翌年までの生存率や、その年あ

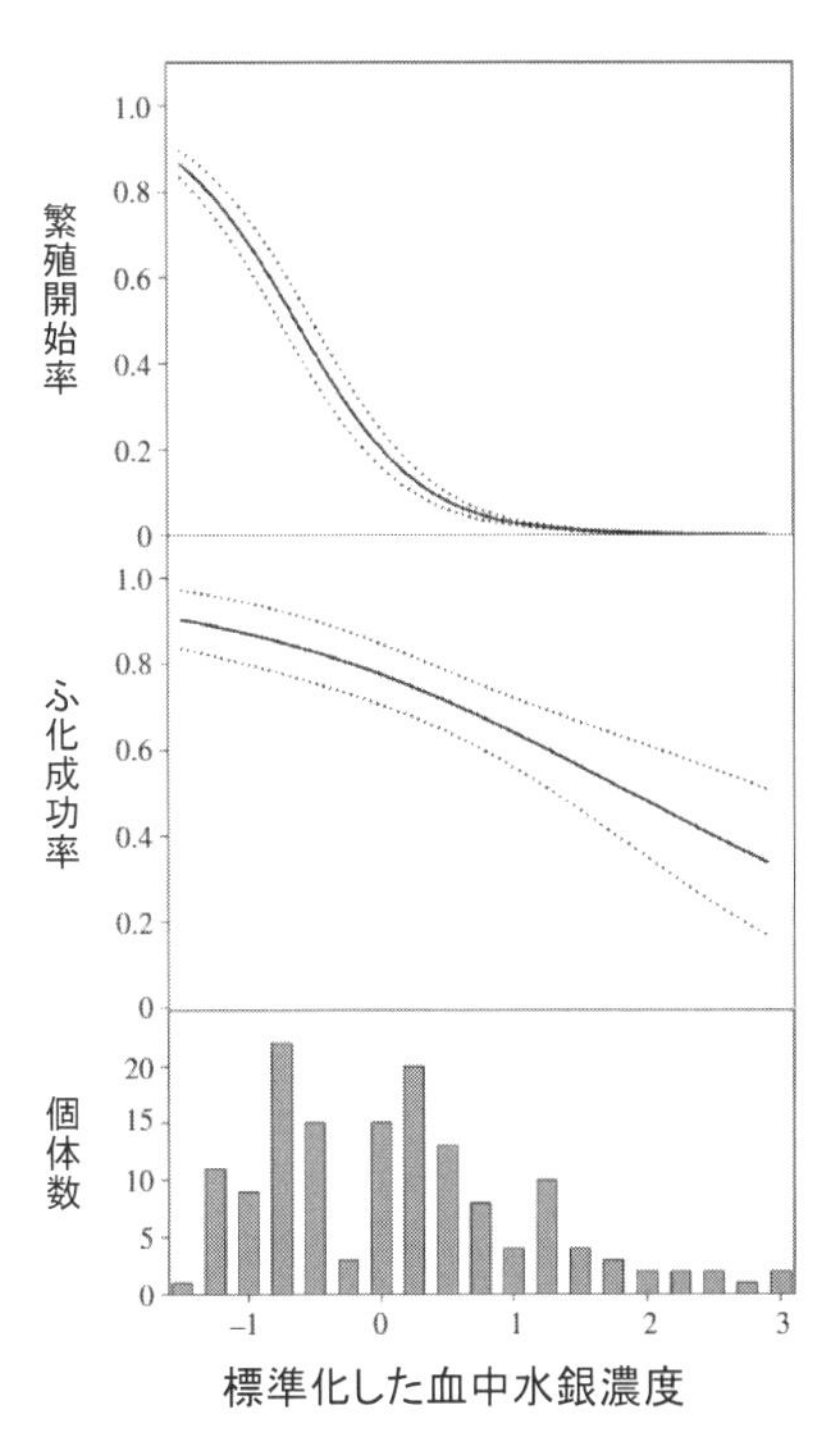

図7-2　ワタリアホウドリ（上、撮影：高橋晃周）のメスにおける、血中水銀濃度と前年繁殖しなかった個体のうち繁殖を始めた個体の割合（繁殖開始率、右上）および前年繁殖した個体が産んだ卵のうちふ化した割合（ふ化成功率、右中）の関係。この種はおよそ隔年で繁殖する。モデルにあてはめた曲線と信頼区間（破線）を示す。右下はそれぞれの水銀濃度の個体数。文献33より。血中水銀濃度は標準化しており、個体の相対値である。

るいは以前の繁殖成績や繁殖頻度を測ることによって、汚染物質が個体群に影響を与えていることが報告されている。水銀やＯＣｓ（一部のＰＯＰｓもその中に含まれる）は親の生存率や繁殖成績を低下させる、繁殖のタイミングを遅らせる、繁殖参加を妨げる（**図7-2右上**）、ふ化率を低下させる（**図7-2右中**）、など個体群増加に関連する変数に影響する（**表7-2**）。

　こうした研究成果をもとにして、個体群動態モデルを使い、亜南極にあるフランス領クローゼ諸島のワタリアホウドリとケルゲレン諸島のナンキョクオオトウゾクカモメでは、水銀あるいはＰＯＰｓ暴露が増加すると個体数が減少することが予測されている[33・40]。

表 7-2 汚染物質濃度が海鳥の繁殖や生存へ与える影響を野外の個体間の比較で分析した例。ただし、＊は卵へ水銀を投与した実験。

場所	種	汚染物質	項目	影響	文献
スピッツベルゲン（ノルウェー）	シロカモメ	OCs（PCBs、HCB、DDE、オキシクロルデン）	雛の性比	ボディーコンディションが低いメスの卵から生まれた雛の性比は、OCs 濃度低いメスではメスに、OCs 濃度が高いメスではオスに偏った	15
北極域	シロカモメ	OCs（HCB、HCHs、オキシクロルデン、DDE、PCBs）	ふ化率・死亡率	OCs 濃度が高いメスは死卵を産みやすかったが、揮発性 OCs の効果はなかった。血中 DDE、PCBs、HCB 濃度が高いと生存率が下がった	34
ベア島（ノルウェー）	シロカモメ	OCs（HCB、オキシクロルデン、DDE、PCBs）	離巣時間、コロニー帰還率	PCB 濃度が高い個体は巣を離れやすく、オキシクロルデン濃度が高い個体は翌年の帰還率が低かった	35
ノルウェー	オオカモメ	OCs（HCB、DDE、HCHs、PCBs）	産卵日、繁殖成績	メスの HCB、DDE 濃度が高いと産卵が遅く、β HCH、DDE が高いと巣の捕食率が高く、PCBs 濃度が高いと第 2 卵が小さい傾向があった。オスではこうした効果はなかった	36
北極域	シロカモメ	クロルデン	生存率	クロルデン混合物および代謝産物レベルが高い個体の生存率が低かった	37
スピッツベルゲン（ノルウェー）	ミツユビカモメ	POPs と Hg	生存率、繁殖確率	POPs 濃度が高い個体は生存率が低い傾向があったが、Hg の効果はなかった。Hg レベルが高いと繁殖確率が低下した	38
コーツ島（ハドソン湾）＊	ウミガラス キョクアジサシ	MeHg（メチル水銀）	胚死亡率	胚での濃度（母親由来＋投与量）の致死中央値はウミガラスでは 0.56ppm wet、キョクアジサシでは 1.10ppm wet	39
クローゼ島（亜南極）	ワタリアホウドリ	Hg、Cd、POPs	成鳥生存率、コロニー帰還率、長期的繁殖成績	Hg と POPs 濃度が高い個体は、繁殖頻度、ふ化および巣立ち成功率が低かった	33
アデリーランド、ケルゲレン島（南極・亜南極）	ナンキョクオオトウゾクカモメ ミナミオオトウゾクカモメ	Hg	成鳥生存率、繁殖頻度、繁殖成績	Hg 濃度が高い個体は翌年の繁殖成績が低かった。成鳥生存率と繁殖頻度には影響しなかった	40
ノバスコシア	コシジロウミツバメ	Hg	雛成長、帰還率、繁殖成績	Hg 濃度の効果はなかった	41
北東大西洋	オオトウゾクカモメ	BEDs	ふ化日、雛のボディーコンディション	ふ化日の遅いメスは POP 濃度が高く、POP 濃度が高いメスから生まれた雛のボディーコンディションは低かった	42
ノルウェー	ニシセグロカモメ	PFCs、PCB、p,p'-DDE	ふ化日、卵サイズ、雛体重	PFCs の効果はなかった。PCB、p,p'-DDE の濃度が高い個体は繁殖成績が低く、翌年の帰還率が低かった	43

「大統領の料理人」という二〇一二年のフランス映画は、エリゼ宮殿史上初の実在の女性料理人をモデルとしており、彼女がどのようにして故ミッテラン大統領の料理人となったのか、そしていかに活躍し、辞めたのか、までを描いた物語である。大統領の料理人を辞めたのち、多くのすぐれた海鳥研究がなされているフランスのクローゼ島南極観測基地の料理人となるのだが、この映画は、輸送船アストロラーベ号が荒れ狂う南極海をこのクローゼ島に向かうシーンから始まる。だいぶ以前に、白と青のこの船がタスマニアのホバート港に停泊中のところを見たことがある。思ったより小さく、これで南極大陸まで行くのが心配になるほどだった。実際に乗船したことのある友人

の話によると、暴風圏では信じられないくらい揺れたそうである。

一方で、化学汚染物質と生存率、繁殖成功率、個体群増加率との相関関係は注意して解釈する必要がある。個体群増加率の減少は、気候変化、病気および混獲などのストレスによっても説明可能であり、化学汚染物質によるストレスがどの程度寄与するか分析する必要がある。また、同じ程度に化学汚染物質に暴露されていたとしても、化学汚染物質を代謝し体外へ排出する能力が高い個体は採食能力も高いとしたら、結果として、化学汚染物質濃度が低い個体の生存率や繁殖成績が高くみえる場合があるかもしれない。こうした因果関係を解き明かすためには、ウミガラスとキョクアジサシの卵に水銀を投与して胚の死亡率を調べた研究[39]のように、動物倫理の点からは慎重に計画しなければならないが、投与反応実験を行う必要もあるだろう。

このように、化学汚染物質濃度が、生理的ストレスに関連しそうなこと、また、生存率と繁殖成績にも影響しそうなことがわかってきた。人間にとっての便利さとそこから得られる経済的利益を追求して、新たな化学物質がどんどん作られ、使用され、環境中に放出され、拡散している。口に入れるものを選べる人間とは異なり、野生生物はこうして薄く広く拡散した化学物質に慢性的に暴露されるので、検出しづらい間接毒性を評価する必要がある。また、海鳥だけに限っても、化学汚染物質への反応は種ごとに異なることを強調してきた。これまで進められてきた、化学汚染物質の人間への影響の研究とはやや違ったアプローチと評価手法が必要になるだろう。

オジロワシ。シカ猟で使われた鉛弾を死肉あさりの際飲み込んで鉛中毒になる例が多く報告されている。撮影：一瀬貴大

コラム④ 鉛弾による鳥類の中毒

鳥類において死に至るレベルの鉛中毒が我が国でも頻繁に起きている。その大きな原因は、狩猟に使われる鉛弾である。[44] 鉛弾を飲み込んでしまう理由には二つ考えられる。一つはカモ猟に使われる小粒径鉛散弾が湿地や池に落ちたものを、ガン・カモやハクチョウが飲み込んでしまうものである。もう一つはシカ猟に使われ、シカの死体内にとどまったライフル弾や大粒径鉛散弾を、オオワシなどの猛禽類が放置されたシカ死体をあさる際に飲み込むものである。

その証拠があがっている。鉛中毒で死んだカモ、ハクチョウ類の肝臓の鉛同位体比を調べたところ、その原因は、散弾を飲み込んだためであることがわかった。また、一九九〇〜二〇〇〇年代に北海道東部で死亡収容されたオオワシ・オジロワシを調べたところ、臨床所見から鉛中毒と判断されたものは八三羽に及び、うちほとんどがシカ用ライフル弾の鉛によるものとみられた。このことは、ワシ類の肝臓中の鉛安定同位体比からも確かめられた。[45]さらに、クマタカでも、血中鉛濃度が中毒レベルに達していた。[46]

このように鉛中毒が水鳥や猛禽類に広くみられ、その原因が鉛弾であることが明らかになったため、鉛弾の使用が禁止されるようになった。二〇一三年には北海道一円で鉛ライフル弾、大粒径鉛散弾（粒径七ミリメートル以上）の使用が禁止され、ガン・カモが多数飛来する沼や一部の地域では、小粒径鉛弾の使用も禁止された。しかしながら、その後も、死亡するオオワシ・オジロワシが見つかっており、これら個体の肝臓中の鉛濃度を調べてみると、中毒レベルにある個体の割合が高く、鉛の同位体比から、その原因はライフル弾であることがわかった。[47]鉛弾を違法に使っていることが疑われたため、その後、北海道は規制を強め、二〇一四年からは、「北海道エゾシカ対策推進条例」により、鉛ライフル弾と大粒径鉛散弾については、使用はもちろん、所持も禁止している。

＊1…代表は、二〇〇四年発効のストックホルム条約で製造・使用・輸出入が禁止・制限されている残留性有機汚染物質ＰＯＰｓ（Persistent Organic Pollutants）である。ＰＯＰｓに含まれる有機塩素系化合物（ＯＣ）としてよく知られた物質には、殺虫剤として使われたＤＤＴやＨＣＨ、絶縁油として使われたＰＣＢがある。[48]プラスチックの難燃剤やテフロンコーティング剤に使用されているハロゲン系化合物（ＰＢＤＥなど）も新たにＰＯＰｓとして登録された。

熱帯域で農業害虫やマラリアを媒介する力の防除のため大量に使われた殺虫剤に含まれる有機塩素系化学物質のうち、揮発性の高いＨＣＨは、大気によって運ばれ、亜寒帯・極域で冷やされて沈降し、海中に入り、生物に取り込まれる。[49・50] 揮発性の低いＰＣＢやＤＤＴの移動性は低い。水銀、電池やメッキに使われるカドミウム、電池やガラス製造に使われる鉛などの重金属は、火山や鉱脈からの流出といった自然の排出もあるが、工業製品化や燃焼の過程で環境中に放出される量も多い。例えば、石炭火力発電は二酸化炭素とともに水銀の大きな排出源であり、放出された水銀は大気輸送され極域まで運ばれる。

このように、化学汚染物質の排出源は農業・工業が集中する中緯度〜熱帯地域であるが、その一部は輸送され極域の生態系に取り込まれるため、排出源と影響を受ける海域が遠く離れている。海水中に入った化学汚染物質は、植物プランクトン、動物プランクトンや、魚類では体表面や鰓を通して、また餌として体内に取り込まれる。この場合、ＰＣＢのように疎水性の高い物質は、水より脂質を多く含む生物の体組織に偏りやすいので、生物体内の濃度が海水中より高くなる。これが「生物濃縮」である。肺呼吸する海鳥やクジラでは、餌を食べることで化学汚染物質を体内に取り込むが、さまざまな理由から取り込み速度が代謝・排泄速度を上回るので、生物体内の濃度が海水中より大きくなる。これが「生物増幅」である。

これらの仕組みにより、海洋生態系の高次捕食者である海鳥の体内の汚染物質濃度は極めて高くなる。[10] 特に、アホウドリ科などの外洋性の海鳥やクジラ・イルカの体内ＰＣＢ濃度は、陸生哺乳類に比べ高いことが知られている。これら外洋性の生物はさまざまな天然の汚染物質にさらされる機会が陸生動物に比べ少なかったので、進化の過程で汚染物質を代謝・分解・排泄する能力を獲得することがなかったためだろうと考えられている。[51]

＊2…同じ種類の原子を同じ数だけ持っているが違う構造をしている物質のこと。[10] *p,p'*-DDTはベンゼン環上の二個の塩素が中央のエタンに対し、それぞれパラ位に置換しているＤＤＴの異性体の一つ。ＨＣＨには八種の異性体（α-ＨＣＨ、β-ＨＣＨ、γ-ＨＣＨなど）がある。なお、例えば塩素数だけが異なる物質を「同族体」という。ＰＣＢには塩素数が異なる、したがって重量が異なり、揮発性など物質特性も異なる同族体がいくつもある。また、ＤＤＴをその分解産物（ＤＤＥなど）を含めて総称する場合にはｓをつけてＤＤＴｓ（ＤＤＴ類）と表記

する。ＰＣＢの同族体を総称する場合もＰＣＢｓと表記することがある。

＊３…ＴＥＱとは、ダイオキシン類について、世界保健機関（ＷＨＯ）によって定められた、最も毒性の強い２，３，７，８-ＴＣＤＤでの毒性を一・〇としたときの他のダイオキシン類の毒性の相対値（ＴＥＦ、毒性等価係数と呼ばれる）を使って、例えば魚一グラム中に含まれる各ダイオキシン類の重量にそれぞれのＴＥＦを乗じて得られる総和のこと。魚にはさまざまなダイオキシン類が含まれるので、魚の種類や場所ごとに毒性を比較する際や一日に食べてもよい魚の量を決める際に役に立つ。単位はpg-TEQ/gとなる。ポリ塩化ジベンゾ-p-ダイオキシン（ＰＣＤＤ）、ポリ塩化ジベンゾフラン（ＰＣＤＦ）、コプラナーＰＣＢ（Co-PCB）が含まれる[10]。ＰＣＤＤ、ＰＣＤＨには塩素数やその位置が異なる同族体、異性体が多数ある。Co-PCBはＰＣＢの「同族・異性体」の一種であり毒性が強い。

＊４…日本の「化学物質の審査および製造等の規制に関する法律」で厳しく規制されるが「ストックホルム条約」には登録されていない。

＊５…環境中に存在する化学物質のうち、生体にホルモン作用を誘発あるいは阻害するもの。「内分泌系に影響を及ぼすことにより生体に障害や有害な影響を引き起こす外因性の化学物質」と定義される。環境ホルモンと呼ばれたこともある。

＊６…Organochlorine Compoundsの略。分子内に塩素原子を含む有機化合物の総称。最も単純な有機塩素系化合物は塩素化炭化水素であり、一つ以上の水素原子が塩素原子に置換した炭化水素である。低分子量の塩素化炭化水素はクロロホルムやジクロロメタン、トリクロロエタン、テトラクロロエチレンであり、脱脂やドライクリーニングの溶媒として使われる。ＰＣＢやＤＤＴもＯＣｓである。

＊７…酸素分子がより反応性の高い化合物に変化したものの総称。略号はＲＯＳ（Reactive Oxygen Species）。スーパーオキシドアニオンラジカル、ヒドロキシルラジカル、過酸化水素、一重項酸素の四種類とされる。「抗酸化物質」とは酸化ストレスの原因となるこれらのＲＯＳを捕捉することによって無害化する反応に寄与する物質。この反応で抗酸化物質自体は酸化される。「抗酸化酵素」とはＲＯＳの働きを抑える酵素。

＊8…「好酸球」は白血球の一種である顆粒球の一つ。エオジン親和性の橙黄色に染まる均質・粗大な顆粒（好酸性顆粒）が細胞質に充満する。ヒスタミンを不活性化しアレルギー反応の制御を行う。「リンパ球」とは脊椎動物の免疫系における白血球の一種で、ナチュラルキラー（ＮＫ）細胞（細胞性、細胞傷害性自然免疫において機能する）、Ｔ細胞（細胞性、細胞傷害性適応免疫）、Ｂ細胞（液性、抗体による適応免疫）がある。「偽好酸球」とは家禽に存在する細胞。

8章 海洋プラスチックの影響

プラスチック汚染は地球規模で加速している。多くの海鳥種において、およそ九割の個体がプラスチックを飲み込んでいる。飲み込んだプラスチックによる消化阻害と、プラスチックを介した化学汚染物質取り込みによる影響が懸念される。

大西洋のサルガッソー海で、浮いているプラスチック（レジンペレット［＊1］）が発見され、その問題が報告されたのは一九七二年のことである[1]。二〇一〇年時点で、世界では毎年四八〇万〜一二七〇万トンのプラスチックが海に流れ出していると推定される[2]。これは世界の年間漁獲重量の一割にも達する。海に流出したプラスチックは、海流や風により遠くまで運ばれ（図8－1）、それが年々滞留している。海洋ごみは六九三種の海洋生物に摂取されたり絡まったりしており、これらのごみのうち九二％はプラスチック［＊1］である[3]。

このうち五ミリメートル以下のマイクロプラスチックや、さらに小さい、目に見えない大きさのナノプラスチックが、貝、動物プランクトン、魚類、クジラ、ウミガメ、そして海鳥に飲み込まれる。このことを世界で最初に教えてくれたのが海鳥である。北大西洋で一九六二年と一九六四年に採取されたコシジロウミツバメの胃の中からマイクロプラスチックが見つかったのだ[4]（図8－2）。この章では、どのような海

図 8-1　太平洋の真ん中の孤島ミッドウェー島では、流れ着いたプラスチック製の魚箱を、自然植生回復のための植栽用の苗を入れるために使っていた。手前の箱には臼尻（函館の東の漁村）と書いてある。撮影：著者

図 8-2　世界で初めて胃内からプラスチックが発見された海鳥であるコシジロウミツバメ。体重 50g くらいの小さな海鳥で、海表面でついばみ採食する。撮影：西澤文吾

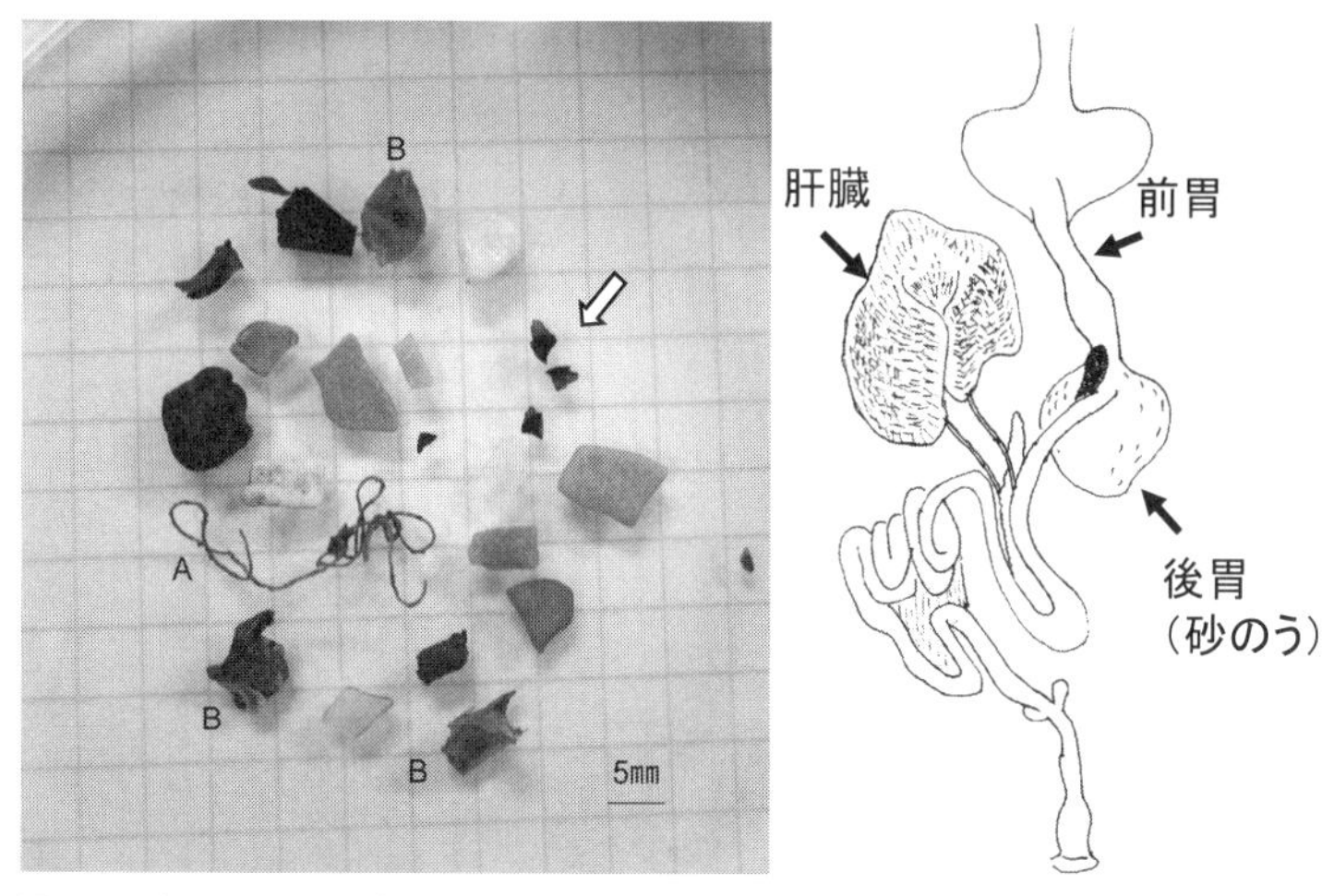

図 8-3　左：ベーリング海中央部で、調査のためのサケ・マス流し刺網に混獲されたハシボソミズナギドリのある１個体の後胃（砂のう）から見つかったプラスチック。矢印で示した黒く小さい破片はイカのくちばし。他はマイクロプラスチック、ひも状のプラスチック（A）やフィルム状のプラスチック（B）。撮影：大門純平
右：鳥類の消化器系。プラスチックはおもに砂のうから見つかる。

鳥種がよくプラスチックを摂取しているのか、飲み込まれたプラスチックは海鳥にどういった影響を与えているのかについて述べよう。

1　海鳥の特性がプラスチック摂取に関係？

海鳥がよく飲み込んでいるプラスチックの大きさは、目に見えるものとしては、多くの場合は一～五ミリメートル程度である。プラスチック製品の原料であるレジンペレット、プラスチック製品が海で破砕されて数ミリ以下になったもの、ひも状のプラスチックやフィルム状のプラスチックが含まれている（図8-3左）[5]。アホウドリ科などの大型種で、救護ののち死亡した個体は、一八ミリメートルのプラスチックリング、五〇〇ミリリットルペットボトル、風船の切れ端といったかなり

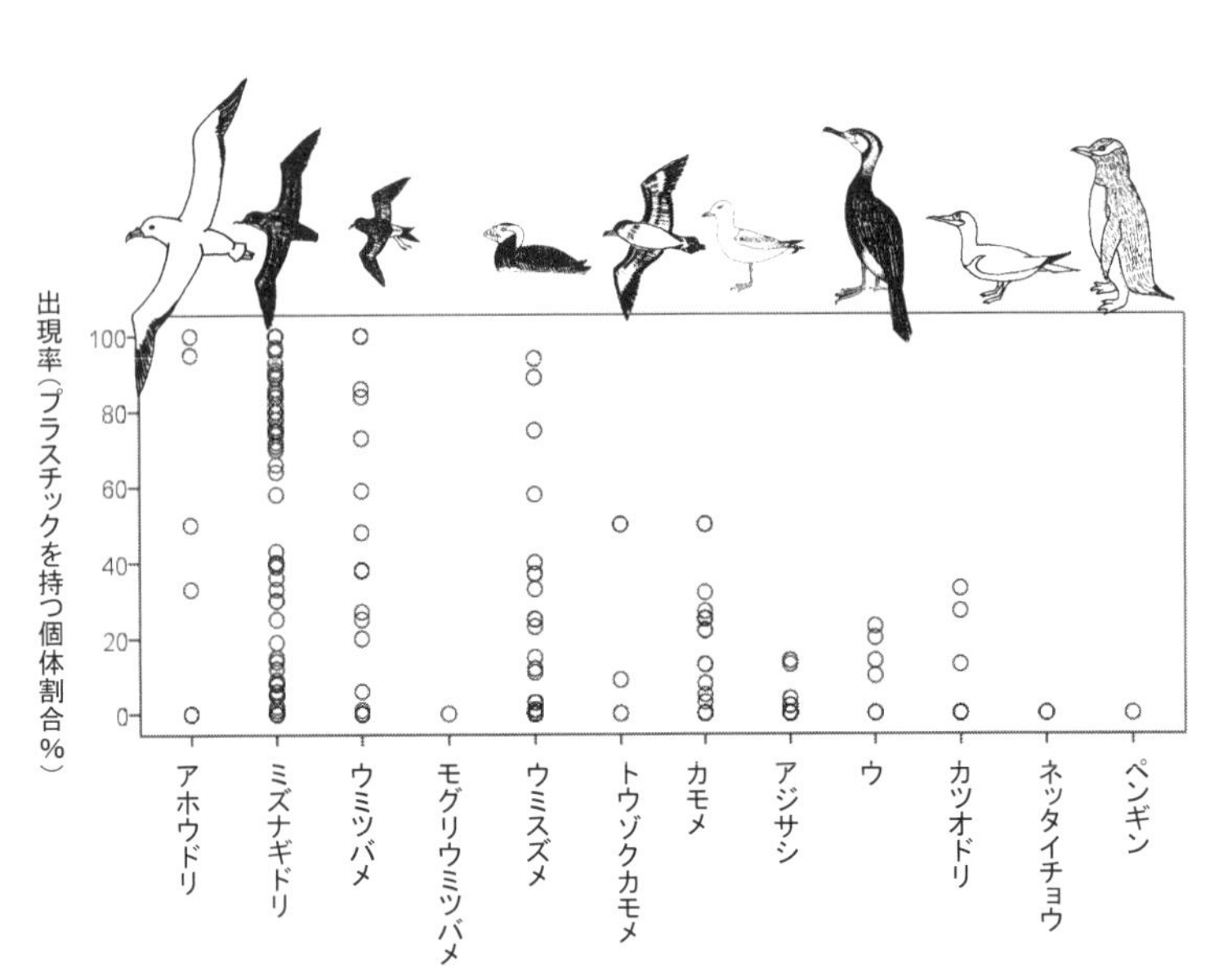

図 8-4　海鳥の各科・亜科におけるプラスチック摂取率（個体割合）。各点は各報告における各種の値を示す。文献 7・8 より。

の大きさのものも飲み込んでいた[6]。

なぜ海鳥がプラスチックを飲み込むのか。原因はまだよくわかっていない。プラスチックを摂取している個体の割合（摂取率）が種によって大きく異なることが、それを知る手がかりになるかもしれない。

ミズナギドリ科のプラスチック摂取率は六〜九割と高く、ウミツバメ科、アホウドリ科、カモメ亜科でも比較的高い（**図 8-4**）。いずれもおもに海表面でついばみ採食する。一方、潜水性のウミスズメ科のプラスチックの摂取率は、多くの種で二割以下であり、ペンギン科では胃内容からプラスチックが発見された種は少ない（図では一種だけであるが、最近いくつかの種で報告がある［＊2］）。アジサシ亜科、ウ科、カツオドリ科、ネッタイチョウ科ではプラスチック摂取は今のところあまり報告されていない。海面に浮いている餌をついばみあるいは拾い食いする種がプラスチックを飲み込んでいることが多いので、餌と間違って食べてしまう[9,10]、あるいは海の上から見たときに目立ちやすい色のプラスチックを食べるとも考えられる[11]。

鳥類の胃は前胃と後胃（砂のう）に分かれている（図8-2右）。前胃や砂のうの形状はグループや種ごとに違っており、前胃と砂のうの間のくびれが明瞭なミズナギドリ科ではプラスチックが滞留しやすいのかもしれない[12]。未消化固形物を吐き戻すことがあまりないミズナギドリ科、アホウドリ科がプラスチックをよく摂取していることも[9]、こうした消化管の形状と関係するかもしれない。積極的に小石などの異物を取り込み、砂のうに溜めるという鳥類の習性がプラスチック飲み込みに関連するのではないかとも考えられるが[13]、小石をよく飲み込んでいるウ科、カモメ亜科において、必ずしもプラスチックの摂取率が高いわけではない[9]。

また、食性が関係している可能性もある[14,15]。幅広い食性の種がプラスチックを餌と間違えやすく、これを飲み込むのではないかと考えられている[9]。ミズナギドリ科ではオキアミ、イカ、魚と残飯などさまざまなものを食べるフルマカモメやナンキョクフルマカモメで、ウミスズメ科でも動物プランクトンやイカなどさまざまな生物を食べるエトピリカとツノメドリでプラスチック摂取率が高い[16]。

ミズナギドリ目のかなりの種類は、植物プランクトンが動物プランクトンに食べられるときに出すジメチルスルフォイド（ＤＭＳ）という化学物質に誘引される[17]。これらの海鳥種は嗅覚が発達しており、ＤＭＳの臭いを頼りに餌生物が集中する場所を探すのだと考えられている。海中を漂う間にマイクロプラスチックはその表面にできたバイオフィルム（微生物が形成した生物膜）にＤＭＳを吸着すること、ＤＭＳに誘引される海鳥種でプラスチック摂食率が高い傾向があること、この二点から、海鳥はＤＭＳの匂いが染みついたプラスチックを飲み込みやすいのだという説が出されている[18]。

近年、海鳥の餌である動物プランクトンや魚もナノプラスチック、マイクロプラスチックを取り込んでいることが報告されており[5・19]、海鳥がこれらを食べることでプラスチックを取り込むことも考えられる。これを二次摂食というが、それが主たる取り込み経路だとする証拠は今のところあまりない[9]。

いずれにせよ、今後海鳥がプラスチックを避けるようになることは考えられず、汚染拡大に伴い、プラスチックの取り込み頻度や量がますます増えるのは間違いがないだろう。

2 プラスチックは消化阻害や食欲減退を引き起こす？

プラスチックは海鳥個体にどういったインパクトを与えるのか。①漁具やプラスチック袋が体に絡まって死ぬことに加え、②大きく先がとがったプラスチック片を飲み込んだ場合、消化管が閉塞し、傷つき、潰瘍（かいよう）ができる、③たくさんのプラスチックを飲んでいる場合、胃の容積が減るなどして、消化能力や食欲が落ちる、④飲み込んだプラスチックに含まれる化学汚染物質（ＰＯＰｓ）を消化の過程で吸収しその影響を受ける、といった四つのプロセスが考えられる[5・20]（**図8-5**）。

このうち、プラスチックへの絡まりは直接死亡を招くので大きな脅威であり[21]、海鳥では漁具による混獲が大きな問題であることはすでに述べた。また、投棄された漁網に絡まる「ゴーストフィッシング」も懸

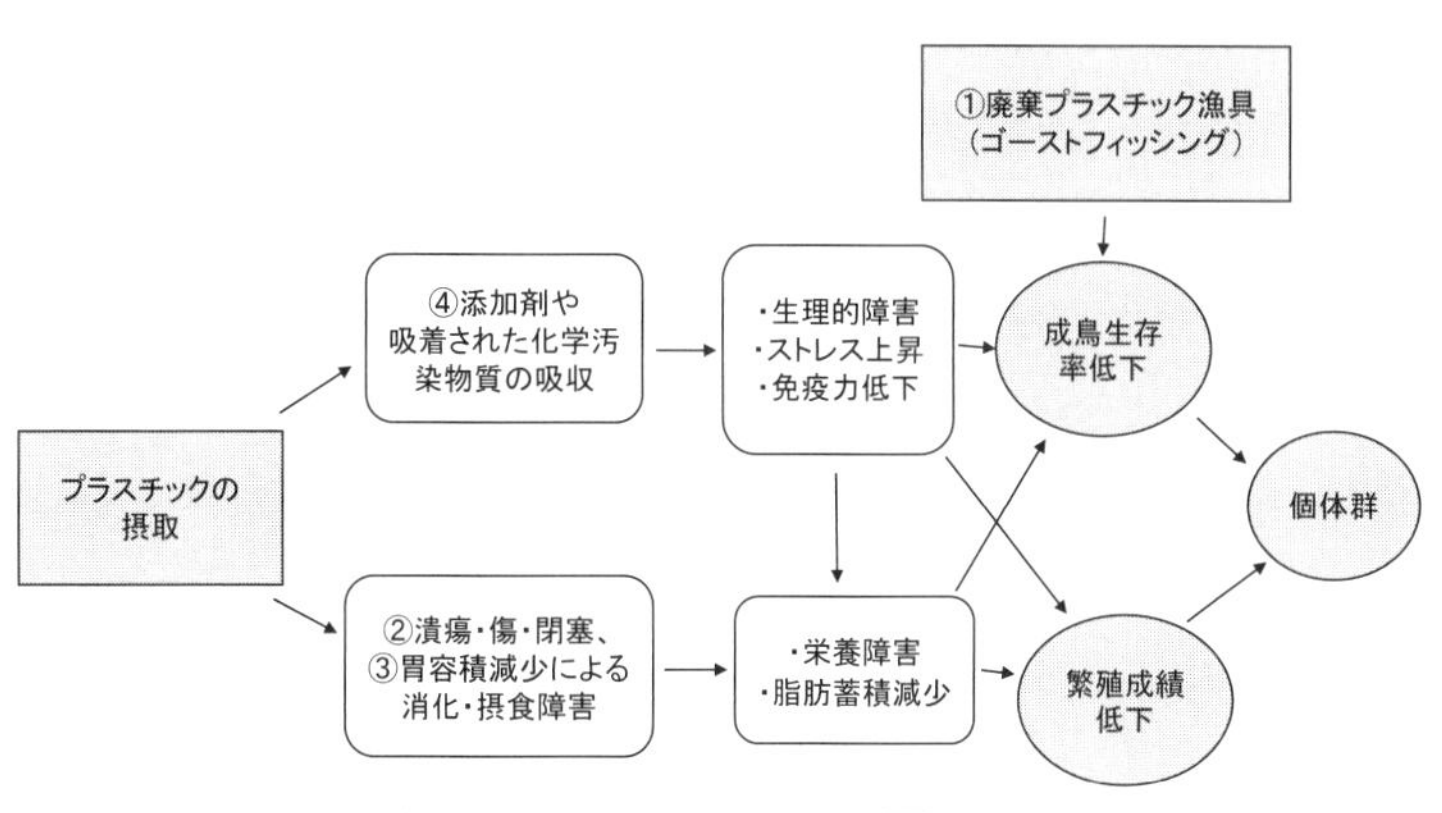

図 8-5　海鳥への海洋プラスチックの潜在的な影響。□はストレス、▢は個体へのインパクト、◯は個体群へのインパクト。

念される。ここでは残りの三つ、すなわち飲み込んだプラスチックの影響について詳しくみていこう。

まず第一に、海鳥が飲み込んだプラスチックは、消化管内壁を傷つけ、潰瘍を引き起こし、時には死をもたらすことがある。ペットボトルのフタのような大きなものが消化管に詰まったり、ストローなどとがったプラスチック片が突き刺さったりするといった例が報告されている[6・22・23]。その報告数は今のところはそう多くはない。また、潰瘍や傷は、プラスチックを飲み込んでいた中のわずかな個体でだけ報告され、目視による限りは明瞭な障害が見つからなかったとする報告も多い（**付表8-1**）。マイクロプラスチックのサイズであれば、海鳥の消化管を直接傷つけることはあまりなさそうだ［＊3］。

第二は、胃に滞留するプラスチックが消化を妨げる可能性である。ミズナギドリ科、ウミツバメ科では飲み込んだプラスチックが砂のうの体積の半分以上を占める[24]。これが摂食衝動や消化率の低下をもたらし、栄養蓄積を低下させるかもしれない。ただ、南アフリカと周辺海域で採取されたアオミズナギドリの成鳥では、胃の中にプラスチックが多い個体ほどボディーコンディションが悪いようだったが、同じ繁殖ステージの個体だけで比べたところ、目立った影響は検出されなかった[10]。オーストラリアの東六〇〇キロメートルにあるロード・ハウ島のアカアシミズナギドリの巣立ち雛を調べたところ、プラスチックを大量に飲み込んでいた個体ほど軽かったが[25]、スペイン領カナリア諸島のオニミズナギドリの巣立ち雛ではそうした影響は検出されなかった[26]。

このように、胃の中のプラスチック量とボディーコンディションの関係を分析した研究はいくつかあるのだが、一貫した傾向はない（付表8-1）。砂のう中のプラスチックが多い個体ほど、消化されづらいイカのくちばしなどの餌残滓が少ないという傾向はなく、プラスチックがあると餌をあまり食べなくなるという証拠もない[12]。また、相関関係があったとしても必ずしも因果関係を示すわけではない。体重の軽い、ボディーコンディションの悪い個体が、餌と混同してプラスチックを食べてしまいやすいのかもしれない。その他の要因をコントロールして分析する必要がある。

そのため、投与実験による影響評価も行われている（付表8-1）。ノドジロクロミズナギドリの巣立ち幼鳥にプラスチックを食べさせた場合、同化率も体重減少も、食べさせない個体と差はなかった。一方、ニワトリの雛にプラスチックを食べさせた場合、餌の食いが悪くなったが、これはプラスチックのせいで胃容積が減ったためだろうとされている。これらの結果は、ある程度までならば、プラスチックによる消化管容積の減少が消化率を低下させることはないが、食欲を減らすという効果はありそうだ、ということを示唆する。こうしたプラスチック投与実験は、設備や動物倫理の観点から、安易に実施することは許されないが、正確な影響評価のためにはやむをえないものである。

胃中プラスチックの消化機能や食欲に対する影響が、検出されたりされなかったりするのはどうしてなのだろう。アカアシミズナギドリの巣立ち近い雛では、体重の二%以上に相当する一五グラムものプラスチックが胃にある個体の体重がかなり軽く、多くのプラスチックが胃にあった個体ほど尿酸値やコレステロール値が高い傾向がある。[25-27] 同様にプラスチックを持っていた雛の体重が軽かったという結果が出ているコアホウドリの例では、最大プラスチック量は一三六・三グラム(体重の七%程度)にも達していた。[28] こうしたことから、飲み込んだプラスチックがかなりの量になると消化障害などを起こす危険性がある。ただし、このレベルは、ヨーロッパで定められたプラスチックの許容環境負荷の計算に使われるフルマカモメでの基準値(〇・一グラム、体重比で〇・〇二%。[29] 17章3節で解説)よりははるかに高く、このレベルの量を飲み込んでいる個体は、現時点では少ないと思われる。

結論として、プラスチック摂取が直接死をもたらす例は、今のところは少ないと思われるが、このままプラスチック汚染が拡大すれば、海鳥のプラスチック負荷が上昇し続け、消化・摂食障害を引き起こすレベルに達する可能性はあると考えられる。

3　プラスチックを介した化学汚染物質の取り込み

第三の問題は、海鳥は飲み込んだプラスチックを排泄することなく、長い間、後胃に滞留させておくことがあり、その間、プラスチックから溶出した化学汚染物質を吸収して体内に取り込むことである。プラスチックには、用途に応じた物性を与えるため、ＰＯＰｓであるＰＢＤＥｓ（ポリ臭素化ジフェニルエーテル。難燃剤）や毒性がまだわかっていないフタレート類や紫外線吸収剤などのさまざまな化学物質が添加されている。また、マイクロプラスチックは海を漂う間に海中の疎水性のＰＣＢ、ＤＤＴｓ、ＨＣＨといった化学汚染物質を吸着し、その濃度が非常に高くなっている場合がある。[30,31]

南アフリカで採取されたズグロミズナギドリやベーリング海で混獲されたハシボソミズナギドリでは、プラスチックを多く飲み込んでいた個体ほど皮下脂肪中のＰＣＢの一種アロクロール１２６０（商品名）の濃度や塩素数二～四のＰＣＢ同族体（7章注2）の合計濃度が高いという傾向が認められた。[32,33] また、ハシボソミズナギドリにおいて、プラスチックを胃に持つ個体の皮下脂肪からは、餌には含まれないがその個体が飲み込んでいたプラスチックが持っていたのと同じタイプの高臭素のＰＢＤＥｓが検出された。[34]

世界で初めて行われた野生海鳥（オオミズナギドリの雛）を使った飼育実験では、海岸に漂着したＰＯＰｓを吸着しているプラスチックを食べさせた一週間後に、尾脂腺分泌物（ワックス）中のＰＣＢ濃度が高まることが報告されている。[35] その後の実験で、プラスチックに添加された化学汚染物質が肝臓や脂肪に移行することが確実となった。[36]

これらの結果は、海鳥は、飲み込んだプラスチックが持っている化学物質を消化過程で吸収することを示している。ミズナギドリ目は、ハダカイワシなどの餌生物に含まれる油成分のうち、消化されづらいワックスエステルなどを胃に溜める習性があり、これを胃油という。[37] この胃油に、プラスチックに吸着・添加されていたＰＢＤＥｓが急速に溶け出すことがわかった。[38] プラスチックに吸着されている汚染物質は疎水性であることが多いので、特に胃油を持つミズナギドリ目は、こうしたプラスチック由来化学汚染物質をすばやく吸収してしまうのだろう。

このように、飲み込んだプラスチック由来で体内に取り込まれた化学物質の中には、さまざまなストレスを与え、生存率に影響する可能性のある物質も含まれる。今のところ、プラスチック由来の化学物質が海鳥にどういった影響を与えるかはわかっていない。また、食べた魚由来の化学物質の量との相対的な割合もまだわかっていない。先のハシボソミズナギドリのＰＢＤＥｓの場合と異なり、大西洋のフルマカモメでは、餌由来のＰＣＢの量に比べプラスチック由来の量はおよそ無視できる程度だという報告もある。(39)

＊1…「プラスチック」はありとあらゆる用途に使われており、その材質はポリエチレンテレフタレート（ＰＥＴ。ペットボトルや衣類）、ポリエチレン（ＰＥ。灯油タンク、洗剤ボトル、レジ袋、ラップ）、ポリプロピレン（ＰＰ。ストロー、おむつ、繊維、車のバンパー）、ポリスチレン（ＰＳ。ハンガー、コンピューター、発泡スチロール）、ポリ塩化ビニル（ＰＶ。ホース、水道管、クレジットカード）の五タイプに分けられる。プラスチックのかなりを占めるＰＥとＰＰは海水より軽く、海水より重いプラスチックでできた製品でも空気を含んでいると海洋表層に滞留するので、最終的に海に流れ出たプラスチックごみは、風、海流、波によって、遠くまで運ばれ、海岸に打ち寄せられ、また波で海に運ばれる。こうしている間に波や紫外線による劣化で粉砕され、一〜五ミリメートル程度のマイクロプラスチックと一ミリメートル以下の目に見えないナノプラスチックになる。また、製品化される前の、レジンペレットと呼ばれるプラスチックも数ミリ程度の大きさで、物流の過程で海に流出することがある。

こうした微細なプラスチックは、時間の経過とともに藻類やバクテリアといった有機物の付着のため浮力を失って、ゆっくりと沈降し、海底の泥にたまるものもある。[4] またその一部は海流で巻き上げられて再び海水中に戻る。

＊2…例えば、南極半島の北東に位置するサウスジョージア島とシグニー島のジェンツーペンギンの糞を調べたところ二〇％からマイクロプラスチックが見つかっており、南極海生態系でも生物へのプラスチック取り込みが起きていることがわかった。[40]

＊3…最近、アホウドリ科では、かなり大きなプラスチックを飲み込んでおり、飲んだプラスチックが消化管の閉塞を引き起こしたり傷つけたりしたせいで死に至っている例がある程度あることが報告された。オーストラリアとニュージーランドの海岸に漂着した死亡個体の五・六％が消化管にプラスチックを持っており、病理解剖によりうち半分程度の死因が飲み込んだプラスチックのせいであることがわかった。[6]

第4部　繁殖地および海岸におけるかく乱

海鳥は他の海洋生物と異なり、繁殖のため陸地を利用する必要があり、休息や採食のためには海岸周辺も利用する。

陸上とその周辺、すなわち島や海岸周辺におけるストレスにはどのようなものがあるのだろうか？

そのインパクトはどの程度検証されているのか？

ストレス軽減のためにはどのような手法がとられるのか？

9章　繁殖地での狩猟

生活の糧としての狩猟であっても、また近代の商業的狩猟は特に、多くの海鳥の種や個体群の世界的、地域的絶滅を招いてきた。一方、不確実性に留意し雛の狩猟に限定すれば、適切な管理の下での持続的生産は可能である。

海鳥は毎年決まった時期、決まった場所に多数が集まって繁殖する。卵、雛、親鳥いずれも栄養価が高い。その時期になると必ず、しかも容易に手に入る食料である。さらに、羽毛も衣料、装飾具として高い価値を持つ。人間にとってはたいへん魅力的な生物資源である。特に他から隔離され、資源が限られた海洋島では、その価値は高かっただろう。そのため、広く利用されそのストレスも大きかった。なかでも、親の狩猟が海鳥個体群に与えるインパクトは強かったようだ。

1　オオウミガラス絶滅の歴史

オオウミガラス（図9-1左）の絶滅の歴史は比較的よくわかっている。オオウミガラスは、北部北大西洋に広く分布していた体重四〜五キログラムにもなる、飛べないウミスズメ科の海鳥で、現生種のオオハシウミガラスに最も近縁である。オオウミガラスが属するピングヌス属の化石は一〇〇〇万年前の地層

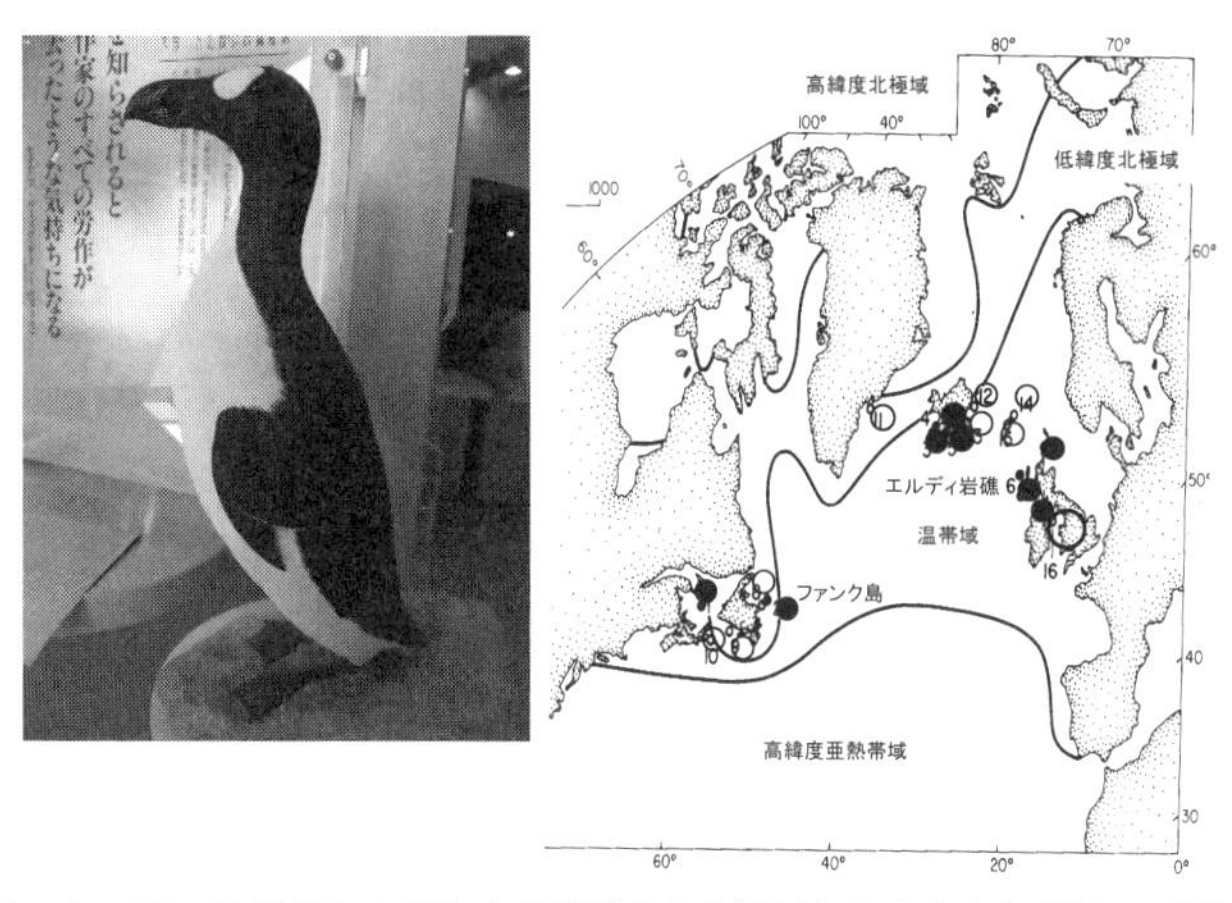

図 9-1　左：16〜19 世紀に人間による狩猟のため絶滅したオオウミガラス（環境省羽幌海鳥センター所蔵の模型。撮影：山本誉士
右：繁殖の記録があるコロニー（●）と推定されるコロニー（○）の位置。文献 1 より。ニューファンドランド島のファンク島では 17 世紀にはおよそ 10 万つがいがいたと思われるが、18 世紀終わりまでには地域絶滅した。アイスランドのエルディ岩礁では 1844 年最後の個体が採取された。

から見つかっている[2]。

オオウミガラスはカナダのニューファンドランド島、グリーンランド、アイスランド、スコットランドのオークニー諸島とイギリスのマン島で繁殖していた記録がある（**図 9-1 右**）。また、その骨はフロリダ、ニューイングランドからラブラドール、グリーンランド、アイスランドからノルウェー、オランダやジブラルタルでも見つかっている。

ヨーロッパ人がこれらの島に到着する前に、すでに数が減っていたとする意見もあるが、人間活動、特に羽毛をとるか食料とするために親鳥を狩猟したことが直接の絶滅の原因であることは間違いがないだろう。有史以前からオオウミガラスを食べていたようで、イギリスのマン島の一三世紀以降の遺跡からは、オオウミガラスの骨破片が二つ見つかっている[3]。カナダ大西洋側のニューファンドランド島にあるファンク島は一五二〇年頃発見され、「ペンギンの島」と呼ばれ、一七世紀初め頃の大まかな見積もりでは一〇万つがいが繁殖していたとされる。その後、近くの良好な漁場（グランドバンク）で漁をする漁師、行楽に島を訪れた人々の食料として、また、羽毛を得るために狩猟され、大きく数を減らし、一八〇〇年頃にはこの島では絶滅したと考えられている[1]。

アイスランドやスコットランドでは、一七世紀の時点で、すでに、いくつかの小島にしか残っていなかったと推察されている。オオウミガラス個体が最後に採取されたのは、スコットランドのオークニー諸島では一八一二年、アイスランドのエルディ岩礁では一八四四年である[4]。その頃までに希少になってしまった本種の標本に博物館が高値を付けたため、漁師が最後の個体を追い詰めて捕獲した。このエルディ岩礁でも一八六〇年までには絶滅したと考えられている。

こうした狩猟が海鳥個体群の絶滅を引き起こした場合と引き起こさなかった場合があるのは興味深い。日本のオオミズナギドリの例をあげよう。伊豆諸島の火山島である御蔵島は、平地がほとんどなく農業生産はあまり期待できない。かつては、外部からの補給も限られており、自給自足の必要性がとても高かった[5]。そのため、島内で多数繁殖するオオミズナギドリは貴重な食料であり、狩猟について不文律が定められ、成鳥は通年狩猟禁止、毎年二日間、雛だけをとる、という厳重な自主規制のもとで狩猟が行われてきた。オオミズナギドリの雛の狩猟はこの島では一七〇〇年代から継続しており一九七八年時点でも毎年数万羽ほどを捕獲し続けていたと推定されるが、二〇一二年の巣数は四〇万巣であり、大きな減少はなく、持続的な狩猟であったことがうかがわれる[5]。

一方、北海道の渡島大島はオオミズナギドリの繁殖地として一九二八年に天然記念物に定められたにもかかわらず、ワカメ漁のためにその期間だけ滞在した漁業者が、親や巣立ち近い雛を一九二一～一九四五年までの二〇年間で合計七・三万～一〇・三万羽、一九四六～一九五六年までの一〇年間で合計一五・一万～一九・九万羽、一九五七～一九六七年までの一〇年間で合計七・八万～一〇・九万羽を密猟したと推定され、その結果一九九五年の繁殖数はわずか二四〇～二六〇羽にまで減ってしまった(6)。現時点で繁殖は確認されていない。略奪的な狩猟は、短期間に海鳥の個体数減少を招く。

有史以前の遺跡の記録は、海鳥を生活の糧として利用していた時代においてすら、この生物資源を持続的に利用していたわけではないことを示している。「狩猟採集時代、人は自然と共生した生活をしていた」というイメージは、正しくはないのかもしれない。比較的長く、一見、持続的に海鳥の狩猟が続けられた場合もあるが、ただ人口が少なくインパクトが弱かっただけとも考えられる。御蔵島のように、食料に乏しく、海鳥が本当に必要不可欠な食料である絶海の孤島においてのみ、そして、そこで得られた経験や教育だけが、自らが生き残るための、生物資源の「持続的利用」という考え方をもたらしたのかもしれない[＊1]。

2　日本固有種のアホウドリへの商業的利用のインパクト

商業的利用はさらに急速な絶滅をもたらす。我が国の固有種であるアホウドリの歴史を紹介しよう。アホウドリ科の骨（図9-2）は北海道から沖縄まで、オホーツク海・日本海も含め日本各地において一万

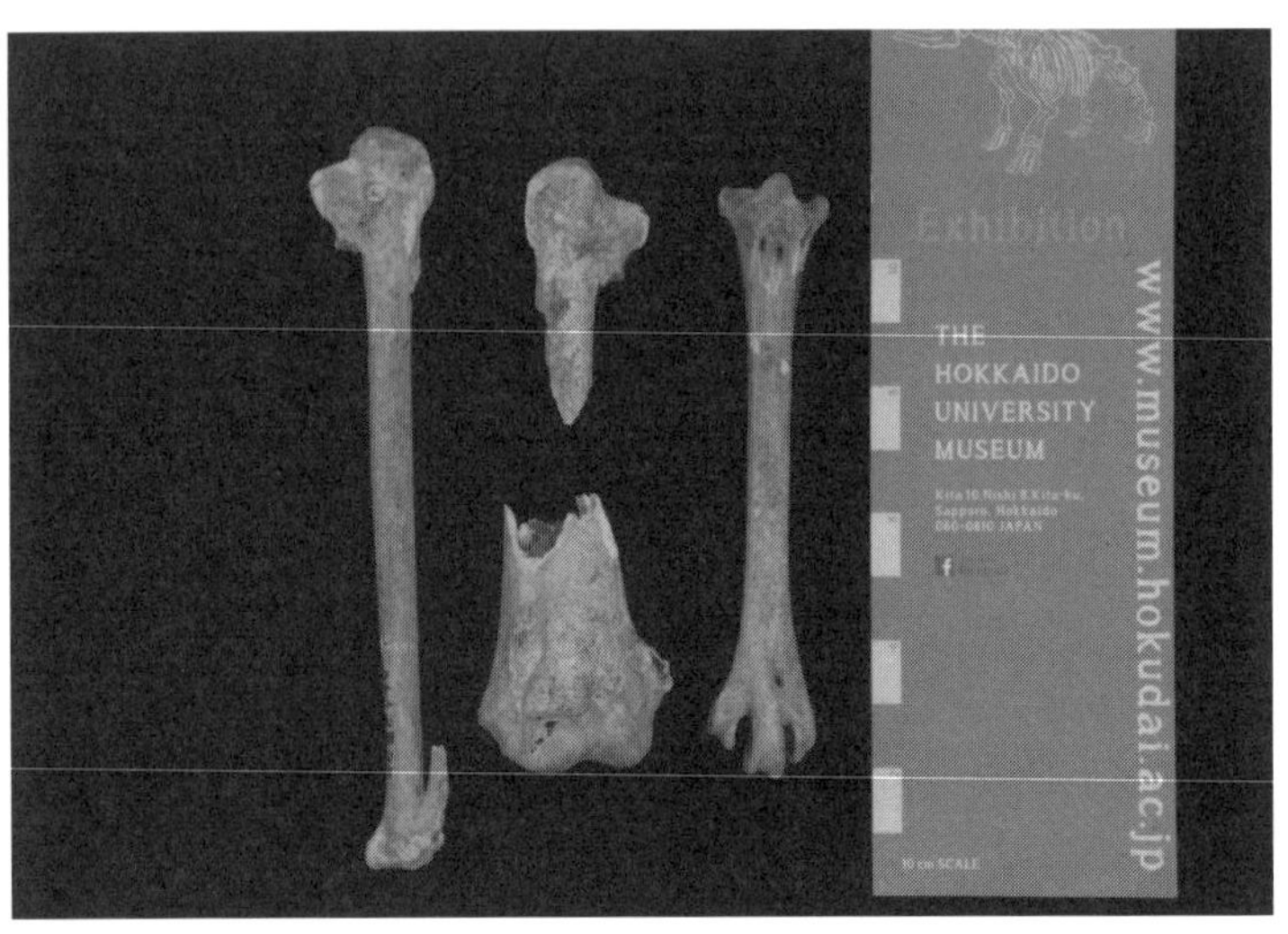

図 9-2　礼文島香深井１のオホーツク文化期（5～11 世紀）の遺跡から出てきたアホウドリ科の骨（北海道大学総合博物館）。撮影：江田真毅

～六〇〇〇年前以降の縄文時代の遺跡から発見され、これらの骨から抽出したＤＮＡを使って、その一部は種「アホウドリ」のものであることがわかった[7]。また、礼文島の遺跡から出てきたアホウドリの骨が成鳥のものだけであったことから、そこで繁殖していたわけではなく、縄文人は渡りや越冬中に海岸近くまで来たアホウドリを狩猟していたと考えられ、現在は観察記録がない北海道オホーツク海沿岸や日本海にも渡り途中に滞在したことが推察される。

　こうした遺跡資料やさまざまな記録から、アホウドリは、かつて、台湾から尖閣諸島、八重山諸島、大東諸島、小笠原諸島、伊豆諸島の鳥島と南鳥島など、少なくとも一三の島に六〇〇〇万羽程度が繁殖していたと推察される[8・9・10]。

　この、北太平洋西部の亜熱帯の島々に莫大な数繁殖していたアホウドリを、明治から大正にかけ、日本人による狩猟が絶滅寸前まで追いやった歴史が、『アホウドリと「帝国」日本の拡大』[11]に詳細に述べられている。

それによると、一八七六年に明治政府が小笠原諸島の領有を宣言し出張所を置く頃には、民間人も入植しており、聟島（むこじま）などにいたアホウドリを狩猟し、卵、肉や羽根を利用しており、アホウドリの数は激減していた。

そこで目をつけられたのが、八丈島と小笠原諸島の中間にある鳥島である。江戸時代には、この島に何回か遭難者が漂着しており、一七八八年から一〇年間アホウドリを食べて生き延び、自力で脱出した野村長平を題材にしたのが吉村昭の小説『漂流』である。小笠原諸島領有宣言ののち、一八八七年に玉置半右衛門は鳥島を牧畜用として借地を申し出た。しかし、狙いはアホウドリの羽毛であり、翌年に東京府からの借地許可を得た玉置は、直ちに入植し、一日一人一〇〇～二〇〇羽、年間四〇万羽を撲殺し、一九〇二年の噴火（当時島にいた人すべてが亡くなった）までの一五年間に六〇〇万羽を捕獲[9]（図9-3）、その羽毛を、当時、服・装飾としての海鳥の羽毛の需要が高まっていたヨーロッパへ輸出することで莫大な富を築いた。

この羽毛産業により鳥島のアホウドリが激減したので、玉置は、今度は、明治政府の出した「遠洋漁業奨励法」による奨励金を使って、南大東島、硫黄島、さらにミッドウェー島、東沙諸島、マリアナ諸島にまで手を伸ばした[11]。狙いはもちろん、マグロではなくアホウドリ類であった。

この南洋ブームにのって、海鳥の羽根で一攫千金を狙う後進も現れた。水谷新六は一八九六年から南鳥

図 9-3 1905年頃、小笠原諸島の父島に陸揚げされたアホウドリの死体。絵葉書より。原出典不明。かつてアホウドリは13の島に600万羽が繁殖していた（文献10）が、羽毛採取を目的とした乱獲により20世紀初頭にほとんどの島で絶滅。1940年代には絶滅したと考えられていた。1885〜1910年の羽毛の年間輸出は100〜400トンにも達していた（文献9）。

島に労働者を送り込んで羽毛採取を開始したが、乱獲によりアホウドリ類は直ちに減少し始めた。わずか六年後の一九〇二年時点ではシロアジサシ、ネッタイチョウ類、クロアジサシのはく製の輸出が主体となり、その後これらの海鳥の数も減ると、一九〇三年からはグアノ（肥料）採取に切り替えている[11]。

尖閣諸島については、明治政府の命により沖縄県が一八八五年にこの諸島の調査を行い、沖縄県に編入することが一八九五年に閣議決定された。一八九七年には、前年に政府より尖閣諸島の無償貸与の許可を得た古賀辰四郎がこの島に進出し、ヤコウガイとともにアホウドリ羽毛の採取も始めた。一八九九年にアホウドリ羽毛採取のピークを迎え、一九〇〇年までに計八〇万羽を撲殺したと推定され、わずか数年でアホウドリを激減させた。そののちは、南鳥島と同様、はく製やグアノ生産、カツオ漁業に移行し、一九三〇年頃には尖閣諸島での事業は行き詰まった[11]。

須川邦彦の『無人島に生きる十六人』は、漁場開発が主目的とうたった龍睡丸が、一八九八年日本を離れ、南鳥島沖で台風に遭遇、遭難し、西風に流されて、修理と水の補給のためホノルルに寄港ののち帰国する海の男たちの物語である。帰国途中、リシアンスキー島からミッドウェー島に向けて航行中、パールアンドハーミーズ環礁沖で座礁し、この環礁の島に流れ着き、翌年救出された。海鳥をとれるだけ狩猟する計画であったらしい[11]。

明治時代の一九〇〇年初頭には、日本周辺の島々において、乱獲により「アホウドリ資源」の「枯渇」が起きたので、日本人はさらに遠方まで進出した。ヨーロッパの市場に向けた羽毛採取のため、最低でも、ミッドウェー島で二五万羽、リシアンスキー島で五六万羽、レイサン島で四七万羽、他のクレ環礁、フレンチフリゲート環礁やパールアンドハーミーズ環礁でも数えきれない数の海鳥を殺したとされる[12]。例えば一九〇〇年初めにはリシアンスキー島に七十数名の日本人が居住し海鳥の羽毛採取に従事していた。また、ハワイ王朝から共和国を経て一八九八年ハワイを合併・領有したアメリカが、一九〇九年ハワイ諸島鳥類保護地域を設定したのちも、パールアンドハーミーズ環礁では密猟が続けられ、ハワイの新聞紙上で強い非難を受けている[11]。

こうした羽毛採取を目的とした乱獲は、一八九〇年頃から一九一〇年頃までのわずか二〇年ほどの間に、ほとんどすべての島でアホウドリを絶滅させ、鳥島でも一九二九年には二〇〇〇羽、一九三三年にはわずか数十羽になり[13]、戦後一九四九年には一羽も確認されなかった[8]。しかしながら、幸いなことに、鳥島の灯台職員により一九五一年に繁殖が再確認され[9]、その後、灯台職員、海鳥の専門家である長谷川博博士や環境省、山階鳥類研究所を中心に積極的保護活動が続けられた。現在、鳥島と尖閣諸島に三〇〇〇羽ほどが繁殖するまでに回復している。このように、商業的で略奪的な狩猟に対し、海鳥は極めて脆弱であり、短期間で絶滅する可能性がある。

3 ミズナギドリ科雛の狩猟管理による持続的利用

海鳥の巣立ち雛は、何年か後から繁殖に参加するが、その際、生まれた島に戻って繁殖する割合が高く、親鳥も同じ島で一生繁殖する傾向が強い。移出入が少ないので個体群動態の分析が比較的容易にできる。そのため、短期間で絶滅を引き起こす商業的狩猟を行いがちなのは事実であるが、適切な管理を行えば持

図9-4　タスマニアのハシボソミズナギドリ調査の１日の終わり。ドラム缶の上で焼いているのは、許可のもとに狩猟したハシボソミズナギドリの雛の肉。昨年の収穫物を冷凍しておいたのをごちそうしてくれた。鶏肉の脂身と脂がのった焼きサンマを足して2で割ったような味であった。タスマニアの一部の島では厳重な管理のもと雛の狩猟が許可されている。撮影：著者

続的な狩猟が可能である。その例が、御蔵島でのオオミズナギドリの狩猟であった。

タスマニアでは、巣穴営巣性のハシボソミズナギドリの巣立ち近い雛の狩猟（マトンバード）が伝統的に今も行われ、その肉は食料として流通・利用されている（**図9-4**）。ニュージーランドのマオリ族も、北島でハネナガミズナギドリ（Greyfaced Petrel, *Pterodroma macroptera gouldi*）の雛を食料として狩猟してきたが、一九六〇年代に禁猟となった。年間個体群増加率は、現在、モウトホラ島では一・〇一なので年間六〇〇〇羽の雛を狩猟しても個体群を維持できるが、ルアマフラ島では〇・九八と一・〇〇を下回るので個体群は維持できない[14]。狩猟を再開するには一日の狩猟数を定めたうえで、信頼できるモニタリングを継続する必要があるとして

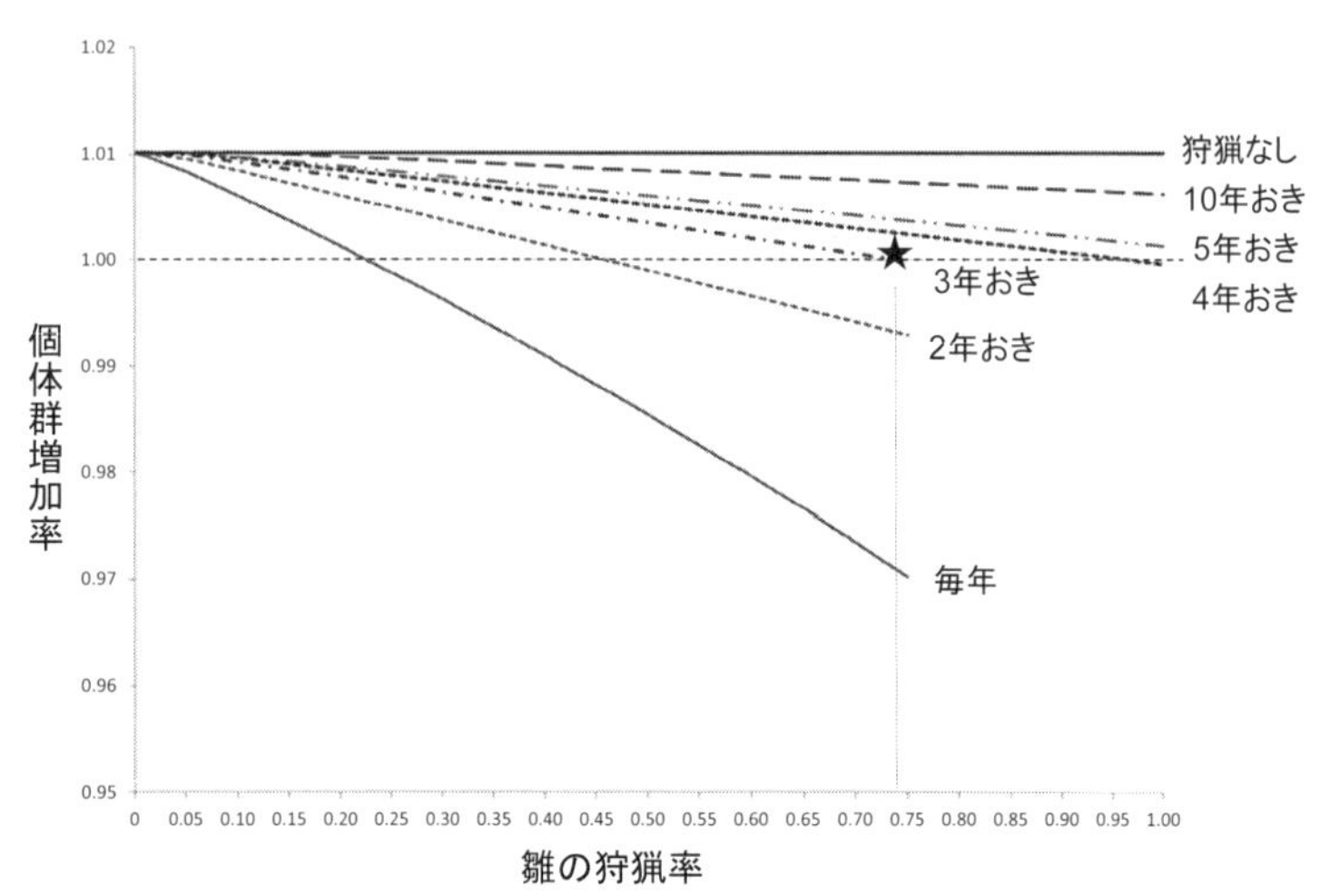

図 9-5　ニュージーランドのマオリ族によって行われていたハネナガミズナギドリの雛の狩猟が個体群動態に与えたであろう影響をモデルで分析した結果。何年間隔で雛の何割を（横軸）狩猟するかによって個体群増加率（縦軸）がどう変わるかを示している。3 年ごとに 75%の雛を狩猟した場合（★）、個体群増加率は 1 となり個体数は減らない。文献 15 より。

いる。

マオリ族がかつて行っていたハネナガミズナギドリの伝統的狩猟が持続的だったのかを検討した研究がある。成鳥を毎年二%以上狩猟した場合には個体群は維持できないが、雛や卵をとる場合は毎年二五%を超えなければ個体群は維持される。三年に一回であれば七五%まで雛をとっても個体群は減少しないので（**図9-5**）、巣穴を掘り返すこととくくり罠を使うことを禁じ、区域を決めて一定期間禁猟とするマオリ族の伝統的狩猟方法は、持続生産的だったとしている[15]。御蔵島の例とともにマオリ族がどういった理屈でこうした狩猟制限を定めたのか、興味深い。

また、ニュージーランドではハイイロミズナギドリの巣立ち前の雛の狩猟も行われ、この種の個体数は減少傾向にあるが、狩猟されていない島の雛数も同様に減っているので、狩猟が本種の個体数減少の唯一の理由ではなく、気候変化も個体数減少の原因であろうとする意見もある[16]。このように、狩猟管理がうまくいかなくなる理由としては、気候変化や密猟、混獲があげられる。先に海鳥の狩猟管理はしやすいと述べたが、混獲によるわずかな親の生存率低下を見逃すと持続生産を超えた狩猟圧をかけてしまう。非繁殖期を過ごす海域での混獲による死亡の情報は必ずしも十分ではなく、大きな不確実性があることには気をつけないといけないだろう。

最後に卵の狩猟（採卵）について考えよう。個体群へのインパクトがそれほどでもないと考えられてきたせいか、広く行われてきたにもかかわらず、採卵の影響に関する研究例はあまりない。カリブ海の島々では伝統的にセグロアジサシやクロアジサシの採卵が行われていたが、二〇世紀後半に個体数が半分ほどになってしまったことを受け、主要な繁殖地での採卵禁止と一部の島での採卵数の制限措置がとられた[17]。アラスカでは二〇〇二年から二〇一五年の間で、一年あたり一五万個の海鳥の卵が、先住民の生存のための狩猟として捕獲されている[18]。

＊1…ペルーの島々からのグアノの供給が、一七世紀から一九世紀のインカ帝国の高い農業生産を支え、その結果八〇〇万人を超す人々が暮らしていけた。それゆえインカ帝国では、一定期間はこうした海鳥の繁殖地に立ち入らない、親鳥を殺した場合は死罪もある、といった厳しい保全策をとっていたことが最近報告された[19]。

10章　人間が持ち込んだ捕食者

人間の入植とともに島に持ち込まれたネコ、キツネなど外来性哺乳類は海島に大きなインパクトを与える。ネズミ類はミズナギドリ科、ウミスズメ科、ウミツバメ科の個体数減少に広く関わっている。一方、ネコ、ネズミ類の除去や駆除は十分可能であり、それにより効果的に海鳥個体群および生物群集を回復できる。

海鳥は集団で孤島に繁殖する（図10－1）。ネズミやネコなど陸上性哺乳類の捕食者がいないからである。海鳥では、地上にそのまま営巣するか巣穴営巣する種が多い。樹上に営巣する、ネズミやネコを撃退する攻撃性を持つ、といった積極的な対抗手段を進化させた種はいない。したがって、ネズミやネコの侵入に対して脆弱である。多くの研究をレビューし、海鳥が集団繁殖しているのは餌を見つけやすくするためではないかとする意見が出されているが[1]、仮にそうだとしても、その結果として、海鳥は捕食者のいない島で生きてきたがゆえに、地上性捕食者がその島に入った場合、対抗手段を発達させることはないのかもしれない。

例えば、モロッコ沿岸のチャファァリナス諸島にネズミが入ってから長らく経つが、この島で繁殖するスコポリミズナギドリはネズミがいない場所に営巣場所を移すことはない[2]。ミズナギドリ科は繁殖年齢に達

図 10-1 サウスジョージア島のマカロニペンギン集団繁殖地。島の斜面を埋め尽くす。撮影：高橋晃周

して以降、死ぬまで各つがいは毎年同じ場所に営巣する傾向があり、捕食者を避けて営巣場所を変えることはない。そのため、ネズミ類の被害にあい続けるのである。

人間が大洋の島々に入植して以来、持ち込んだ外来性の哺乳類は海鳥に対し大きな脅威（特に捕食者として）となってきた。ペットとしてあるいはネズミ対策として持ち込まれたネコ、毛皮をとるために持ち込まれたミンクやキツネ、毒ヘビ対策として持ち込まれたマングースやイタチ、さらに、船荷に紛れ込むなど意図せず持ち込まれたネズミ類が、さまざまな種類の海鳥をその島から消滅させた（**表10-1**）。

イギリスはそれぞれ複数の孤島からなる一六の海外領土を持っており、その多くは、海鳥の繁殖地となっている。固有種が多く、絶滅が心配される種もいる。これらの孤島に、一六世紀以降、一

表 10-1　陸上哺乳類の捕食者の侵入が海鳥個体群の消滅あるいは劇的な減少を引き起こしたと考えられる例。

海鳥	捕食者	場所	文献
カオジロウミツバメ、ヒメクジラドリ、ハシボソモグリウミツバメ	ナンヨウクマネズミ	ニュージーランドのいくつかの小島	3
シロハラミズナギドリ	クマネズミ	ミッドウェー島	3
ウミツバメ類、アメリカウミスズメ、ウトウ	ネズミ類	クイーンシャーロット諸島（ブリティッシュコロンビア）	4
ハシビロクジラドリ	ネコ	ヘレコパレ（ニュージーランド）	5
ハイイロミズナギドリ	ネコ	ニュージーランド北島	3
オナガミズナギドリ	ネコ？	ジャービス島（南太平洋）	5
モグリウミツバメ科	ネコ	ヘレコパレ（ニュージーランド）	5
グアダルーペウミツバメ	ネコ	グアダルーペ島（メキシコ）	3
カワリシロハラミズナギドリ	ネコ	ラウル島（ケルマデック諸島：ニュージーランド南太平洋）	3
ハワイマンクスミズナギドリ	マングース	ハワイ諸島	3
ガラパゴスシロハラミズナギドリ	マングース	ハワイ諸島	3
ジェンツーペンギン	パタゴニアギツネ *Dusicyon griseus*	ウェッデル島（フォークランド諸島）	3
アメリカウミスズメ、ウミスズメ	ホッキョクギツネ	サナック島（アリューシャン列島）	4
ウミツバメ類	ホッキョクギツネ	ソルト＆アイラック島（アリューシャン列島）	4
アオツラカツオドリ	ブタ	クリッパートン島（東太平洋）	3

九三〇年までにネコ、キツネ、ネズミ、ブタ、マングースといったさまざまな哺乳類が持ち込まれ、海鳥の個体数減少、さらには地域的な絶滅を引き起こした[6]。特に、これらの島固有の絶滅危惧種であるゴウワタリアホウドリ、ズキンミズナギドリ、ヘンダーソンミズナギドリは今なおドブネズミ、ハツカネズミ、ネコの脅威にさらされており、他のミズナギドリ科、アホウドリ科もその数が減少している。

この章では、中型哺乳類とネズミ類による影響について述べ、これらの脅威の除去の効果や問題点についてまとめる。また、もともといた大型カモメ類が海鳥の捕食者となることがあるので、それについても触れる。

1　キツネとネコによるインパクト

養殖して毛皮をとるため、一七〇〇～一九

図10-2　アラスカのセントジョージ島のホッキョクギツネ。この島には流氷に乗って入ったと思われるが、アリューシャン列島の他のいくつかの島では毛皮生産のために持ち込まれたものが野生化した。足元にはパフィン類の巣穴が見える。右下に何者かに食われた海鳥の死体が見える。撮影：著者

〇〇年代、キツネがアメリカのアラスカ州アリューシャン列島の四五五の島に導入された[4]（**図10-2**）。その結果、キツネによる捕食やかく乱によって、多くの島でアメリカウミスズメ、ウミスズメ、シラヒゲウミスズメ、コシジロウミツバメ、フルマカモメ、エトピリカが数を減らした。また、いくつかの島では、アメリカウミスズメ、ウミスズメ、ウミツバメ類が姿を消した（**表10-1**）。

ネコもわれわれが思う以上に野鳥を殺している（『ネコ・かわいい殺し屋』[7]）。ネコが海鳥個体群を消滅させたか劇的に数を減らしてしまった例は多く、広い範囲で強いインパクトを与えている（**表10-1**）。

亜南極のマリオン島（南アフリカ）やマッコォリー島（オーストラリア）では、一九〇〇年代半ば以降ネズミ駆除のためネコが積極

的に持ち込まれたが、皮肉なことにネコは海鳥をおもに食べ、マリオン島ではコハシビロクジラドリなどを年間四五万羽も殺した[8]。この島でそれまで広く分布し繁殖していたハシボソモグリウミツバメは一九六五年以降繁殖が確認されていない。メキシコのバハカリフォルニア太平洋岸のナティヴィダード諸島ではクロハラミズナギドリが繁殖しているが、個体群年間増加率は、ネコのいない島では一・〇〇六なのに、ネコがいる島では〇・九五と一より低く個体群を維持できない[9]。我が国でも、八五か所の潜在的繁殖地も含む海鳥繁殖地のうち一二か所でネコが確認され（**付表10-1**）、天売島、飛島、御蔵島、小笠原諸島、沖縄で、ネコによる海鳥の被害が報告されている[10・11・12・13]。

こうした中型の移入哺乳類は、海鳥をそこから取り除いてしまうことで、陸上生態系にも大きなインパクトを与える。アリューシャン列島で、キツネのいる島といない島で陸上生態系を比べたところ、キツネが海鳥を駆逐したせいで、それまで海鳥が担っていた、海から島への栄養供給が絶たれ、土壌中の栄養塩（リン酸など）が減り、それまでの草原がツンドラに変わってしまったことがわかった（**図10-3**）。外来性哺乳類によって、生態系から海鳥が失われることで、陸上生物群集がそれまでとは異なったものになることを示している。

2 人間の入植で持ち込まれたネズミによる影響

多くの島でストレスとなっているのはネズミ類である（**図10-4**）。人間によって意図せずに持ち込まれたネズミ類は、世界の島々の八割に定着している[15]。

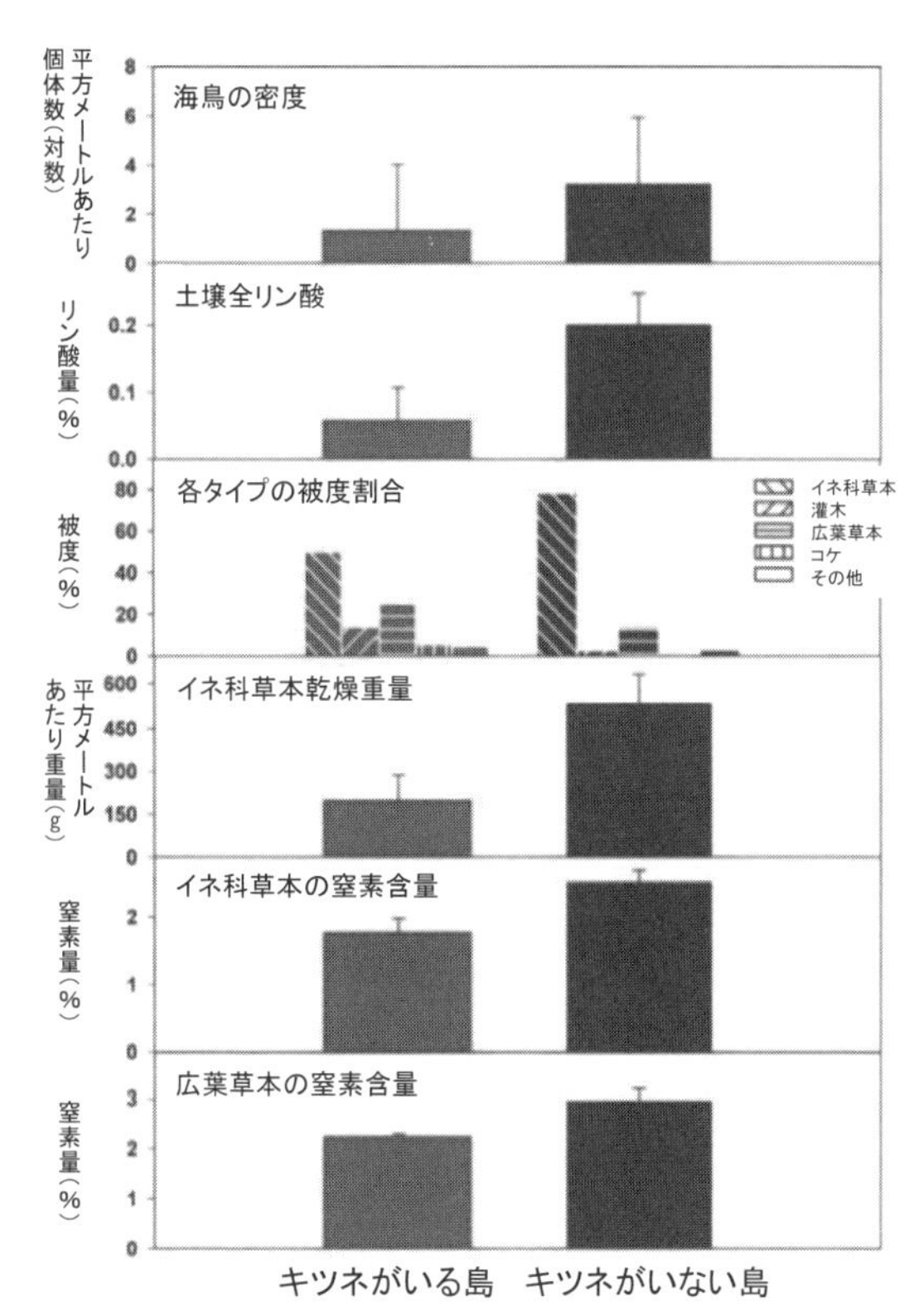

図 10-3　アリューシャン列島において、キツネがいる島といない島での陸上植生を比較した研究。キツネがいる島では、海鳥が少なく、海鳥による栄養塩（リン酸）の持ち込みが少なく、植物の生物量が小さく、また、植物体の窒素含有量も少ない。文献 14 より。

図 10-4　小笠原諸島母島のドブネズミ。撮影：橋本琢磨

人間が持ち込んだネズミ類が海鳥に与えた影響の歴史は古い。例をあげよう。ハワイ諸島の多くの堆積物から、ガラパゴスシロハラミズナギドリをはじめさまざまな種類の海鳥の骨が見つかっており、かつては諸島全体で多様な海鳥群集があったことがわかっている。ところが、ハワイ諸島には四〇〇年頃にポリネシア人が入植し、ナンヨウクマネズミ（*Rattus exulans*）を持ち込んだ。一七七八年から南東部の島々に入植したヨーロッパ人はクマネズミ（*Rattus rattus*）、ドブネズミ（*R. norvegicus*）、ハツカネズミ（*Mus musculus*）を持ち込んだ。以来、これらのネズミ類は海鳥に大きなインパクトを与え続けており、オアフ島を含むハワイ諸島南東部の島々からは多数の海鳥種が失われた[16]。

ドブネズミやクマネズミが海鳥を捕食している[17など]ことが数多く報告されている。海鳥繁殖地へ

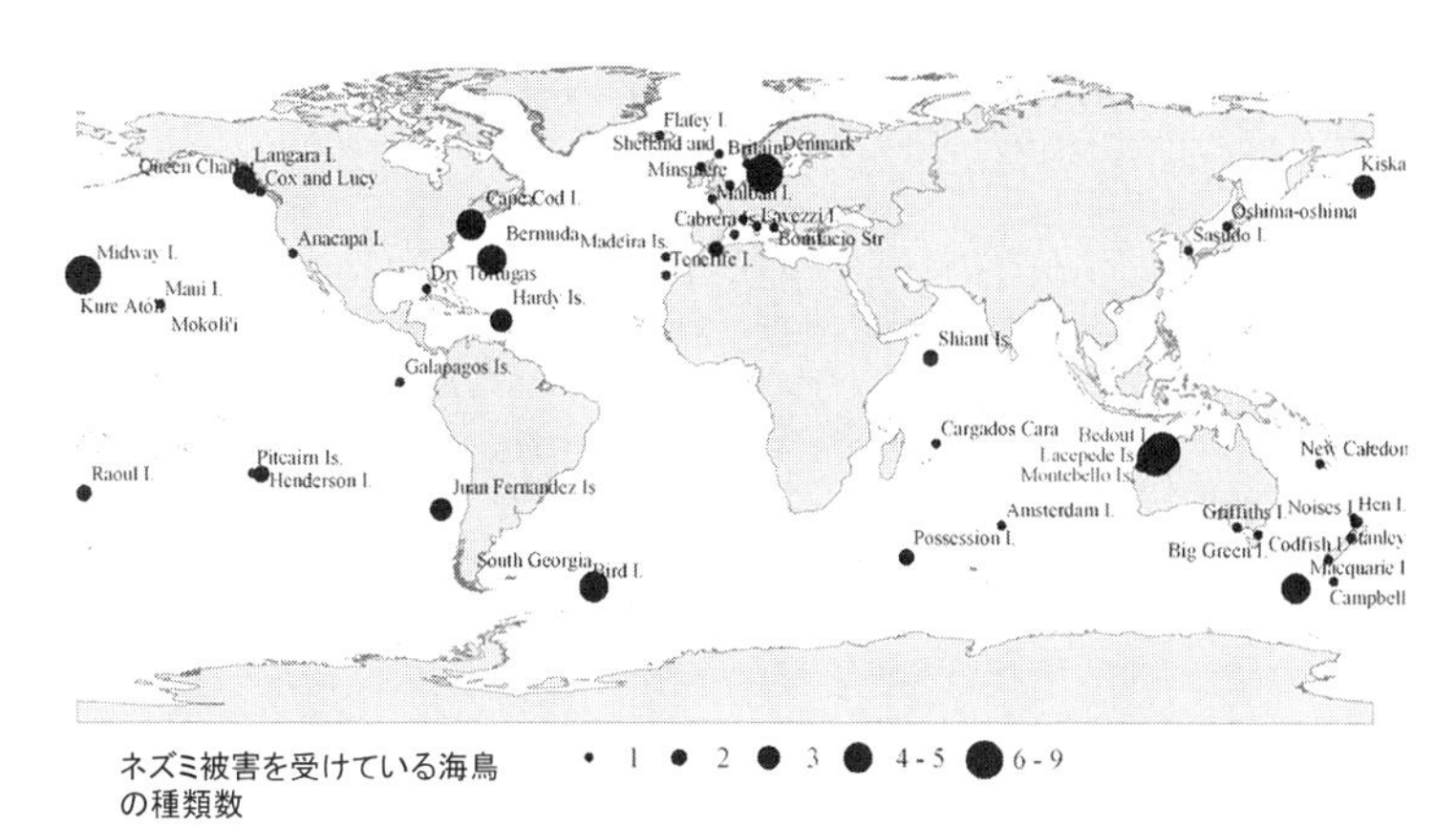

図 10-5　世界の島々に入ったネズミ類による海鳥の被害の報告。円の大きさは被害を受けている海鳥の種類数を示す。文献 15 より。

のネズミの侵入に関する九四の研究を分析したところ、世界中の六一の島で侵入の報告があり（図10-5）、海鳥一〇科七五種において、ネズミによるストレスが確認されている[15]。小型のハツカネズミはそう大きなストレスを与えないと思われるが、南アフリカとアルゼンチンの中間に浮かぶイギリス領のゴフ島に持ち込まれたものは大型化しており[18]、ふ化直後のズキンミズナギドリの雛がすべて食われ、オオハイイロミズナギドリ、ズグロミズナギドリ、ワタゲシロハラミズナギドリの雛が攻撃を受け傷つけられた例がある[19]。

我が国でも、海鳥繁殖地のうち、無人島を含む一二か所でドブネズミ、一三か所でクマネズミ、九か所でクマネズミないしドブネズミが確認されている[20]。二か所では両方がいるので、三分の一強にあたる三二か所でいずれかが確認されていることになる（付表10-1）。小笠原諸島の例では、クマネズミが聟島でオーストンウミツバメの卵と雛[21]、東島でアナドリの卵と成鳥、オーストンウミツバメ成鳥の他[13]、オナガミズナギドリ、オガサワラミズナギドリ（セグロミ

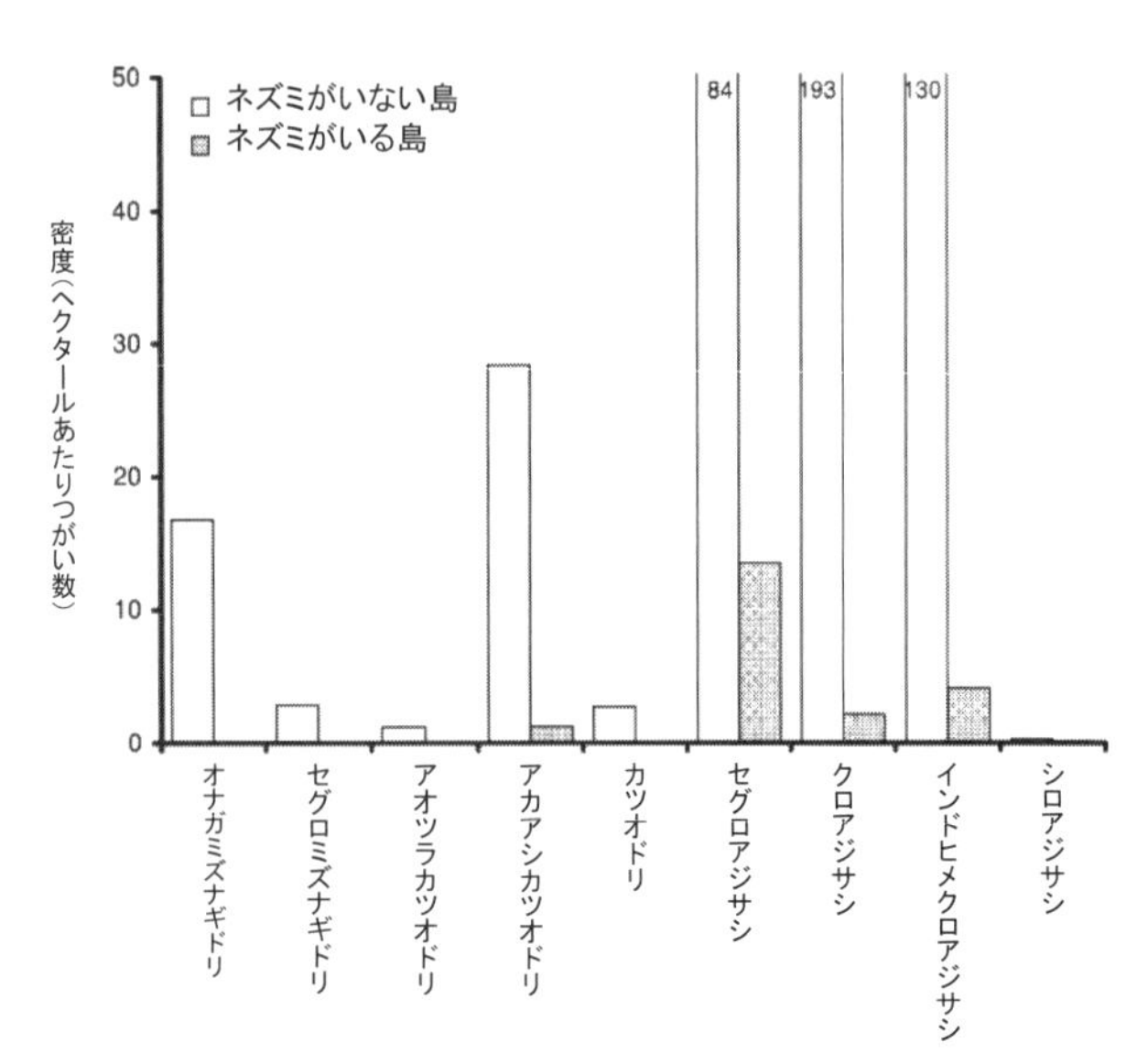

図 10-6　イギリス海外領土における、ネズミがいる島（白棒）といない島（灰色棒）の各海鳥種の 1 ヘクタールあたり繁殖つがい数。全繁殖数が 100 ペア以上の種だけ示す。棒グラフの上の数値は 50 を超えた場合の数値。文献 6 より。

ズナギドリ）を食べている[22]。

　ネズミ類が海鳥の繁殖数減少を引き起こし、インパクトを与えていることも報告されている。イギリスの海外領土の島を調べた先の研究では、ネズミ類のいる三九の島といない八つの島でのミズナギドリ科二種、カツオドリ科三種、アジサシ亜科四種の繁殖密度を比較しているが、すべての種類において、その密度は、ネズミ類のいる島はいない島の五分の一以下と少なく、ミズナギドリ科の二種はネズミ類がいる島では繁殖していない（**図10-6**）。

　ウミツバメ科や小型ウミスズメ科といった巣穴営巣性種や岩の割れ目営巣性種では、特に強い影響が認められている[15]。ウミツバメ科ではネズミ侵入後、半数の種個体群が地域絶滅し、ウミスズメ科でも八三%の個体群でネズミ類による影響が認められた。一方、アホウドリ科、グンカンドリ科、カモメ亜科などの大型の地上営巣性種はあまりネズミの影響を受けていない。ネズミ三種の中ではドブネズミが平均的には最も悪影響を与え、統計的な差はなかったが、次はクマネズミで、ハツカネズミの影響は限定的だった。

また、ネズミ類は海鳥への捕食を介して、沿岸の生物群集にも影響を与えている。アリューシャン列島でドブネズミがいる島といない島を比較したところ、いない島では潮間帯（満潮時は海面下になるが干潮時には干上がる場所）で餌をとる水鳥の密度は高く、そのため、水鳥が食べる無脊椎動物や藻類の量が少なかった[23]。

3 ネコ・ネズミ類の駆除の手法と他の生物への影響

小さな島の場合、外来性の地上哺乳類を完全に除去するか、その数を大きく減らすことは十分可能である。

南大西洋の真ん中にあり、人が住んでいる島も含むイギリス領アセンション諸島には複数種の海鳥が繁殖しているが、一八一五年にネコが移入され、海鳥に強い影響を与えていた。そのため、二〇〇二〜二〇〇四年に、毒餌と罠かけによりネコの駆除が行われた結果、ノラネコの個体数は二年で激減した[24]。この事業では、人間やイエネコ［＊1］が誤って毒餌を食べる危険性を最小にして、さらにイエネコがノラネコ化［＊1］することを防ぐことに注意が払われた。

南アフリカの南東にある南アフリカ領マリオン島（ここも人が住んでいる）ではノネコ駆除のために一

九七七年には罠や銃の他、ネコ全白血球減少症をもたらすウイルスが使われ[3]、その数をかなり減らすことができた[25]。しかしながら、この事業でも、イエネコも殺してしまう心配があった。

ネズミ類の駆除には殺鼠剤が使われる。急性毒性を引き起こすモノフルオル酢酸ナトリウム、抗血液凝固性毒物であるワルファリン（第一世代毒物と呼ばれる）、より毒性の強いブロディファコム（第二世代）に加え、ATP代謝阻害剤（ブロメザリン）、中枢神経毒物（リン化亜鉛）、ビタミンD類（コレカルシフェロール）が、目的や現場の状況に応じて使い分けられる[26]。散布方法としては、歩きながらネズミが食べそうな場所に人手で散布する方法、ヘリコプターで広範囲に空中散布する方法、駆除対象ではないネズミ以外の動物が毒餌を食べないように工夫した餌箱（ベイトステーション）に設置する方法があり、これも状況に応じて使い分けられる。罠での駆除も試みられている。

ネズミ類の駆除は広く行われ、無人島では、成功例が多い。しかし、毒餌が使われることがほとんどなので、他の動物への影響が懸念される。殺鼠剤がネズミ類特異的に作用することは、ニワトリを使った室内実験によって確かめられているのだが、野生のさまざまな種類の鳥類がニワトリと同じ耐毒性を示すとは限らない。ネズミ以外の哺乳類への影響も懸念される。

実際、毒餌を直接食べることによる一次被害と毒餌で死んだネズミ類を食べることによる二次被害が報告されている。ニュージーランドの例では、毒性の強い第二世代毒物（ブロディファコム）を使ったネズミ駆除により多くの鳥類が死んだと考えられている[27]。また、世界的な猛禽類の数の減少は殺鼠剤による二次被害がその一つの原因であるとする報告[28]もある。

毒餌によるネズミ駆除を行う場合は、まずは使用する毒餌が駆除対象（ネズミ類など）以外の野生動物にも効果を及ぼした例はないか、事前に文献から慎重に分析しておくとともに、現場では他の野生動物への被害を常に気にする必要がある。次に、狙った駆除対象であるネズミ類だけが入れるベイトステーションを使うことを検討する必要がある。また、同じ島に固有のネズミ種がいる場合には、それを一時的に避難させて飼育しておいて、外来性ネズミ種を駆除したのちに、固有ネズミ種を戻すといった手法がとられることもある(29)。

4　外来性哺乳類駆除の効果

外来性哺乳類を除去すれば、海鳥個体群は目に見えて回復することが多い。先のアリューシャン列島の例では、野生生物保護局が徹底的なキツネの駆除を行っており、駆除後七年間で一二種の海鳥が五倍まで回復した(4)。ネコの駆除も効果的である。南大西洋のアセンション諸島のネコは主たる島の海鳥コロニーの消失を招き、海鳥個体群はネコが接近できない場所にだけ残っていたが、駆除事業によりネコによる海鳥の捕食はなくなり、五種の海鳥が少数ながら主要島で繁殖を再開し、その数も増え始めた（**表10-2**）。しかしながら、繁殖成功率は他の場所に比べ低いため、個体群増加率はあいかわらず低く、絶滅リスクが十分低くなるまでに回復させるためには、積極的な保全措置を検討する必要があると考えられている。

ネズミ類の駆除による海鳥の個体群回復についても多くの報告がある（**表10-3**）。

こうした哺乳類の除去・駆除の効果は広く認められ、駆除後の海鳥個体群の回復状況を調べた六九種の

表 10-2　南大西洋のイギリス領アセンション諸島（有人島）におけるネコの駆除前（2002 年）と駆除後（2007 年）の海鳥の繁殖つがい数。ネコ駆除後においてネコが近づける場所で繁殖したペア数の近づけない場所での繁殖つがい数に対する割合も示す。この島では、1815 年にネコが入り、ネコが接近できる場所では海鳥の個体数が激減した。2002 年から 2004 年に毒餌と罠でネコを駆除したのち、シラオネッタイチョウ、アカハシネッタイチョウ、アオツラカツオドリ、カツオドリ、クロアジサシ個体群は回復しつつある。
＊ネコが近づける場所におけるセグロアジサシの繁殖数についてはそれぞれの年でのデータはなく、2002～2007 年の平均値であり駆除前と駆除後を含む。文献 24 より。

種類	ネコ駆除前 ネコが近づけない場所	ネコ駆除前 ネコが近づける場所	ネコ駆除後 ネコが近づける場所	ネコ駆除後 ネコが近づける場所 の繁殖数比率（%）
クロコシジロウミツバメ	1,500	0	0	0
セグロミズナギドリ	繁殖確認	繁殖確認	繁殖確認	?
シラオネッタイチョウ	1,100	1	25	2.27
アカハシネッタイチョウ	500	0	8	1.60
メスグログンカンドリ	6,250	0	0	0
アオツラカツオドリ	4,500	2	152	3.38
カツオドリ	1,000	6	29	2.90
アカアシカツオドリ	20	0	0	0
クロアジサシ	470	0	79	16.81
ヒメクロアジサシ	10,100	0	0	0
シロアジサシ	5,300	0	0	0
セグロアジサシ	1	394,000*		-

表 10-3　海鳥が繁殖する孤島におけるネズミ類の代表的な駆除例とその効果。

場所	海鳥種	種	非標的動物	駆除方法	効果	文献
ニュージーランド北島東海岸の島々	7 種のミズナギドリ科	ナンヨウネズミ	?		巣穴密度が増え、営巣範囲も拡大	30
アナカパ島（カリフォルニア）	スクリップスウミスズメ（セグロウミスズメ）	クマネズミ	固有ネズミ種、猛禽、カモメ、スズメ目	ブロディファコム	捕食率が低下（駆除島〔8%〕vs 非駆除島〔96%〕）。駆除期間中固有ネズミ種の一部を保全飼育。再導入後回復した	29・31
アナカパ島（カリフォルニア）	スクリップスウミスズメ（セグロウミスズメ）	クマネズミ	?		ふ化成功率が 3 倍に上昇。年増加率は海の洞窟 10% それ以外で 24%	32
チャファリナス島（地中海モロッコ沿岸）	スコポリミズナギドリ	クマネズミ	?	フロクマフェンを非繁殖期にベイトステーションで	駆除努力が大きい年ほど繁殖成績も大きい。繁殖成績が低い植生被覆で特に上昇が大きい。卵消失率は変わらない	33
ステファンソン島（ニュージーランド）	ハネナガミズナギドリ	ナンヨウネズミ		罠	罠区でも毒餌散布年でも巣占有率は上昇しない	34

一八一個体群の研究のうち、一五一個体群で数の増加が観察された[35]。さらに、このレビューでは、哺乳類除去後の個体群回復速度は、新しいコロニーで、除去後の数年間で、カモメ亜科・アジサシ亜科で、外来性哺乳類を駆除した場合で、特に速いことも示されている。そのうえで、他のコロニーからの移入が個体群回復に大きく貢献しており、場所定着性（雛が生まれた場所に戻って繁殖する性質と親鳥が毎年同じ場所で繁殖する性質）が低く、移入が見込めるカモメ亜科・アジサシ亜科においては捕食者駆除による素早い個体群回復が期待できると結論づけている。逆に、場所定着性が高いミズナギドリ目などで個体群回復を目指すには、外来性哺乳類の除去だけでは不十分で、積極的保全を検討する必要があることが示されている。

鳥類全般において捕食者の除去前と除去後の個体群増加率を比較したところ、繁殖成績は平均二五・三％上昇しており[36]、その効果はドブネズミ・クマネズミ、オコジョ、キツネ、ネコを除去した場合大きく、ヒツジ、ハツカネズミを除去した例では小さかった。さらに海鳥に限って計算すると、この繁殖成績の上昇によって、個体群増加率がオニミズナギドリでは五・八％、ハイイロミズナギドリでは九・九％、アカオネッタイチョウでは一・五％上昇すると推定された（**表10-4**）。一方、アホウドリ科など大型地上営巣性種では、もともとネズミ類によるインパクトが大きくないので、これを駆除したところでその個体群減少を食い止めるには十分ではないと判断された。

ネコとネズミのように二つの異なる栄養段階の外来性哺乳類が両方持ち込まれ、定着してしまった島も多い。この場合、ネコはネズミを食べ、ネコもネズミも海鳥の捕食者なので状況は複雑になる。ニュージ

表 10-4 巣立ち率などから推定された捕食者駆除前と駆除後の個体群増加率（λ）。1以下で減少。文献 36 より海鳥の例を抜粋。

種類	捕食者	駆除前のλ	駆除後のλ	λの変化（%）
オニミズナギドリ	クマネズミ	0.898	0.954	5.8
ハイイロミズナギドリ	ウェッカ（陸生鳥類）	0.954	1.053	9.9
アカオネッタイチョウ	ナンヨウクマネズミ	0.882	0.896	1.5
マミジロアジサシ	クマネズミ	0.811	1.008	19.5
アメリカコアジサシ	アカギツネ	0.943	1.135	19.2
アメリカオオセグロカモメとワシカモメ交雑個体群	大型カモメ	0.845	0.914	6.9

ーランドのリトルバリアー島には一九七九年まではネコとナンヨウクマネズミがいた。ハジロシロハラミズナギドリの保全のために一九八〇年にネコを除去したところ、標高が高い地域では、ネコによる捕食がなくなってネズミの数が増えたことで、ネズミによる卵捕食が増え、かえってハジロシロハラミズナギドリの繁殖成績は下がってしまった（図10-7）。しかし、ネズミも駆除したら、その後、繁殖成績はネコとネズミがいた頃よりも高くなった。

一方、絶滅が危惧される巣穴営巣性の海鳥がネコとネズミ両方のストレスにさらされている場合、ネズミとネコ両方を同時に駆除するのが望ましいが、それができないときは、成鳥を殺すことで個体群に強いインパクトを与えているネコの除去を優先するのがいいだろうとする論もある[38]。ネコはネズミを食べてくれるから海鳥の保全に役立つ、という理由でネコの除去に手をこまねいていることが重大な結果をもたらす恐れがある。

捕食者ではないが、海鳥の営巣地環境を大きく改変するヤギやウサギの影響について最後に述べよう。小笠原諸島の聟島には一八八一年から一九四四年まで人が住み、伐採に加え、その後野生化したヤギに

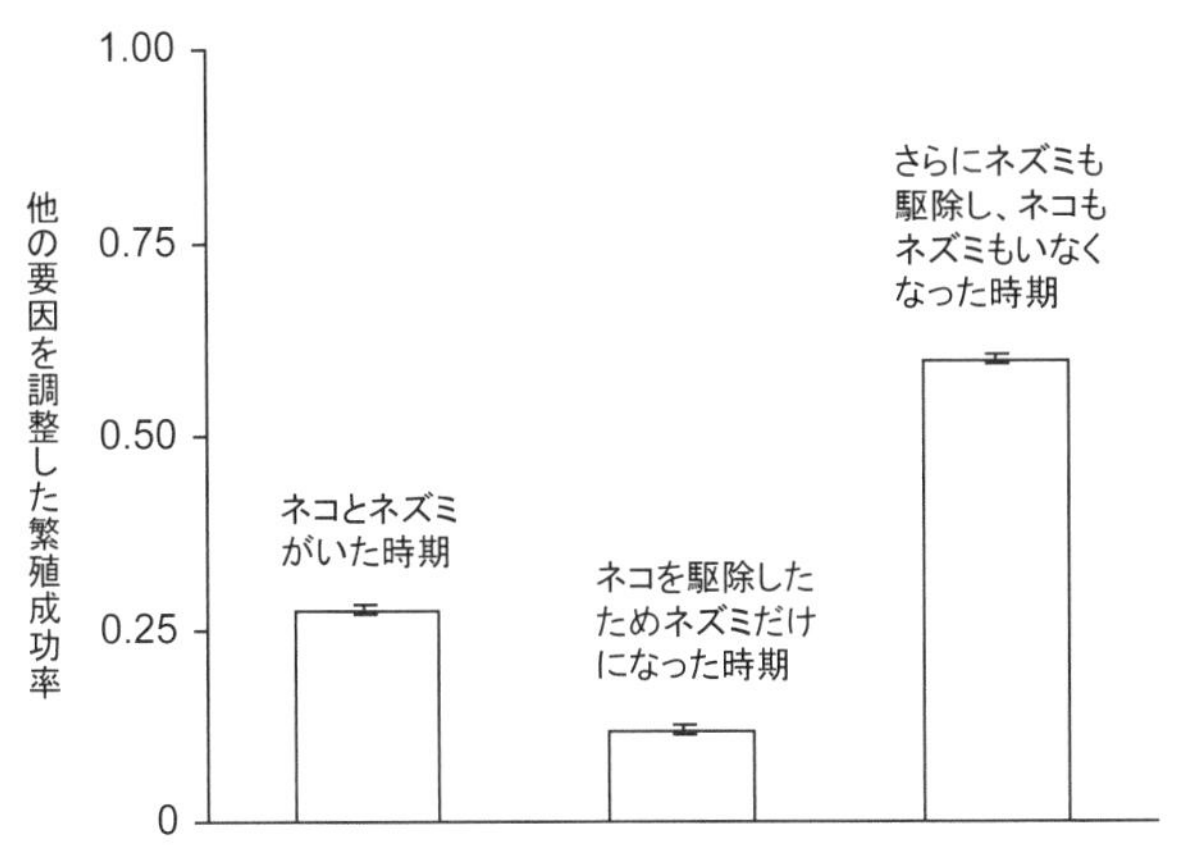

図 10-7　ニュージーランドのリトルバリアー島におけるハジロシロハラミズナギドリの繁殖成績（前年に繁殖活動があった巣穴で当該年に巣立ち雛がみられた割合）。高地の巣について、ロジスティックモデルによってほかの要因を調整した繁殖成功率の予測結果と標準誤差を示す。
ネコとナンヨウネズミがいた時期よりもネコを駆除してネズミだけになった時期の方が卵捕食が増え繁殖成績が下がったが、さらにネズミも駆除したら、繁殖成績はネコとネズミがいた頃よりもかなり高くなった。文献 37 より。

よる食害により、森林だった場所が草地化・裸地化され、ヤギの徘徊によって海鳥繁殖地がかく乱され、海鳥の数が激減した。一九九九年から二〇〇三年にノヤギを根絶したところ、二〇一七年までの短期間に、草地に営巣する大型のカツオドリ、クロアシアホウドリ、オナガミズナギドリの営巣数は急速に回復した[39]。ただし、小型の海鳥種や森林性の海鳥種の回復はみられず、さらに、この島のもともとのハビタット（生息環境）である森林の回復が必要であるとされている。

こうした外来性哺乳類の駆除は、広く在来動物種の個体群回復をもたらすことが報告されている。世界の研究をまとめた分析によると、一八一の島において二五一回の外来性哺乳類の除去が行われ、一二二種の海鳥を含む動物種五九六個体群でよい結果が得られており、IUCNレッドリストにある一〇七種において個体群回復がもたらされた[40]。効果がみられたのは動物ばかりではない。インド洋熱帯域のマダガスカル島の沖にあるフランス領トロメリン島で、ドブネズミの除去を行ったところ、海鳥と同時に植生も回復した[41]。一方で、オーストラリアの亜南極にあるマッコォリー島では、ネコを駆除したらウサギ（これも移入種である）が増え、島の植生が破壊された[42]という例もあるので、駆除を行う際には生態系の他の構成員への影響も考慮する必要があるだろう。

これらは、慎重な判断は必要ではあるが、移入哺乳類の駆除・除去対策を進めることに手をこまねいていれば、それにより生じる生態系サービスおよび生物多様性の観点からの損失が大きいことを示している。

5　捕食者としてのカモメの駆除をどう考えるか

大型カモメ類は他の海鳥種を捕食する。彼らの個体数が投棄魚やごみの増加により増え、他の海鳥種が捕食される危険性が増えることが懸念されている。では、彼らの餌となる海鳥種が絶滅危惧種であった場合、この保全のために、大型カモメ類を駆除すべきなのだろうか。

イギリスやスペインでは、他の海鳥種の営巣場所の確保、他の海鳥種や有用海産物への捕食圧の低減、航空機への衝突リスクや糞や騒音による生活被害の低減を理由に、大型カモメ類の大規模な駆除が行われた。北海道の利尻島でも、数が増えたウミネコの糞や騒音による生活被害に加え、ウニへの食害（実際にはウミネコはウニをあまり食べない）を理由に、その駆除が行われたことがある[43,44]。

スコットランドのメイ島では、セグロカモメが一九〇七年に定着し、その後、年一三％の割合で増え続け、一九七〇年には一万三〇〇〇ペアにまでなり(45)、同島で繁殖するミヤコドリ、ホンケワタガモやツノメドリに影響を与えた。そのため、スコットランド自然保護局は一九七二年から、抱卵期にセグロカモメとニシセグロカモメの巣に毒餌（α－クロラロース）を置くことで、繁殖個体を駆除する事業を開始した。これにより、四年間でカモメの密度を四分の一にまで減らすことができた。その後の研究で、ニシツノドリの加入はカモメの密度が低いところで大きく、その繁殖成績も高いこと(46)、ミヤコドリ個体数も駆除後すぐに増え始めたことがわかり(47)、駆除の効果はあったと考えられている。

ところで、二〇年近く前にこのメイ島で二シーズン、スコットランドの研究者と共同研究を行ったのだが、その際彼らの振る舞いに少し驚いたことがある。彼らは、ニシツノメドリの巣穴の踏み抜きには細心の注意を払うのに、セグロカモメの巣を誤って踏んで卵を壊してもまったく気にしない。それは、こうした歴史的な背景があるからなのだろうと今になって納得している。

こうした大型カモメ類を駆除する際には注意すべき点がいくつかある。まず、無作為に駆除してもあまり効果が上がらない場合がある。一般にこうした大型カモメ類では、一部の個体だけが他の海鳥を捕食する傾向がある(48など)。ベニドルム島はスペインの一大リゾートであるベニドルムの沖にある無人島であり、ウミツバメ類の保護区となっている。キアシセグロカモメがその捕食者であったため、海鳥を専門的に捕食する個体を慎重に選び、三年間でこれらの捕食専門個体をたった一六個体駆除することで、彼らに捕食されるヒメウミツバメの数を六五％減らすことができた(49)。海鳥捕食の専門個体を選んで駆除するのは非常に効果的である。

一方、スペインの他の島において、アカハシカモメを保全するために、その捕食者であるキアシセグロカモメを駆除しても効果がないことがあった[50]のは、この点を考慮しなかったせいかもしれない。また、こうした大型カモメ類は、駆除後に密度が低下すると、繁殖開始年齢が下がったり、若い個体の定着率が上がったりという密度効果がみられる[45]。そのため、直ちに個体数コントロールの効果が表れない場合があることにも留意しないといけない。

このように、もともといたが何らかの理由で個体数が増えた自然の捕食者を除去する場合は、生物多様性の観点からの検討が必要である。駆除により大型カモメ類の個体数が減り、保全ランクが上がってきた場合、他の海鳥へのインパクトと駆除の効果とともに、大型カモメ類の絶滅確率を計算したうえで、今後の管理を考えていく必要がある。

近年、北米や北海道でハクトウワシやオジロワシの数が増えており、海鳥繁殖地で営巣した個体がワシカモメ、オオセグロカモメ、ウミウ、ウミガラスの繁殖をかく乱・捕食して、これらの減少原因となっている[51・52・53]。今のところ、海ワシ類の保全ランクは大型カモメ類より高いが、希少な海鳥種の保全のために、海ワシ類の管理を検討する必要が、将来は出てくるかもしれない。

また、野生の大型カモメ類の駆除が市民に受け入れられるか、といった倫理的な問題もある。アルゼンチンのパタゴニアにあるバルデス半島では、ごみ管理が不十分なためミナミオオセグロカモメの数が増えており、重要な観光資源であるセミクジラの上で採食しているのが目立つようになった。そのため、こうした大型カモメ類が海岸の景観を損ね、セミクジラの魅力を下げて（カモメ類がクジラの背にとまっていることで魅力が減るとは私には思えないのだが）、観光業にマイナスになるかもしれないと考えられた。そこで、観光客にアンケートをとったところ、クジラ観光への懸念を減らすための手法としては、カモメ類の駆除ではなく、ごみ管理をするのが望ましいとする意見が多かった[54]。当然だと思う。

コラム⑤　天売島のノネコ問題

私たちが長年調査をしている天売島は、島の北西側が断崖でウミネコ、ウミウ、ウミガラス、ウトウなどの繁殖地となっており、村はその反対側にある。ネズミ対策のため、あるいはペットとしてネコが飼われており、その一部はノネコ［＊1］となっていた。私が学生だった頃の一九八〇年代前半には、海鳥繁殖地でネコを見かけることはなかったが、大学教員として調査をするようになった一九九〇～二〇〇〇年代には、村の中だけではなく、海鳥繁殖地でもかなり頻繁にその姿を見るようになった。

学部学生であった池田佳代が一九九九年に卒業研究としてこのネコの生態を調べた。ネコの顔や体の特徴を識別して最低数を数え、少なくとも一〇六頭のネコを確認した。電波発信機を付けて七頭の行動を調べたところ、海鳥繁殖地周辺だけにいる山ネコ（ノネコと判断できる）が三頭、村にだけいる里ネコ（イエネコあるいはノラネコ）が二頭、両方で生活しているノラネコ（あるいはノ

ネコ対策以前（1993年）

ネコ対策以降（2018年）

上：天売島における1993年と2018年の5月から8月の間のネコの目撃情報。海鳥調査員が道路を車で移動中や海岸を調査している際にネコを見た位置を黒●で示す。計画的な調査ではないが、ほぼ毎日1〜2回島を見回っているので、およその分布は反映すると思われる。天売海鳥研究室未発表資料による。
下：天売島の赤岩灯台付近でノネコがウトウ成鳥を食べている。撮影：伊藤元裕

ネコ）が二頭だった。つまり、特定の個体だけが海鳥繁殖地で生活してることがわかった。

　また、糞を調べたところ、年間を通じておもな餌はネズミ類であったのだが、夏に海鳥繁殖地周辺で拾った糞からはウトウとウミネコの羽毛やくちばしがよく出てきた。一九九〇年代から、海鳥繁殖地周辺に定着していたノネコは、海鳥の繁殖期間中には、ある程度海鳥を襲ってこれを食べていた。例えば、二〇一〇年には繁殖地周辺で一七回ネコを目撃したが、うち三回はウトウの成鳥を襲っているところだった。

　実際に、こうしたノネコの行動は海鳥にインパクトを与えているようだった。私たちはウミネコの雛の死亡原因

を長年モニタリングしている。海鳥繁殖地でネコを見ることがなかった一九八〇年代には、餓死や縄張り争いによる雛の死体はよく見たが、ネコに食われたと思われる死体はなく、オオセグロカモメがウミネコの雛の主たる捕食者だった。ところが繁殖地でノネコが頻繁に見られるようになった一九九〇〜二〇〇〇年には、ノネコによって殺されたと思われる雛や成鳥の死体が頻繁に見られた[55]。一九九〇年頃には三万つがいもが繁殖していたウミネコが、二〇一〇年にはその一〇分の一程度にまで減ってしまった。

これを解決するため、羽幌町は天売島海鳥繁殖地にいるノネコを駆除する計画を一九九〇年頃に立ち上げたが、都市部市民の抗議を受けたため、その後は、捕獲したノネコを不妊化する活動を一九九二年から五年間続けた。一定の効果はあったが不妊化活動は継続されず、その後ネコの数はさらに増え二〇一四年には二〇〇〜三〇〇頭になったと推定された。

二〇一二年、羽幌町はネコのノラ化を防ぐための天売島ネコ飼養条例を策定し、北海道獣医師会と環境省と協力して、「人と海鳥と猫が共生する天売島」連絡協議会を立ち上げ、本格的な対策に乗り出した。まず、イエネコの登録（ＩＣチップの埋め込み）、続いて罠によるノネコ・ノラネコの選択的捕獲、捕獲したノネコ・ノラネコの順化とその里親探しである。二〇一三年から二〇一八年までに一三四頭が捕獲され、うち一一四頭が島外に持ち出され、九〇頭ほどの順化・譲渡が行われた[56]。

こうした努力の甲斐あって、二〇一八年には海鳥繁殖地ではネコを見ることがなくなった（図上)。また、ウミネコの新しい繁殖地ができ、繁殖数が増え始める気配がある。その理由の一つは、ウミネコの主要な餌であるイカナゴ資源の回復ではないかと思われるが、ノネコ・ノラネコがいなくなったことが、ウミネコの定着を可能としていることは明らかである。天売島のように人が住んでいる島でも、ネコの数を増やさないようにするとともにノネコ・ノラネコを出さないようにすれば、海鳥へのインパクトをなくすことは十分可能である。

＊1…野原や山で餌を自分で調達し完全に自立しているものを「ノネコ」、人間の生活圏に生活する「イエネコ」のうち、人間に直接的に飼育されていない、特定の個人が住む家屋をねぐらとしていない個体を「ノラネコ」と呼ぶ。ノラネコのうち、特定の飼い主がいないものの地域住民の認知と合意のうえで共同管理されているものを「地域ネコ」と呼ぶこともある。厳密に定めることが難しい場合もある。

11章　照明がもたらす光汚染

沿岸域における人間由来の潜在的ストレスとして光汚染がある。繁殖地で夜行性であるミズナギドリ科とウミツバメ科の大多数とウミスズメ科では、巣立ち幼鳥が街路灯などの強い明かりに誘引され、飛べなくなって地上に降りてしまい、死亡することがある。

近年、沿岸域では工場、商業施設、家屋、海上では海底油田や漁船の照明といった夜間の照明がより強くなり、より広い範囲に拡大しており、「光汚染（ひかりおせん）」あるいは「光害（こうがい）」が心配されている。強い人工光は、昆虫、爬虫類、哺乳類、そして鳥類を含む多くの生物種において、繁殖生理、渡りや採食行動に変化をもたらし、結果的に陸上・海洋生態系プロセスを変えている[1]。

1　海鳥を引き寄せる人工光

ミズナギドリ科とウミツバメ科の大多数とウミスズメ科の一部の種は、繁殖地では夜行性であり[2]、雛は夜間に巣立って海に出ていく。また、アカアシミツユビカモメやケルゲレンミズナギドリはその目の大きさや視細胞の点から、夜間にも採食しているのではないかと考えられている。アホウドリ科やミズナギドリ科などには、夜間にも渡りをする種も多い。カモメ亜科・アジサシ亜科なども夜間もかなりの時間飛行する。

このように夜間に活動する海鳥は、その理由はよくわかっていないのだが、強い人工光に誘引される傾向がある。夜間採食する種類はイカやプランクトンの生物発光を目印に採食するのではないか[3]とか、夜間に星を頼りに渡りをするのではないか[4]といわれている。強い人工光は過剰な刺激となり、海鳥を強く誘引してしまうのかもしれない[5]。

海鳥が生活してきた海には、これまでこうした強い光はなかった。新たに出現した人工光に海鳥が誘引された場合、問題が起きる。外洋性の海鳥が灯台や人家の光、建物の壁の反射光に誘引され、飛べなくなって地上に降りたり、建物や電線に衝突したりする例が多く報告されている[5・6・7]。道路や狭い空き地に降りた場合、交通事故や捕食にあいやすくなり、死亡する（落鳥）ことが多い。ここでは、おもに、繁殖期に問題となる陸上の繁殖地周辺の光汚染の影響について紹介する。

2 光誘引による落鳥

人工光は海鳥に高い死亡率をもたらすことがある。巣穴営巣性の巣立ち幼鳥と成鳥は、夜間、繁殖地周辺を飛行する際に光に誘引される。繁殖地において、夜行性のミズナギドリ目のうち少なくとも五六種で光誘引による落鳥が報告されている[8]。また、巣立ち幼鳥の死亡が多いのも特徴であり、特に大洋島で多く報告されている。

それまでは無人島だったところに繁殖しているミズナギドリ目は、ツーリズムと近代化により、特に光汚染による死亡の危険性が高くなっている。光誘引される種類の中には、ハワイ諸島に繁殖するハワイマンクスミズナギドリ、北大西洋イギリス領バミューダ諸島に繁殖するバミューダミズナギドリ、インド洋マダガスカル島の東にあるフランス領レユニオン島に繁殖するレユニオンシロハラミズナギドリのように固有種で数の少ない種類も含まれる。[5・9]

どういった条件のときに落鳥数が増えるのか。オーストラリアのメルボルン近くのフィリップ島で繁殖するハシボソミズナギドリでは、巣立ちがピークとなる時期、月がなく、風のある日に多くの巣立ち幼鳥の落鳥があり、その数は巣立ちが進むと増え、明け方に多く、交通量が多いと増えた。[10] また、中部大西洋に位置するポルトガル領のアゾレス諸島のサンミゲル島で繁殖するオニミズナギドリで、足環がつけられており巣立ったコロニーと地面に降りてしまった場所がわかった巣立ち幼鳥の個体のデータをもとに、衛星画像から得た光強度の分布との関係を解析してみると、[11] その個体が巣立ったコロニー周辺よりも光が強い場所では、より遠くから誘引されているようだった。特に、特定の四つのコロニーから巣立った幼鳥が誘引されることが多く、全体の八七%を占めていた。コロニーから巣立って海まで行くルート上に光がある場合、そのコロニーの巣立ち幼鳥が誘引されやすいのかもしれない。

こうした光汚染が個体群に与えるインパクトは十分にはわかっていない。光誘引で地上に降りてしまうのはほとんどが巣立ち幼鳥であり、巣立ち幼鳥のうち光誘引で死亡する割合も場所によっては結構高くなる（**表11-1**）。フィリップ島のハシボソミズナギドリにおいて、一五年間に光誘引のせいで地上に降りてしまった巣立ち幼鳥を調べたところ三九%が死んでいた。[10] この値は他の地域の光誘引された巣立ち幼鳥の

表11-1 光誘引により地上に降りてしまった海鳥の中の巣立ち幼鳥の割合、巣立った幼鳥のうち光誘引により地上に降りてしまった割合、救護したうち死亡した個体の割合と救護した総個体数。セミコロンで分けた数値は異なる研究による。NAは数値が示されていない。文献8より。

場所	種類	落鳥中巣立幼鳥の割合(%)	巣立ち幼鳥中光誘引割合(%)	救護個体中死亡割合(%)	救護総個体数
カナリア諸島(大西洋北東部)	オニミズナギドリ	96.4	45.4～60.5;14	4.8	9,231
カナリア諸島	セグロミズナギドリ	90.3	20.9～46.9	4.9	144
カナリア諸島	アナドリ	68	6.4～8.6	11.8	340
レユニオン島(インド洋)	レユニオンシロハラミズナギドリ	98.6	20～40	10	1,643
レユニオン島	セグロミズナギドリ	82.2;95	10～17	7.9;12	13,221
サンミゲル島(アゾレス諸島:大西洋中央部)	オニミズナギドリ	NA	16.7	14	769
ファイアル島(アゾレス諸島)	オニミズナギドリ	NA	19.7	4	1,236
カウアイ島(ハワイ諸島)	ハワイマンクスミズナギドリ	97	15	9;43	11,767
ピコ島(アゾレス諸島)	オニミズナギドリ	NA	15.2	8	1,547
ロビンソンクルーソー島(太平洋中東部)	シロハラアカアシミズナギドリ	73.7	0.5～1.1	41	164
フィリップ島(オーストラリア)	ハシボソミズナギドリ	NA	0.39～0.7	39	8,871
バレアリック島(地中海スペイン南部)	ヨーロッパミズナギドリ	NA	0.38～0.7	8.5	66
バレアリック島	スコポリミズナギドリ	NA	0.26～0.49	8.5	199
バレアリック島	ヒメウミツバメ	NA	0.09～0.27	8.5	39
タヒチ島	セグロシロハラミズナギドリ	95	NA	9	981
ニューファンドランド島	ニシツノメドリ	NA	NA	8.2	522
アントファガスタ地域(チリ北部沿岸)	クビワウミツバメ	NA	NA	5	1,122

死亡率の四～八倍にもなった。このように個体数の減少を招きかねないレベルに達している場合もあるかもしれない。特に、希少種については注意が必要だろう。

海上での光汚染についても少し触れよう。イカやサンマ漁においては強い集魚灯を使う。こうした外洋における漁船の光には、カモメ類やミズナギドリ科など多数の海鳥が集まる。地中海のニシン科の魚を狙った巻網でも集魚灯を使うが、これに、アカハシカモメを含むカモメ類がたくさん集まってくる[12]。また南極海で操業するトロール船が夜間に視程が悪い場合や海氷との衝突を避けるために使ったサーチライトに、ウミツバメ科、クジラドリ類、モグリウミツバメ科といった多くの海鳥が誘引され、二割強が死亡した例も報告されている[13]。

3　対策は光のコントロール

光誘引による死亡を減らすため、いくつかの対策がとられている。一つは、光をコントロールすることである。ミズナギドリ科の巣立ち期間は一～二か月とそう長くはないので、その間だけ光を止めるか点灯時間や光の強さをコントロールすることで落鳥を大きく減らすことができる。先のフィリップ島で繁殖するハシボソミズナギドリの場合は、道路脇の照明灯を消すと落鳥は減った[10]。特定の場所の光だけが影響している場合もある。ハワイのカウアイ島では、光誘引によるミズナギドリ科の落鳥のうち、ある川のほとりにあるホテルの光によるものが半分を占めており、このホテルの上空に向いている光に覆いをつけることで落鳥を大きく減らすことができた[4]。

光の色にも注意が必要だ。夜間に渡りをする陸鳥は、青や緑の光には集まらないが赤やフラッシュ白色光には誘引されるという報告がある[14]。一方、赤や白の光にはかく乱されるが青や緑ではかく乱を受けないという報告もある[15]。海鳥繁殖地においても、巣立ち幼鳥の光誘引を引き起こさない安全距離、波長、閾値となる光レベルの決定や誘引を減少させる光特性の研究は役に立つだろう。

一方で、光誘引により地上に降りて飛べなくなった個体の救護も行われている。フィリップ島のハシボソミズナギドリの研究[8]では、光のせいで飛べなくなり、道端に降りてしまった巣立ち幼鳥は、コロニーで捕獲した巣立ち幼鳥よりも体重が軽くコンディションが悪かった。しかしながら、このうち半数以上が親鳥と同程度の体重だったので、浜に打ち上がって死にかけている個体よりはその後の生存率が大きいだろうと考えられている。油汚染の場合とは異なり、光誘引で地上に降りてしまった個体の救護はある程度の効果が期待できそうである。

コラム⑥　港の光照明がもたらす生態系の変化

漁港にある照明灯は、その周辺に生息するカモメ類の採食行動を変える。漁港やその周辺は、稚魚や動物プランクトンの重要な生息場所でもある。こうした餌生物は夜間浮上することが多く、強い光に集まる習性を持つ種類もいる。沿岸性のカモメ類はこれらをよく食べる。さらにこうした稚魚や動物プランクトンを狙ってやや大型の魚も光に集まる。これもカモメ類にとっては魅力的な食べ物である。そのため、漁港に多くある強い照明は、夜間に、餌生物を海面に集めることで、これらの餌生物をカモメ類にとって食べやすくしている。

修士の学生であった平田和彦が冬から春にかけて函館周辺の一二の漁港に集まるカモメの数を調べたところ、照明の数が多い漁港ほど多くのカモメ類が集まってくることがわかった。各漁港の水揚げは関係していなかった。しかも照明から一五メートル以内の明るい場所では採食している個体が多いが、それ以外の暗い場所にいるカモメ類はほとんどが寝ていた。

ある一つの港でさらに詳しく、照明の下とそれ以外の場所で、手でプランクトンネットを引いて

漁港の桟橋の照明の下の海面に集まるカモメ類。照明の下の水面下に集群する動物プランクトンなどを食べている。撮影：平田和彦

海表面の動物プランクトンを採取したところ、夜間、照明の下の表層には抱卵している底生性ヨコエビ（その九〇％以上がアシナガヨコエビ科 Pontogeneiidae）が多数集まっており、多くのカモメ類がそこに集まってこれを食べていた。漁港内の水深は浅いので、港の照明でも海底まで十分届き、底生性の生物の行動に大きく影響したのかもしれない。港の照明は港湾内の海洋生態系の構成員や動態に強く影響しているだろう。実際この港では、冬から春にかけて、ヨコエビが出現する時期にだけカモメ類が多数集まってきていた。カモメ類ばかりでなく、ふつうは昼に採食する潜水性のハシブトウミガラスが、夜中に漁港の光に集まったヨコエビを狙うことも報告されている[16]。

イカやサンマ漁に使われる非常に強力な集魚灯も、多くの海鳥を引き付けることがよく知られており、どういった海鳥種がどういった理由で集まってくるのか、集魚灯を点けた漁船の周辺でどの程度の餌を食べてい

るのか、など原因も影響もわかっていないことは多い。カモメ類にとって、こうした港の明かりや集魚灯によって、採食しやすくなるのは確かであろう。しかしながらこれは、人間活動が一部の海鳥種にだけ利益を与えている例であり、投棄魚の場合のように、やはり海鳥群集をいびつなものにしている可能性がある。

12章　洋上風力発電の潜在的影響と事前回避

エネルギー源を化石燃料から再生可能エネルギーに移行することは緊急の課題である。しかしその一つである洋上風力発電は海鳥にとってストレスとなることが懸念される。海鳥への影響が大きい感受性の高い海域を避ける建設計画が望まれる。

地球温暖化の原因となる温室効果ガスの排出量を減らすため、エネルギー源を化石燃料から再生可能エネルギーに代えることが必須である。風力発電はその一つの手法として有望である。特に、沿岸域の海上は、風況が適しているので、新しい風力発電建設予定地として強い関心が持たれている[1]。一方、こうした洋上風力発電施設（洋上風発、図12-1）は、衝突死や回避による不利益をもたらすなど、海鳥にインパクトを与える可能性がある。

1　風車への海鳥の衝突

そもそも、洋上風発に海鳥がどのくらい衝突するのか。陸上では風車に衝突して死んだ鳥を拾い集めることができるが、海上ではそうはいかない。また、衝突を記録するため録画する方法があるが、夜間のデータ収集は困難である。そのため洋上風発では衝突の実態がほとんどわかっていなかった[2]が、最近のレビ

図 12-1　イングランド北東部のティーズサイドにおける洋上風力発電風車群。撮影：風間健太郎

ユーでは多くの海鳥の衝突例が報告されている[3]。

参考までに、海鳥のコロニー近くに建設された陸上の風車群への衝突死の報告を紹介しよう。ベルギーの海岸近くの海鳥コロニーを含む陸上風車群（二〇〇〜六〇〇キロワットが二五基）で調べたところ、二〇〇四年の一年間に確認された風車衝突による死体は、カモメ類六六羽、アジサシ類五〇羽だった。これに死体の回収率を考えると二〇〇四年と二〇〇五年合計で、カモメ類四二八羽、アジサシ類三二九羽が風車に衝突死したと推定される[4]。海鳥繁殖地である島の周辺に洋上風発を作った場合、海鳥に与えるインパクトは、潜在的には相当なものになると考えざるを得ないだろう［＊1］。

再生可能エネルギー先進地域であるヨーロッパでは洋上風発の建設計画が多くあり、そのリスク評価も数多く行われている。実際に建設され稼働している施設も多い。我が国でも、政府のエネルギー戦略の一つとして、洋上風発の開発計画が急速に進んでいる。風車の場合、いったん建設されたらそれを撤去するには大きなコストがかかるので、建設計画の段階で、リスクの高い場所を避けることが最も重要になる。直ちに取り組むべき課題は、洋上風力発電施設を建設した場合、どの海域で海鳥の「被害の程度」が高いのかを事前に示すための感受性マップ「＊2」を作ることである。

ヨーロッパでは、種ごとの「密度分布」にそれぞれの種の風車に対する脆弱性を示す「感受性指標」を乗じ、それを全種で合計して感受性マップが作られている。まず、種ごとの密度分布を求めるには、①海鳥は繁殖地から周辺の海域へ一定距離採食に出かけると仮定して、その島での繁殖数から海上での密度分布を推定する方法、②船や航空機を使った目視観測によるセンサスで集められた情報[5]を集計し、密度分布を推定する方法、③多数の海鳥個体をバイオロギング手法で追跡し、海鳥の分布密度を得る手法、の三つがある。

次に、種の特性に応じた感受性指標は、海鳥の行動・生態的側面に加え、保全上の緊急性を加味して検討されている。この点について紹介しよう。

2　風車への衝突リスクと発電施設からの回避リスク

種ごとの感受性指標を得るにあたり、海鳥各種のどのような生態的・行動的側面を考慮すべきなのか。その際二つのリスクが考えられている。風車のブレード（羽根）に衝突する「衝突リスク」と、風車施設群のある場所を避けることで、飛行経路が延びる、また、よい採食場所を失うことによる「回避リスク」である。

まず衝突リスクに関する特性について説明しよう。風車のブレードに衝突した場合には間違いなく死ぬので、その率がたとえ低くとも、インパクトは大きいと思われる。

風車ブレードに衝突する危険性に影響するのはまず飛行高度である。地上四〇メートルと一〇〇メートルの間をブレードが回転する例では、一〇〇メートルより高いところを飛行する場合、衝突の危険性は低く、四〇メートルより低い場合は中程度、四〇〜一〇〇メートルの場合（Mゾーンと呼ばれる）は、危険性は高い。そのため、海鳥の飛行高度は風車ブレードへの衝突リスクを求める際に重要な情報である。三二の洋上風車予定地で、目視やレーダーによって得られた二五種の飛行高度をもとにモデル化して、種ごとに高度分布が推定されている[6]。また、長時間飛行する種では必然的にこのリスクは高くなるだろう。

飛行の機動性も重要になってくる。まず、風車群内に入ってから、風車ブレードの直前でこれを避けられるかどうかである[7]。これは、風車ブレードの回転範囲内に向かって飛行した個体のうちブレードを避ける行動をした比率で示される。シロカツオドリでは六四%[8]、カモメ類では七六%[9]あるいは九九%[10]とされていたが、最近の研究によるとシロカツオドリやカモメ類では九九・六%と見積もられている[3]。鳥類は飛行する際、一般に視覚に頼って障害物を避けるので、夜間に飛行する種は、衝突リスクが高くなると想定されているが、こちらはあまり情報がない。

次に回避リスクについて考えよう。これは、風車群を避けて移動することによる不利益である[7]。風車の建設前と後で海鳥個体の飛行経路を比較した研究がいくつかあり、風車群を回避する傾向が強いのはウミスズメ科やカツオドリ科などであり、逆に誘引されるのはカワウやカモメ類である[11]。

風車群を回避する率が高い種類は、風車ができることによってその海域を避け、別の場所を利用するのだが、そのことによって飛行経路が長くなるので、飛行時間と飛行のエネルギーコストが大きくなると考えられる。餌場までの往復時間が長くなることによる抱卵の中断や雛への給餌速度の低下が懸念される。もう一つは、風力発電施設建設予定地がその種にとって重要な餌場である場合、別の不適な場所で採食せざるを得なくなるので、採食効率が下がるといった回避リスクも考えられる。しかしながら、こうした回避が最終的にどのようなインパクトを個体群に与えているのか十分な証拠はない[12]。

こうした既存のデータや専門家の意見を取り入れて、多数の種の感受性指標を導き出して、感受性マップが作られている。

3　感受性マップによってあらかじめリスクの高い場所を知る

実際にどのように感受性マップが作られるのか。ヨーロッパのバルト海・北海の例をあげよう[13]。初めに、海鳥の風車への感受性指標、つまり種ごとの衝突リスクと回避リスクがどの程度なのか見積もる。そのために建設計画海域に生息する個々の種について、すでに得られているデータや、専門家から行動特性の情報を集め、種ごとにリスクに関する特性をスコア化する。例えば、衝突リスクに関連する飛行高度は船や陸上での観察やレーダーで得られた文献値を使う。そのうえで、各種の保護上の重要性（レッドリストでのランクなど）も考慮する。絶滅リスクが高い種の密度が高い場所は感受性も高いとみなすことは理にかなっていると思われる。すべてスコアとして相対化された値なので、感受性マップはあくまで、この場所は他よりも感受性が高いということを示すマップである。

具体的にはまず、衝突リスクに関する特性としては、飛行の機動性、つまり、障害物を直前で避けられるかどうかの指標（m）、飛行高度（a）、飛行時間（t）、夜の飛行活動（n）があげられ、この四つについて既存の研究によりスコア化（五段階）し、これらを平均する（**表12-1**）。例えば、海にいるときの飛行時間割合は、少ないほど衝突リスクが小さいと考えて、二〇％きざみで五等分している。次は、回避リスクに関連する特性としてかく乱とハビタットの融通性があげられている。船・ヘリコプターの航行による海鳥のかく乱の程度（d）と代替えハビタットが多いかどうか（h）の二つがあり、この二つは専門家らの経験に基づき五段階にスコア化し、これらの平均を使う。三つ目は、種個体群の保全上の重要性に関するもので、地域個体群サイズ（p）、親の生存率（s）、ヨーロッパで計算された絶滅リスク（r）といった三つの特性について、文献を使って五段階スコアを与え、これら三つを平均している[13]。

こうして得られた、飛行特性（四つの変数）、かく乱とハビタット融通性（二つの変数）、個体群の保全上の重要性（三つの変数）、以上三つのそれぞれの平均値を乗じて各々の種の種特異的感受性指標（SSI：Species Sensitivity Index）としている。種特異的感受性指標はアビ類で大きく、カモメ科、フルマカモメで小さい。

この種特異的感受性指標を、計画海域で蓄積された季節ごとの海上センサスによる海鳥の各種の密度分

表 12-1　海鳥の種ごとの種特異的感受性指標（SSI）および各場所での風車感受性指標（WSI）の求め方。2 つの文献による計算方法を示した。種特異的感受性指標は、種ごとに飛行特性、かく乱への脆弱性とハビタットの融通性および保全に関する要因の 3 つから計算される。各場所の各種密度に各種の SSI を乗じ、それを全種類で合計した値が各場所の WSI である。

各種海鳥の密度（$density_{species}$）は船からの目視調査などで求められる。Bradbury et al.（2014）（文献 14）は、種特異的感受性指標を、衝突リスクと回避リスクそれぞれについて別に計算し、それぞれを使って各場所での風車衝突感受性指標（$WSI_{collision}$）と風車回避感受性指標（$WSI_{displacement}$）を計算するとともに、衝突リスクと回避リスクそれぞれの種特異的感受性指標の大きい方を使って風車感受性指標を計算している。

略号は各々の特性のランクを示すが、2 つの文献で同じものを使うよう原文から変えてある。カッコ内の数字は数値化する際の段階の数あるいは割合。

Garthe & Huppop (2004) (文献13)	Bradbury et al. (2014) (文献14)
飛行特性に関する要因 飛行の機動性 (障害物回避) (経験など) (m) (5) 飛行高度 (文献データ) (a) (6) 飛行時間 (文献データ) (t) (5) 夜の飛行活動 (文献データ) (n) (5) かく乱とハビタットに関する要因 船・ヘリコプターによるかく乱 (専門家意見) (d) (5) ハビタット利用の融通性 (文献) (h) (5)	飛行特性に関する要因 飛行の機動性 (障害物回避) (m) (5) 飛行高度 (Mゾーン飛行割合) (a) (%) 飛行時間 (t) (5) 夜の飛行活動 (n) (5) かく乱とハビタットに関する要因 船・ヘリコプターによるかく乱 (d) (5) ハビタット利用の融通性 (h) (5)
保全に関する要因 生物地理学的個体群サイズ (p) (5) 親の生存率 (s) (5) ヨーロッパにおける絶滅リスク (r) (5)	保全に関する要因 イギリスのBird Directive (b) (5,3,1) イギリス内の個体数割合 (繁殖期、非繁殖期を問わず) (p) (5) 親の生存率 (s) (5) イギリスでの絶滅危惧度 (r) (5)
Species-specific Sensitivity Index SSI $=(a+m+t+n)/4\times(d+h)/2\times(p+s+r)/3$ Windfarm Sensitivity Index WSI $=\Sigma_{species}(\ln(density_{species}+1)\times SSI_{species})$	Conservation Importance Score $C=b+p+s+r$ Collision risk score (CS) $=a\times(m+t+n)/3\times C$ Displacement score (DS) $=((d\times h)\times C)/10$ $SSI_{collision}$ (CS を 5 段階でスコア化) $SSI_{displacement}$ (DS を 4 段階でスコア化) $WSI_{collision}=\Sigma_{species}\ln(density_{species}+1)\times SSI_{collision}$ $WSI_{displacement}=\Sigma_{species}\ln(density_{species}+1)\times SSI_{displacement}$ $WSI_{windfarm}=\Sigma_{species}\ln(density_{species}+1)\times SSImax(_{colleasion,displacement})$

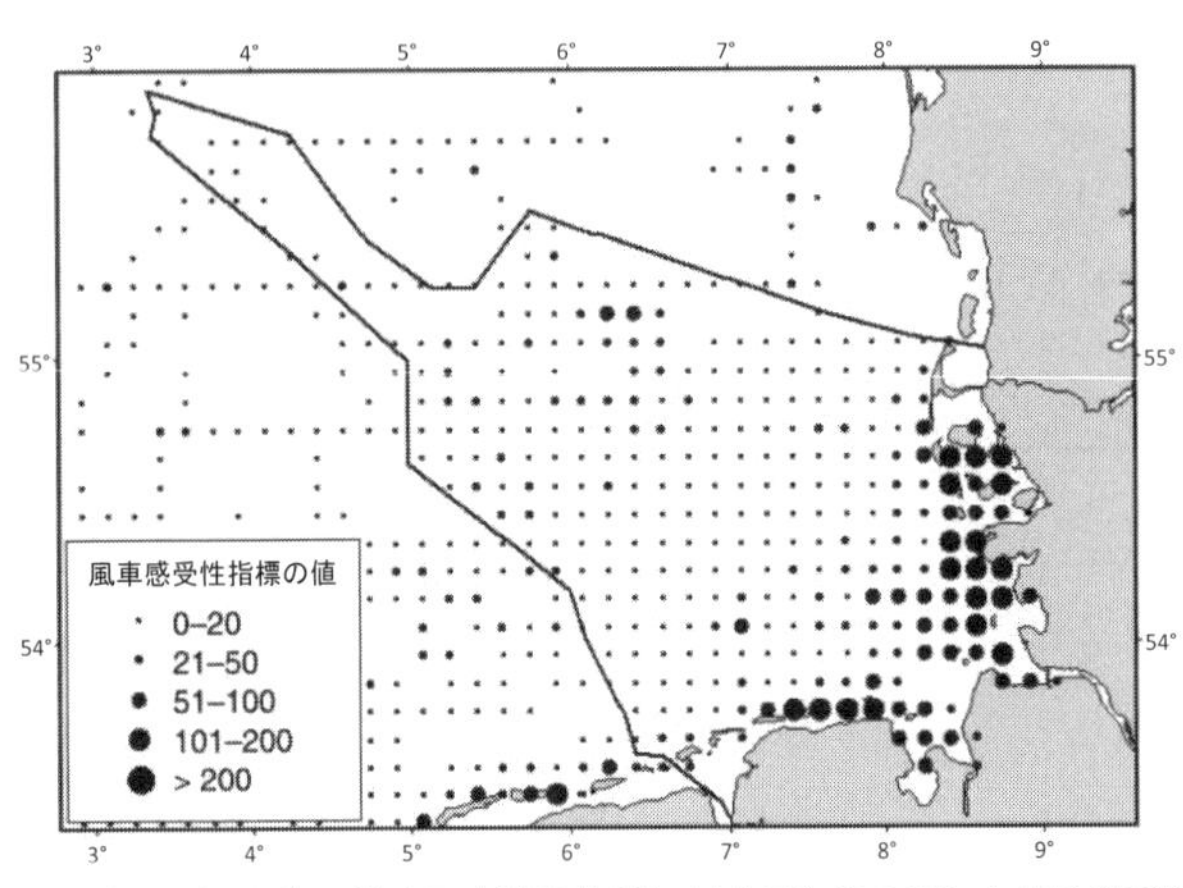

図 12-2　北海とバルト海の洋上風力発電施設に対する海鳥の夏における感受性マップ。文献 13 より。

布に乗じて、セル（この研究では緯度六分経度一〇分の矩形）ごとに総和をとって、各セルの風車感受性指標（ＷＳＩ：Windfarm Sensitivity Index）とし、感受性マップが作られる。感受性指標はバルト海沿岸域で高く、北海の外洋域に向かって低くなった（**図12-2**）。

もう一つイングランドの例をあげよう。イングランドの周辺海域での一九七九～二〇一二年の海上センサスデータベースより、三キロメートルセルで各種海鳥の密度を推定し、感受性指標を乗じて感受性マップが作られている[14]。感受性指標の求め方は、基本的には文献13と同じだが、各セルで風車衝突感受性指標（WSI$_{collision}$）と風車回避感受性指標（WSI$_{displacement}$）を別々に求め、大きい方をそのセルの感受性指標として採用する点が異なっている（**表12-1**）。

こうして作られた感受性マップにより、海鳥の密度の高いところでは衝突数も多くなると予想でき、そこでの感受性が高いと判断できる。風車によって死ぬ数が多いほど「被害の程度」が高いと判断するのは、間違っていないように思える。

しかし、「被害の程度」は個体群へのインパクトで考えるべきである。混獲のところでも述べたが、数が多い種は自動的にたくさん衝突する。希少種は数が少ないので衝突数もわずかだろう。各々の場所での、各個体群に属する個体の一年間の衝突確率などを計算し、自然の年間死亡率に対してどの程度上積みされるかなどを、予測される被害の程度とするのが理想だろう。ただし、その値を得るには、リスクにさらされる個体群を特定したうえで、その平均的な繁殖成績と成鳥死亡率など個体群パラメーターを求める必要があり、多くの労力が要求され現実的ではない。ここで紹介した種特異的感受性指標の計算で、保全上のスコアは個体数の少ない希少種で高くなるように設定される。保全スコアが感受性指標により強く反映されるように工夫するのが一つの改善策かもしれない。

4　GPSトラッキングでわかる衝突リスクが高い場所

我が国では海鳥コロニーデータベースが整備されたので、種ごとの感受性インデックスと繁殖地から採食場所までの距離に関する既存データを使って、各コロニーでの各種の繁殖個体数に基づく感受性マップを作ることができる。それによって、北海道北部海域といった大スケールで感受性の高い海域がわかるだろう。環境省は、海鳥がコロニー周辺を満遍なく利用すると仮定して推定した、繁殖個体の海上での推定密度を使った感受性マップ、航空機からの目視で調べた沿岸域の海鳥の密度を使った感受性マップ、それに特別保護地域・天然記念物の情報を加味し、一〇キロメートルセルの日本全国の洋上風発感受性マップ

［＊2］を二〇二〇年に公開した[15]。

しかし、海鳥がコロニー周辺を満遍なく利用することはほとんどなく、ある特定の場所で採食することが多い。そのためコロニー情報だけでは、具体的な風車建設位置を決めるために必要であろう一〜一〇キロメートル程度の小スケールでの感受性マップは作れない。船や航空機による海上センサスによって小スケールでのデータが得られるが、労力がかかる。一方、海鳥の密度は季節や天候などにより大きく変わるので、信頼度の高いデータを得るには繰り返し調査する必要がある。我が国周辺では高密度で海洋調査や漁場調査が行われているが、調査項目に海鳥は含まれていない。また、飛行高度のデータもあまりない。

飛行高度の情報を得て、しかも、小スケールでの感受性マップを作るため、バイオロギング手法により個体を追跡する手法が使われるようになった。

スコットランドのバス・ロック岩で繁殖するシロカツオドリにデータロガーを装着し、位置をGPSで、高度を気圧計で測り、飛行経路上の高度を求めた例をあげよう[16]。コロニーから採食場所への移動中の飛行高度は一二メートルで、風車の羽根の回転高度（Mゾーン）より低く、衝突リスクは小さいと思われた。ところが、採食場所に到達すると飛行高度は二七メートルと高くなった。この情報を使って推定しなおしたところ、もし計画されている二か所に風車群ができた場合、バス・ロック岩に繁殖するカツオドリの衝突数は、従来の方法による推定値の一二倍にもなった。従来の手法ではカツオドリの採食場所での飛行高度を往復飛行と同じくMゾーン以下であると仮定していたため、衝突リスクが低く見積もられていたのである。

GPS位置はふつう二次元位置情報を得るものである。しかし、精度が悪いという但し書きが付くが、標準地表面からの高度も出力している。高度データの精度検証を行っておけば、装着型GPSデータロガーだけで海鳥の飛行高度を得ることは可能である。

イングランドのサフォークで繁殖中のニシセグロカモメとオオトウゾクカモメに太陽電池で作動するGPSデータロガーを装着し、高度も測定した研究がある。[17] 個体が巣に戻ったときに、巣の近くに設置した受信アンテナでデータをダウンロードすることで、再捕獲することなくGデータを取得できるシステムを使っている。コロニーにいるときは三〇分ごと、その他は五分あるいは一〇分ごとに位置と高度を記録し、ベイズ統計で高度推定をした結果、ニシセグロカモメでは、夜の方が昼より飛行高度が低いことがわかった。夜間はブレードの高度より低く飛ぶので、暗いため風車視認性が低いにもかかわらず、衝突リスクは低いだろうと考えられた。また飛行高度は海上では高く、海岸では低いこともわかった。こうしたGPSデータロガーを使った追跡データは、感受性マップ作製に大いに役に立つだろう。

このバイオロギング手法のもう一つの利点は、個体単位での衝突リスクや回避リスクが直接計算できることである。それによって、個体数変化を決める重要な要因である生存率と繁殖成功に対する影響に関連したパラメーターが得やすくなるだろう。

コラム⑦　ウミネコのGPSトラッキングの研究例

装着型GPSデータロガーにより海鳥の移動軌跡を詳細に得ることで、採食場所や、風車に衝突する恐れのある高度を飛行する場所を求めることができる。GPSデータは空間精度が高いので、風車群建設にあたり現実的な空間精度で感受性マップを作ることができる。

博士研究員だった風間健太郎はウミネコを材料とし、GPSデータロガーを使って利尻島の採食トリップ中の移動軌跡を得た[18]。移動速度が特異的に遅いところは着水・着陸していた場所、つまり採食に関連していた場所であるとわかる。例として二〇一六年の抱卵期の追跡結果（左図）を見ると、利尻島と北海道本土の間の海峡と、繁殖地から一〇〇キロメートルほど離れた、宗谷岬を東に超えたオホーツク海の陸棚上の生産性の高い海域で採食していた。利尻島周辺でだけ採食しているわけではない。

また、GPS記録は緯度・経度だけではなく高度（計算上の地表面からの高さ）も出してくれる。誤差はあるのだが、気圧高度計を搭載しているドローンで確かめたところ、そこそこ信頼できることがわかった。このデータから、Mゾーン（GPS高度の最大誤差二〇メートルを加味して四〇～一二〇メートルとした）を飛行するのは、採食場所とは大きく異なり、コロニー周辺と海岸線周辺であることがわかった。

実測値を使って、さまざまな場所や年の感受性マップを得るのは大きな労力がかかる。採食場所

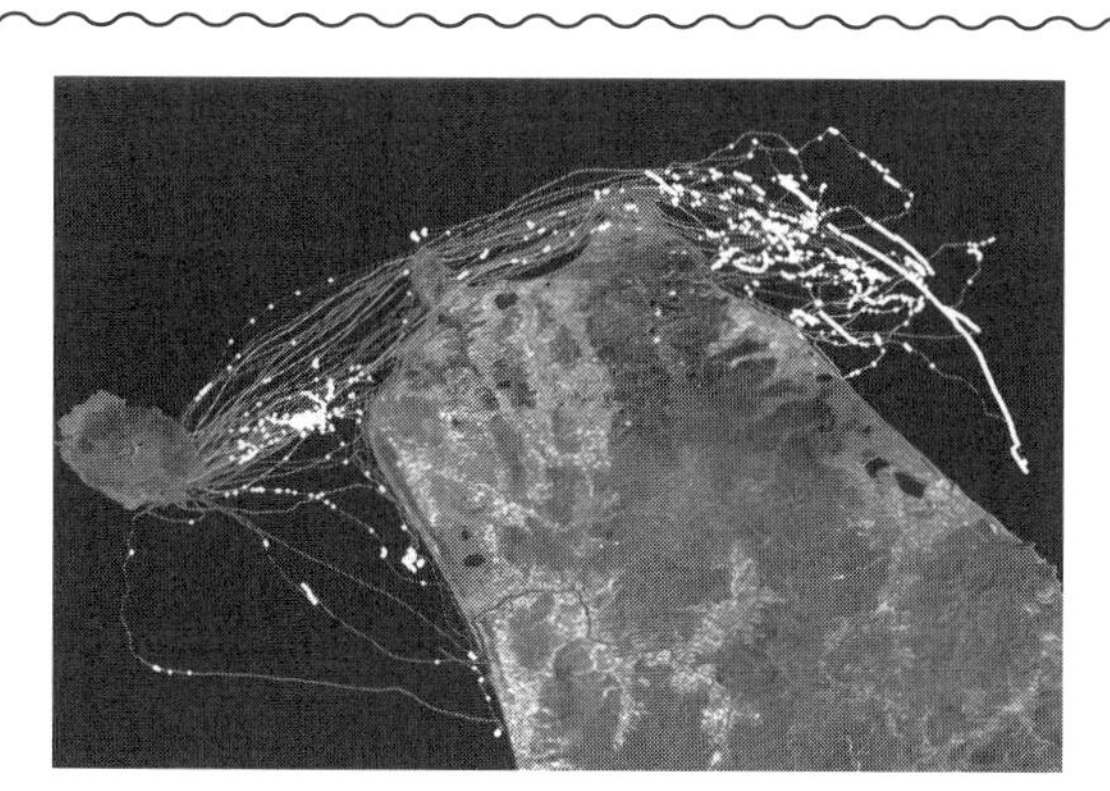

利尻島で抱卵中のウミネコにGPSデータロガーを装着して得た移動軌跡。白丸は着水場所で、採食していた場所と考えられる。洋上風発に対する海鳥の感受性マップ作成のために実施された。GPSデータロガーによって風車への衝突リスクに大きく関係する飛行高度も記録できる。文献18のデータより。

とMゾーン飛行場所には、コロニーからの距離、地形、海水温といった環境条件が関係している。ある海域ある年のGPS追跡の実データにより、海鳥の採食場所やMゾーン飛行場所を地形やリモートセンシングで得られている海水温から説明するハビタットモデルを構築することができる。

風間は、ウミネコの二〇一六年の利尻島抱卵期のデータを使って、水温、地形、漁港の有無といった環境要因から採食場所とMゾーン飛行場所の分布を説明するモデルを一キロメートルセルで作った。今後、この採食場所を説明モデルが別の年・コロニーにどの程度外挿できるか確かめることで、他の年や場所で実データをとることなく感受性マップを作ることが可能なのかを検証することができる。

＊1…北海において、洋上風車群ができたあとの周辺海域のウミガラスとミツユビカモメの密度は、建設前に比べ一〇～六三％減ったとする報告が出た[19]。

＊2…「感受性マップ」とは、「リスクマップ」とは、そこに洋上風力発電施設ができたとした場合の海鳥の被害の程度を示す地図。一方、「リスクマップ」とはさまざまな災害が与える被害の大きさの相対値を地図化したもの。例えば、各場所での油流出が起きる「生起確率」と油が流出した場合の「被害（海鳥の死亡数）の程度」を乗じた値の分布。タンカーがめったに航行しない場所でも、海鳥が多く生息する、あるいは希少種が生息する場所は、リスクが高いと判断される。
事故があった場合に流出する原油の拡大予測や船の運航密度といったストレス自体を地図化したものは「ハザードマップ」と呼ぶ。洋上風力発電に対する海鳥の感受性マップは、海鳥の分布密度に感受性インデックスを乗じた相対値で示されている。風車建設は避けるべきと予想される場所を示すので「アボイドマップ」と呼ばれることもある。

第5部

海鳥保全の具体的取り組み

人間活動に起因する海鳥へのストレス、そのインパクトとストレスの低減手法について述べてきた。ストレスを低減しただけでは、インパクトからの素早い回復が見込めない個体群ではどうしたらよいのか。一方で、さらに、ストレス低減に大きな労力や資金がかかる場合はどうしたらよいのだろうか。

13章　導入と再導入

絶滅確率が高いかあるいは他からの移入が見込めない海鳥種・個体群に対しては積極的保全策がとられる。場所定着性が低い種（カモメ亜科など）については音声やデコイによる誘引、場所定着性が高い種（アホウドリ科、ミズナギドリ科など）については雛移送による再導入が効果的である。

1　積極的保全がなぜ必要か

捕食者の駆除がうまくいった場合でも、海鳥では、個体数がなかなか回復しないことがある。個体群回復が遅いのは、海鳥の生活史特性のせいである。一つは、海鳥は、成鳥生存率が高く、個体群増加率が低いことである。長い年月をかけないと絶滅確率を十分低くする個体数にはいたらない。もう一つは、いったん繁殖地が失われると、そこで新たに繁殖を開始する可能性が低いことである。多くの海鳥種は、巣立ち後広く分散しても、繁殖齢に達すると、生まれたコロニーに戻って繁殖する傾向があり、いったん繁殖すると、同じコロニーの同じ場所で同じつがい相手と繁殖する[1]（場所定着性）。また、生まれたコロニーに戻る傾向が比較的弱いカモメ亜科などでも、既存の大きな繁殖集団に誘引されてそこで繁殖を始めるが、その後は毎年そこで繁殖する傾向がある[2・3]。

こうした海鳥特有の性質を考慮して、積極的保全、すなわち、補強（reinforcement、個体群増加率を上げる）、再導入（reintroduction、これまで繁殖の記録があるが現在いなくなった場所への導入）あるいは、導入または保全導入（introduction または conservation introduction、これまで繁殖の記録がない場所への導入）を検討する必要がある。

どのような場合にこうした積極的保全を行うべきか。ＩＵＣＮによって定められたルールがある。[4]まず、絶滅確率が高い種の場合、積極的に増殖率を高めるとともに、災害によるリスクを分散させる必要がある。例えば、アホウドリのように繁殖地が二つしかない希少種では、火山の噴火（伊豆諸島鳥島は一九〇二年の大噴火以降三回噴火している）など、予期できない災害による絶滅の確率を下げるために新たな繁殖地を創設することである。

二つ目として、海鳥では新しい島（繁殖地）への分散はあまり見込めないので、いったんその島でコロニーが消滅してしまった場合、他からの分散に任せていては素早い回復は望めない。海鳥は海から栄養塩を運び、島の特異な生態系の維持に役立っていることがある。海鳥が絶滅してしまった場合、この特異な生態的プロセスを素早く回復させるために、積極的保全が必要となる。

三つ目として、減少の原因となるストレスを取り除くことに大きな労力がかかる場合、ストレス低減と同時進行で積極的保全策をとることで、結果的に、個体群回復のためのコストを全体として小さくすることができるかもしれない。

では、補強・再導入・保全導入の手法には具体的にどのようなものがあるのだろうか。視覚・聴覚刺激による親鳥の社会的誘引と雛の移送によるコロニー（再）創設の二つの手法を組み合わせて使うことが多い。

先駆的な取り組みとして、一九七三年から一二年間、総計九五四羽のニシツノメドリの雛を、カナダのニューファンドランドから、もともとは繁殖していたがその時点ではいなくなってしまっていたアメリカのメイン州のイースタン・エッグ・ロック島に移送した再導入がある。[5] 海島において、デコイ（木やプラスチック製の親鳥の模型）を使って、成鳥の誘引を行った最初の試みでもある。九四〇羽の雛を野外飼育して巣立ちさせ、移送開始八年後の一九八一年に初めて、五つがいが繁殖した。この島からニシツノメドリがいなくなって一〇〇年後のことである。その後、二〇〇九年には一一三巣まで増加した。

この結果から、増殖が加速するまで、一〇年以上プロジェクトを継続する必要があることがわかる。再導入の成功のためには、①資金が長年続く保証があること、②その種の生活史（ハビタットや繁殖習性）がよくわかっていること、③その種にとってどの手法が最も効果的か判断するための予備的研究がなされていることが必要条件である。当然ではあるが、④もともとの減少要因（ストレス）を取り除くあるいは低減することも重要である。

それでは、社会的誘引と雛の移送の実際について紹介していこう。

2　デコイ（おとり模型）や音声による社会的誘引

先に述べた通り、一般に海鳥の繁殖個体は毎年同じ島の同じ場所で営巣する。しかし、これから繁殖を

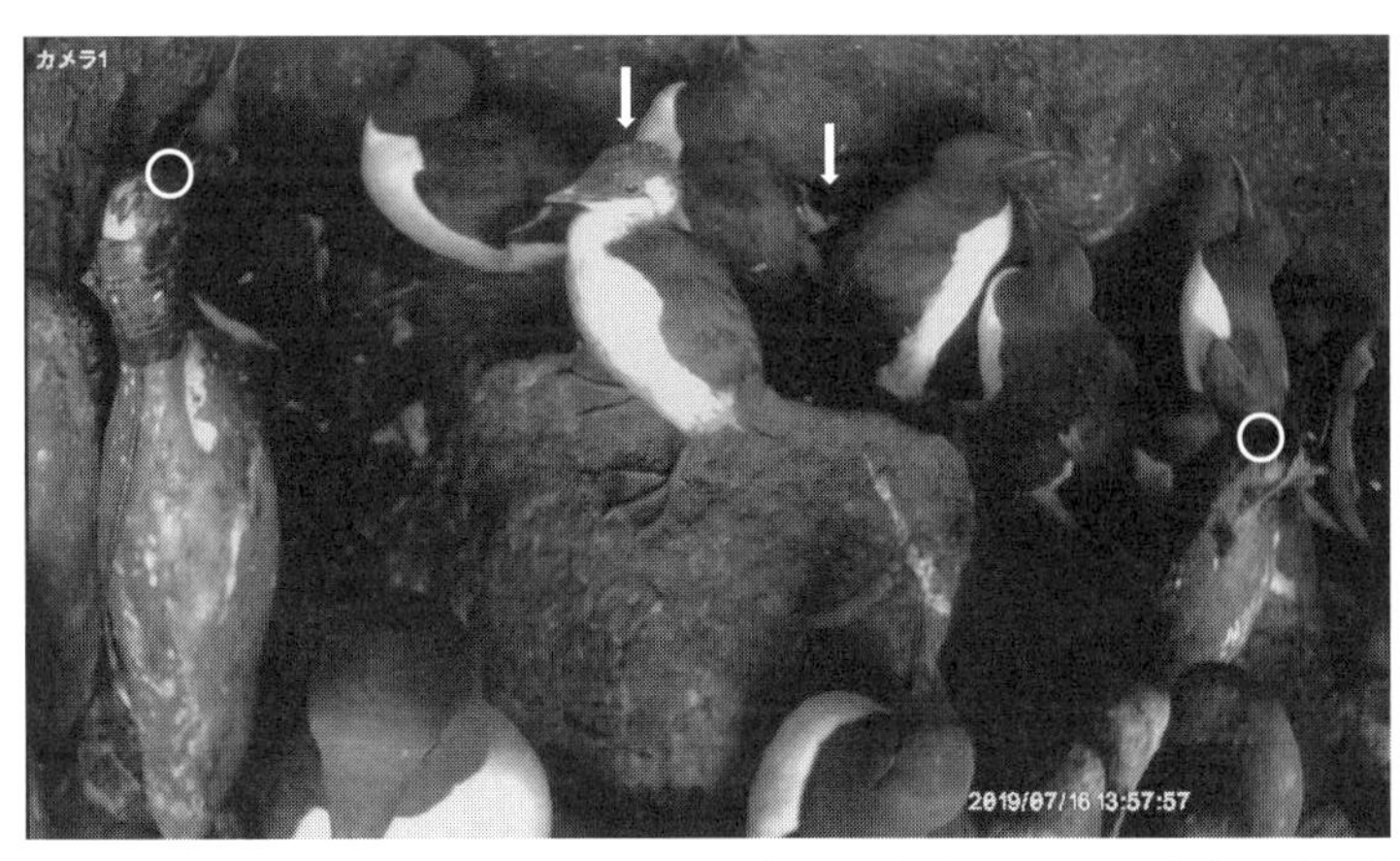

図 13-1　天売島のウミガラスの営巣場所（赤岩対崖の岩穴の岩棚）のビデオ映像。背中が糞で汚れたデコイ（○）と親鳥。↓は巣立ち近い雛。環境省羽幌自然保護官事務所提供（2019.11.5）

開始する若い個体は、種によっては別の繁殖地や営巣適地にも誘引されることがある。こうした個体を、狙った島に営巣させるために使われるのが、社会的誘引である。海鳥は集団繁殖するので、多くの個体がすでに繁殖している場所に営巣しようという傾向がとても強く、多数個体が地上に降りている姿やにぎやかな声に誘引される。その種の音声をスピーカーから流し、また、親、雛、卵のおとり模型（デコイ、図13-1）を設置する。デコイは必ずしも精緻なものではなくとも、誘引効果がある。

社会的誘引の効果は大きい。アメリカのカリフォルニア沿岸のデビルズ・ロック岩にはウミガラスが繁殖していたが、一九八〇年代の底刺し網による混獲と一九八六年のエイペックス・ホーストン号の重油流出事故以降繁殖しなくなった。そのため、一九九六年一月にデコイを設置し、同種の音声を流したところ、たった二四時間でウミガラスがその場所を訪れるようにな

表 13-1 海鳥の科ごとに、おのおのの再導入技術（音声による誘引、デコイによる誘引、雛移送）とこれらの組み合わせが試されたプロジェクトの数。成功したプロジェクトの割合をカッコ内に示す。NA は結果に信頼性がない場合。文献 2 より。

科	音声	音声・雛移送	音声・デコイ	雛移送	雛移送・デコイ	デコイ
ウミスズメ科	2(50%)		4(75%)		3(67%)	2(0)
アホウドリ科	2(NA)	1(NA)	1(100%)			
ウミツバメ科	7(43%)					
カモメ亜科			1(100%)			
モグリウミツバメ科		2(100%)				
ウ科			7(29%)			
ミズナギドリ科	3(67%)	6(75%)	2(NA)	9(100%)		
ペンギン科			1(NA)			1(100%)
アジサシ亜科	1(100%)		36(76%)			3(33%)
カツオドリ科			3(NA)	1(NA)	1(NA)	1(NA)

り、その年の六月に六つがいが繁殖した[6]。誘引効果が直ちにみられたのは、もともとそこで繁殖していた個体あるいはそこで生まれた個体がすぐに誘引されたからだと思われる。その後二〇〇四年までに一九〇ペアに増えた。

同じく昼行性で集団繁殖するアジサシでも、音声とデコイを組み合わせた誘引は効果的であった[7]。夜行性であるため視覚刺激による誘引が望めないコシジロウミツバメとハイイロウミツバメの再導入のためには、音声と匂いを使った社会的誘引手法が試された。アリューシャン列島で行われた実験の結果、同種の声に強く誘引されるばかりでなく、ある程度は別種の声にも反応することがわかった[8]。また、ハイイロウミツバメでは、同種の匂いにも誘引効果があり、匂いと声の両方を使った場合はその場所の巣箱を訪問するようになった。音声による誘引効果は、夜行性のウミスズメ[9]でも報告されている。

どういった海鳥グループでどういった技術が有効かまとめた研究（**表13-1**）によると、デコイによる社会的誘引は昼行性種にだけ効果的で、音声は夜行性種にも有効である。また、こうした社会的誘引は分散個体の供給源となるコロニーが近くにない場合はうまくいかない。

ここで、分散個体の供給源となるコロニーの存在が重要であることを示した研究を一つ紹介しよう。多数の海鳥種が繁殖するニュージーランドのハウラキ湾において、捕食者除去が行われた六九の島における一四種のミズナギドリ目の二二九個体群の記録を分析し、どこの島で補強・再導入を実施すべきか検討された[10]。ハビタットは良好であるにもかかわらず、捕食者除去後五〇年経っても種類数（多様性）の回復がみられない島が九つあることがわかった。これらの九つの島は供給源となる個体群がある島から五〇キロメートル以上離れていた。供給源となる個体群が近くにない、こうした島々では、再導入の必要性が特に高いだろう。

3　雛移送による導入と再導入の手法

より積極的な手法は、生まれた場所に戻って繁殖するという海鳥の性質を逆手に取り、雛を移送して導入・再導入したい場所で人工給餌を行い巣立たせ、そこに戻って繁殖することを期待する方法である。

オーストラリアの南東沿岸ゴールドコースト沖のキャベッジ・ツリー島でのみ繁殖しているミナミシロハラミズナギドリ亜種 *Pterodroma leucoptera leucoptera* の絶滅回避のため、一・四キロメートル南にあるブーンデルバー島に新しいコロニーを創設する保全導入が試みられた[11]。ブーンデルバー島に一〇〇個の巣箱を設置し、二年で二〇〇個体、労力を節約するため人工給餌期間をなるべく短く、一方で、自分が育った場所をよく記憶するであろう日齢、すなわち巣立ちまで一一〜二八日と予想された雛を、キャベッジ・ツリー島から移送し、人工給餌して巣立たせた。

そのあと四年間モニタリングしたところ、人工給餌によってブーンデルバー島から巣立った一九八羽のうち四一羽がこの島に戻り、二七個の巣箱への訪問があり、うち一〇羽は巣立った巣箱周辺の巣（平均五・五メートル離れている）を訪れた。さらに、移送されたものでない二七羽がこの島の巣箱で繁殖した。一方で、ブーンデルバー島に移送されそこで巣立った雛のうち二羽は生まれ故郷のキャベッジ・ツリー島に戻ってしまった。巣穴営巣性のミズナギドリ科では、移送と人工給餌自体は適切な方法で労力をかければうまくいく。

二つ目は、うまくいかなかった例である。スペインにおいて、エブロデルタで生まれた保全対象種であるアカハシカモメの雛を保護施設で巣立ち近くまで人工飼育したあと、それまで繁殖していなかったベニドルム島へ、毎年平均三三羽を八年間、移送し放鳥する保全導入が行われ、その後の生存や定着が地中海沿岸の三〇か所のコロニーも含めて調査された[12]。人工給餌個体の幼鳥時生存率は野生個体より低かったが、成鳥になってからの生存率は同じだった。しかしながら、移送個体はベニドルム島に戻ることもあったのだが、そこで繁殖しようとしたのはわずかであり、他の既存の、特に規模の大きなコロニーで繁殖することが多く、期待外れだった。カモメ亜科では、巣立ち雛が他の場所へ分散する傾向が比較的強く、また、多数の個体が繁殖する既存のコロニーへ社会誘引される傾向も強い[13]のがその原因であろう。

三例目として、日本におけるアホウドリの雛移送による再導入について紹介しよう。アホウドリの繁殖

図13-2　小笠原諸島の聟島へのアホウドリの再導入事業。アホウドリの雛を鳥島から移送し、さらにデコイによる誘引を行っている。雛への人工給餌作業（左）と若鳥のデコイに餌乞いする雛（右）。写真提供：出口智広

地として現在知られているのは、鳥島と尖閣諸島だけになってしまった。主たる繁殖地である鳥島は火山活動が激しく、混獲リスクも加えると、噴火による種の絶滅確率が高いと推定された[14]。また、最近、鳥島と尖閣諸島の両個体群の遺伝的差異がかなり大きく、別の保全単位と考えるべきであることもわかった[15]。絶滅確率とそれぞれの遺伝的集団の保全を考えると、三つ目のコロニーを創設することの意義は大きいだろう。

そこで鳥島の雛を、三五〇キロメートル離れた、過去にこの種が繁殖していた小笠原諸島の最北部にある聟島に移送し、人工飼育して巣立たせる再導入プロジェクトが立案され、環境省委託事業として山階鳥類研究所が実施してきた。ハワイにおけるコアホウドリ雛の人工飼育、近隣の媒島から聟島へのクロアシアホウドリの雛の移送と人工飼育の予備実験[16]ののち、この人工飼育プロジェクトが五年間実施され（**図13-2左**）、その後も継続モニタリングされている[4・17]。社会的誘引も並行して行われた（**図13-2右**）。

巣立った雛六九羽のうち二七羽が繁殖シーズン中少なくとも一回は移送先である聟島を訪れ、移送開始から八年目までに、三つがいが移

送先である聟島か近くの島で繁殖した。ここ八〇年繁殖がなかった聟島で繁殖個体群が再設されたのである。一方、一八羽は生まれた場所である鳥島に戻ってしまい、うち五つがいが鳥島で繁殖し始めている。モニタリングを継続し見守る必要がある。

まとめると、雛の移送による導入・再導入は、場所定着性が強く、雛へ人工給餌する餌の確保が比較的容易で、巣立ったあとは親の保護や給餌を受けない種、つまりミズナギドリ科、アホウドリ科、ウミスズメ科のいくつかではうまくいきやすい（**表13–1**）。一方、カツオドリ科、ウ科とウミツバメ科では成功率は低い。雛の出生地への回帰性が比較的低いカモメ亜科でもあまりうまくいかないようである。

4 戦略的保全

これまで漁業、汚染、外来性哺乳類、光汚染、洋上風発といったストレスとその低減手法について述べてきた。それぞれのストレス低減措置を実行するには、その措置が産業に与える損害も含め、コストがかかる。保全事業に使える限られた予算・人的資源を、どのストレス低減に回すべきなのか、あるいは積極的保全策をとるべきか。その決定には、成鳥生存率や巣立ち率の変化がどの程度個体群増加率に影響するのか、成鳥生存率や巣立ち率を改善するにはどういったストレス低減措置があるのかを吟味し、その措置が結果的に個体群回復にどれだけ寄与するのかを考える必要がある。

こうした海鳥の保全活動や関連する研究の方向性を探るため、九か国の海鳥研究者が二〇の優先順位の高い問題をあげ、これをまとめて次の六つのカテゴリーに分けた[18]。

①個体群動態の制限要因は何か
②海洋での分布情報ではどこが欠けているのか、どういう海洋環境が渡り経路を決めるのか
③海洋生態系における海鳥の役割は何か、どうやったら重要な採食場所を定義できるのか、漁業が海洋生態系の栄養ダイナミクスを変えることでどう海鳥に影響するか
④どうやったらバイアスなく混獲率を推定できるか、種ごとの混獲リスクの時空間変化はどうなっているのか、混獲と投棄魚の個体群への影響はどの程度か
⑤地球温暖化による気候変化の海鳥への食物連鎖を通じた影響は何か
⑥人間活動に起因するインパクトとして外来性哺乳類や汚染はどう影響しているか

この論文は、人目に触れることの少ない、海洋におけるストレスについての情報収集が、特に重要であると結論づけている。海洋におけるストレスに関連し、本書では④と⑥について述べてきた。また、保全つまり個体群回復に結びつく①についても若干触れてきた。

こうした取り組みには大きな努力と費用が伴う。効果的に保全活動を進めるためにカギとなるのが、①に関連する、海鳥の個体群動態を決める生活史特性である。

海鳥は繁殖がゆっくりで、成鳥の生存率が高いのが特徴である。[19] 特に、アホウドリ科のように長命であって、老いても繁殖率があまり落ちない種では、高齢の個体の生存率が個体群増加率に大きく貢献する。南極海で新たに操業が始まったマジェランアイナメの底延縄漁による混獲がワタリアホウドリ個体群にど

う影響するかを個体群動態モデルによって分析した研究[20]によると、若鳥と成鳥の死亡率の増加から最近の個体数減少率が説明できるのだが、特に成鳥の生存率をわずかでも上げることができれば大きな個体群増加が見込めることが予測されている。

各々の保全措置を実施する際のコストはおよそ予想できる。一方で、個体群動態モデルにより、それぞれの措置が個体群増加にどう貢献するかも予想できる。これらを総合的に判断し、より効果的な手法を選択することで戦略的に保全を進めることができるだろう。

ハワイ諸島の西端にあるミッドウェー島で繁殖するコアホウドリの例をあげよう。この島には、米海軍の基地として使われた時代の古い建築物があり、その屋根の塗装に含まれる鉛が雨で滲出し、これを摂取することで毎年七％の雛が死亡している。個体群増加率は〇・九〇〜〇・九五であり（図13-3の★1）、鉛中毒について何もしなければ、また混獲による親の死亡がこのまま続けば、五〇年で個体群サイズが一六％減少すると推定された[21]。鉛流出を防ぎ、雛の口に入らない措置をとることは比較的容易であり、実際その保全措置がとられている。しかし、雛の鉛中毒死を〇％とする措置をとったとしても個体群増加率は〇・九五〜一・〇〇にしかならないので（図13-3の★2）、やはり個体群減少をおしとどめることができない。

中毒死を〇％としたうえで、個体群を維持する（個体群増加率を一・〇〇とする）ためには、八歳以上の繁殖齢に達した成鳥死亡率を現在よりも一％下げなければならない計算になる（図13-3の★3）。絶滅回避のために人間ができることとしては人為ストレスである混獲を減らすことである。混獲を軽減し、親

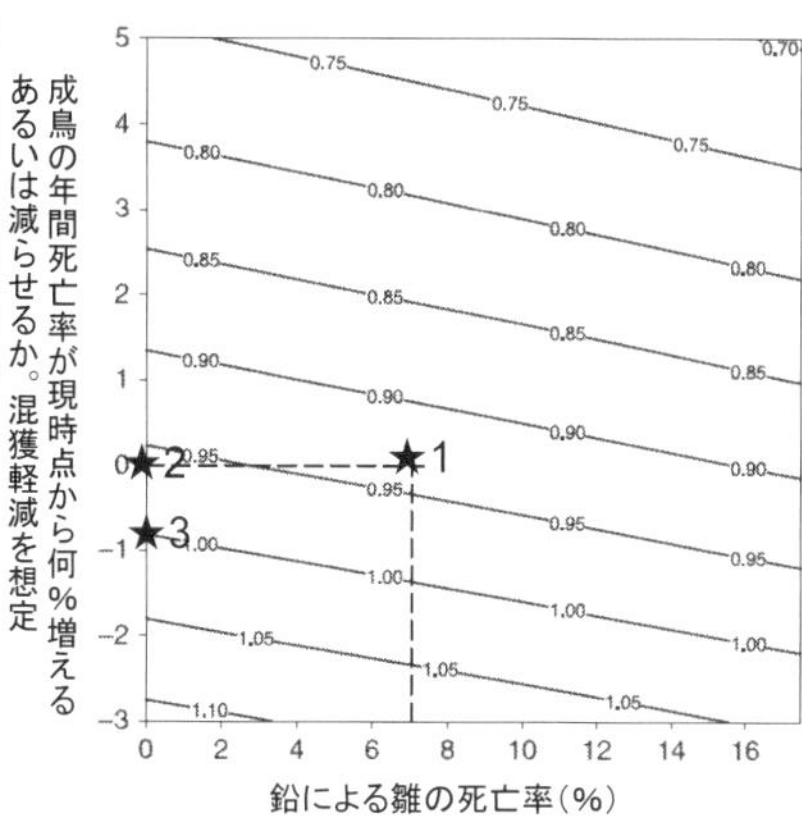

図 13-3　ミッドウェー島におけるコアホウドリ（左。撮影：著者）において、鉛中毒による雛の年間死亡率と成鳥の年間死亡率を現時点に比べ何%増減させられるかによって個体群の年間増加率がどうなるかをモデル計算した（右）。現時点での状況を前提に計算している。等値線は個体群年間増加率。

現時点では鉛による雛の死亡率は7%であり、現在の親の死亡率のままでは個体群増加率は観測値である0.90〜0.95程度であり減少する（★1）。中毒による雛の死亡率を0とした場合でも、親の死亡率が今のままならば個体群増加率は0.95よりやや高い程度なので減少する（★2）。個体群増加率を1.00とし、個体群維持を図るためには、中毒による雛の死亡率を0としたうえで、成鳥死亡率を、混獲軽減により1%下げなければならない（★3）ことが見てとれる。文献21より。

の死亡率を今より一%下げるという、実施が容易ではない保全措置に力を入れる必要があることをこのモデル計算は示している。

3章でみたように、延縄による混獲リスクを低減するため、トリライン、加重枝縄、夜間投縄・揚縄といった有効な手法自体は開発されており、それを効果的に実施するには、漁業者に受け入れやすい体制をとることが大きな課題である。また、混獲回避措置をとるべき海域を見直し、生存率のわずかな上昇が個体群増加に強く貢献するであろう成鳥の、混獲リスクの高い海域と季節にあわせて混獲低減措置をとるなど柔軟な対応を行うことも、課題として検討してよいだろう。次の章では、混獲リスクの高い海域を求め、それをどう生かすかについて述べよう。

その前に、保全導入が行われる場合、他の生物多様性への影響についても配慮する必要がある点についてここで触れておこう。海鳥は繁殖地の陸上生態系と周辺の沿岸海洋生態系に大きな影響を与える。なので、導入された海鳥が繁殖することでその場所の植生は大きく改変されるだろうし、繁殖地沿岸域の富養化がもたらされるだろう。その海鳥種の絶滅リスクとともに、そこの植物群集と沿岸生物群集の脆弱性や固有性などを配慮しなければならない。アホウドリの聟島の例は、再導入ではあるが、この点について慎重に議論したうえで実施されている。

コラム⑧ 天売島のウミガラスの保全

ウミガラスは広く北太平洋と北大西洋に分布する海鳥で、日本では一九八〇年代までの記録では北海道南西部沖の松前小島、根室太平洋側沿岸のユルリ・モユルリ島でも繁殖していたが、それ以降確認されている繁殖地は北海道北部日本海の天売島だけである。この天売島のウミガラスも個体数の減少が著しく、一九六三年には八〇〇〇羽だったのが[22]、一九九一年には四四羽となり絶滅が危惧された。環境省のレッドリストでは絶滅危惧種（CR）とされている（**付表1-1**）。減少原因についてはよくわかっていないが、一九六〇年代には北海道日本海沖でサケ・マス表層流し刺網漁が行われ、かなりの数のウミガラス類が混獲されていたのは確かである。

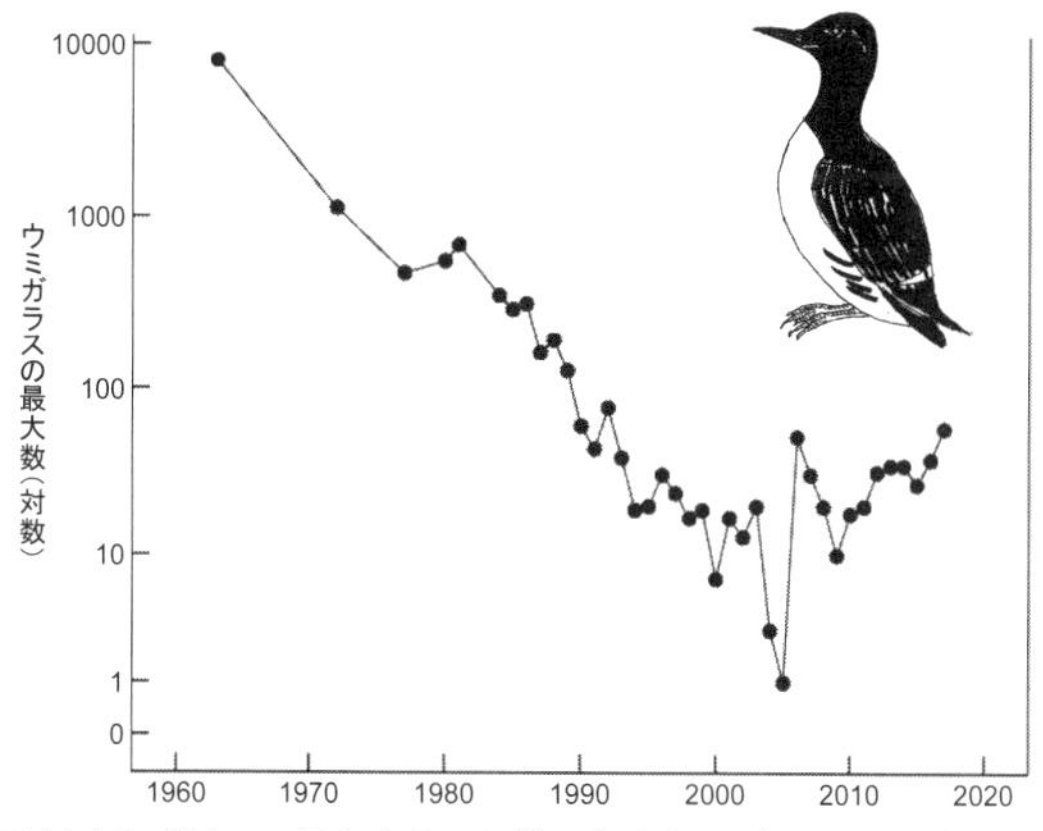

天売島におけるウミガラスの最大カウント数の年変化。デコイ設置が 1990 年から、音声誘引が 1991 年から実施され、2011 年からは捕食者（カラス類とオオセグロカモメ）の空気銃による駆除が行われている。文献 23 と文献 25 などによる。縦軸は対数であることに注意。2000 年まではおよそ同率で減少し続け、その後下げ止まり、2010 年以降は回復傾向にある。

これを受けて、北海道は一九八七年から一九九一年まで実態調査を行い、並行して保全事業を試みた。一九八九年には営巣用擬岩を設置、一九九〇年からはデコイをまずオープンな営巣地に、その後一九九四年までに、上が閉じた岩棚も含めおよそ一〇〇個を設置し、一九九一年からは音声誘引も行った[23]。その後、環境省で保護増殖事業計画が策定されたことに伴い、二〇〇一年からは環境省北海道海鳥センターが、最後まで繁殖個体が残った、崖にある上が閉じた岩棚を中心に保護増殖事業を続けている。

デコイと音声で誘引はできたが、ウミガラスの繁殖成績はなお低かった。その原因はカラス・オオセグロカモメによる卵・雛の捕食であり、このまま繁殖成績が改善されないと、四〇年後には五〇％の確率で個

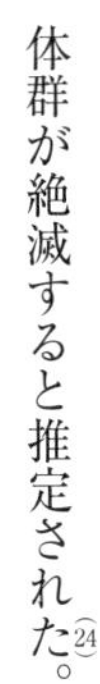

体群が絶滅すると推定された[24]。
　そのため、営巣岩棚周辺に限定して、これらの捕食者を空気銃で駆除するとともに、ビデオカメラを設置し、ウミガラスの繁殖のモニタリングを行っている。二〇一一年から二〇一六年までの間にカラス類二八三羽とオオセグロカモメ二二九羽を駆除した。その結果、二〇〇九〜二〇一〇年の二年間には、オオセグロカモメによる卵と雛の捕食が一回ずつ、カラスによる卵捕食が一回観察されたが、駆除を行った二〇一一〜二〇一六年の六年間では、カラスによる雛の捕食が一回見られただけだった[25]。この捕食者駆除により、それまで天売島での巣立ち率は五四％だったが、二〇一一〜二〇一六年には七七％と改善され、のべ七七つがいが繁殖し、五九羽の雛が巣立った。
　一方で、駆除対象となった北海道のオオセグロカモメの個体数は最近減っており、北海道のレッドリストでは準絶滅危惧種（ＮＴ）に指定された。ウミガラス保全事業においても、オオセグロカモメの駆除は、限定的に慎重に行うこととされている。
　現在ウミガラスの繁殖数は少しずつ回復しており、二〇一九年の繁殖数は二〇つがいを超えた。保護事業は順調に進んでいるが、それでも、普通数千つがいが密集して繁殖する本種としては、天売島個体群は危機的状況を脱したとはまだ言いがたい。

14章 海鳥保全のためのリスクマップ

バイオロギングを使った海鳥の分布データにより隠れた高リスク海域を見つけることができる。その季節や年変化に対応した効率的なリスクマップを作ることも可能である。高リスク海域を使う個体の性と年齢がわかるので、個体群増加率に関連させた戦略的保全を進めることができる。

バイオロギングにより個体の追跡調査が容易になり、これまであまり情報がなかったアホウドリ科、ミズナギドリ科の繁殖期における採食場所、さらに遠い場所にある非繁殖期における滞在場所がわかってきた。こうした新しい情報は、海鳥の保全を目的とした海域管理のための施策決定において役に立つ[1]。例えば、アホウドリ科、ミズナギドリ科が集中して利用している場所がどこか明らかにし、その情報を混獲回避措置を実施する範囲の決定に役立てることができる。

その一方で、こうした研究により、これらの海鳥を含む長距離渡りをする海洋動物は複数の国の排他的経済水域や国際水域を移動しながら生活史を完結させていることがわかり、彼らの保全は国際協力を必要とするチャレンジングな問題であることもあらためて認識された[2]。

1　混獲リスクの高い海域の発見

アホウドリ科の分布と漁場の重複の程度は混獲リスクを決める一つの要因である。ハワイ諸島のターン島で繁殖するコアホウドリとクロアシアホウドリをジオロケーター（バイオロギング手法の一つ。3章注10）で追跡したところ、クロアシアホウドリの分布は延縄漁場と重複したが、コアホウドリは重複しなかった。[3] これは、ハワイ諸島でのクロアシアホウドリの繁殖数はコアホウドリの一〇分の一しかないにもかかわらず、より頻繁に混獲されるという事実と一致する。このような、アホウドリ科の分布と漁場の重複から混獲リスクを探ろうという試みは、アリューシャン列島周辺海域[4]やアメリカ西海岸[5]でも行われている。

延縄漁による混獲のリスクを下げることは、アホウドリ科、ミズナギドリ科の保全における重要な課題である。マグロ類延縄漁の地域漁業管理機関は、海域を決めて混獲低減措置をとるよう指導しているが、アホウドリ科の個体数は減少し続けている。混獲回避措置をとるべき海域が不十分であることもその理由の一つかもしれないことを3章6節で紹介した。その根拠をここで示そう。

南大西洋のイギリス領ゴフ島に繁殖する、絶滅危惧種のゴウワタリアホウドリ一四個体を三年間ジオロケーターで追跡し、非繁殖期にあたる時期のデータを分析したところ、多くの個体は南東大西洋とインド洋とそれぞれの時期に生産性が高くなる海域を利用していた（**図14-1**）。これらの海域は、表層延縄において強い混獲回避措置をとることが定められている（**表3-5**）。ところが、うち二個体は南部アフリカのナミビア沖の南緯二五度より北の海盆域、つまり強い混獲回避措置をとる必要がない海域で過ごすこともわかった。[6] 本種の保全のためには、もしかしたら現行のルールでは不十分であるのかもしれない。

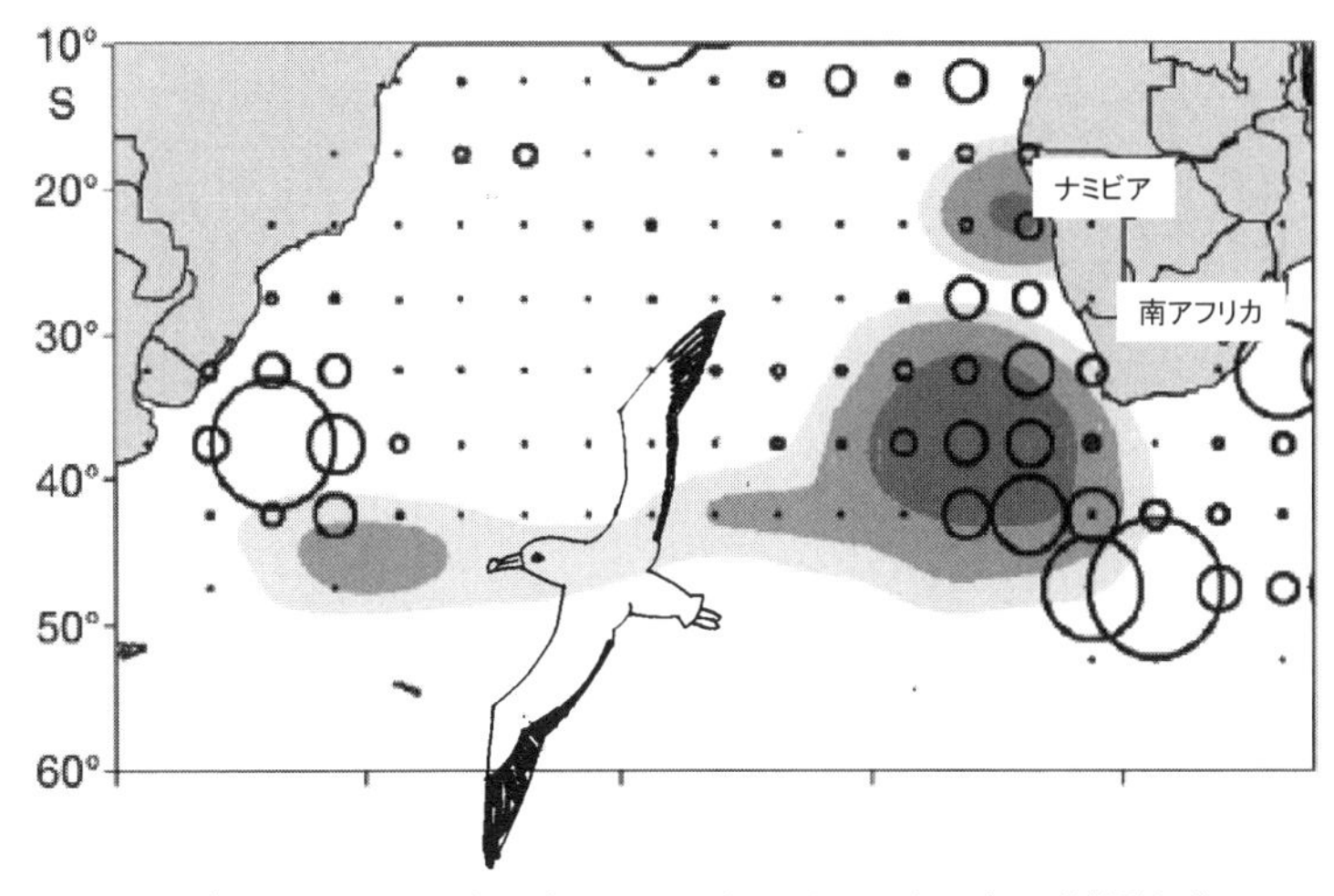

図 14-1　ゴウワタリアホウドリ（IUCN レッドリストランク CR）の非繁殖個体の 5 月（南半球では冬）の利用海域（カーネルの濃い場所で利用度が高い）と漁獲努力量（5° グリッド内の鈎数を円の大きさで示す）。
南アフリカの南西のベンゲラ海流域ではゴウワタリアホウドリの分布と漁獲努力が大きく重複しており、この海域では強い混獲回避措置がとられている。一方、南緯 20° から 25° のナミビア沖の海域も利用していることがわかった。これは特定の 2 個体がここを利用していたからである。南緯 25° 以北海域では強い混獲回避措置をとる必要がない。
文献 6 より 5 月の図のみを示す。

　このように、海鳥の利用海域がバイオロギングでわかれば、そして、もしそこで表層流し刺網漁や延縄漁など混獲リスクが高い漁業が行われているのであれば、潜在的な混獲のリスクがあるので、その海域でのより強い混獲回避措置を提案できる。

　最近明らかになった、多くの海鳥が越冬する海域の例として、朝鮮半島の東の陸棚～斜面域をあげよう。ジオロケーターや衛星対応発信器を用いた追跡によって、この海域は、我が国で繁殖するウトウ[7]やカンムリウミスズメ[8]の重要な越冬海域であることがわかった。さらに、カナダで繁殖するウミスズメ[9]や北極海沿岸で繁殖するアビの一部の個体の越冬海域であることもわかってきた。[10] 一方、この海域は、冬～春に行われる韓国漁船によるハタハタ刺網漁の主要な漁場でもある。

これまで、この海域での混獲の情報はなかった。しかし、最近になって、このハタハタ刺網漁によって多数のウミスズメ類、なかでもウミスズメが多数混獲されており、韓国東岸の江原道だけでも年間五〇〇〇羽以上が混獲されていることが報告された。[11] その中にはロシア極東で繁殖し、ＩＵＣＮのレッドリスト種であるマダラウミスズメが含まれる。春先にこの海域で繁殖するウミスズメとカンムリウミスズメに加え、遠く離れたカナダ東海岸、アラスカの北極海側、北海道で繁殖し、この海域に越冬しにやってくるウミスズメ、ウトウ、アビが混獲されている可能性もある。

我が国の排他的経済水域内では、海鳥の混獲の情報はあまり収集されていないが、このように、バイオロギングによる一年間を通した移動軌跡の調査によって、これまで思いもよらなかった場所、特に、繁殖地とはまったく関係のない海域に潜在的な混獲リスクがあることがわかるかもしれない。

2 海洋環境の変化に対応した高リスク海域の推定

こうした混獲リスクの高い海域は、年や季節により変化する。一九九〇年代に日本のミナミマグロ延縄漁が何らかの理由でタスマニアの南と東の沿岸域に集中し始めたときには、この海域で採食する、タスマニアの南東にあるペドラ・ブランカ島で繁殖するタスマニアアホウドリ個体群の混獲の危険性が高まったと考えられている。[12] 漁場の変化は、狙った魚の分布・資源量ばかりでなく、燃油価格や市場動向にもよる。社会・経済的要因が関わるので、漁場の変化を予測することは難しい。それでも水温など海洋環境の将来予測値を使って、漁場と海鳥の分布の変化を同時に予測することで、混獲リスクが高くなるであろう海域を予測することができる。

亜南極にあるサウスシェトランド諸島およびサウスジョージア島、フォークランド諸島（イギリス領）で繁殖する七種の大型の海鳥（マユグロアホウドリ、ハイガシラアホウドリ、カッショクオオフルマカモメ、オオフルマカモメ、ゴウワタリアホウドリ、ワタリアホウドリ、ノドジロクロミズナギドリ）の利用海域を、ジオロケーターで求め、一方で海鳥の混獲をもたらす漁船の操業位置の報告を利用して、海鳥の分布と漁場の両方を海洋環境から説明するハビタットモデルが作られている[13]。

このモデルにＩＰＣＣ［＊1］の将来予測水温をあてはめて二〇五〇年と二一〇〇年の分布を予測したところ、温暖化による水温上昇を受けて、海鳥の分布は平均的には南方に移動し、漁場も南にシフトすると予測された。注意しなければならないのは、ワタリアホウドリとハイガシラアホウドリの緯度方向の分布のシフトはそれほど大きくはないが、分布範囲自体は狭くなり、漁場との重複度が高くなるだろうと予測されたことである[13]。地球温暖化は、この海域では、全体として海鳥と漁場分布の重複度を下げるようだが、種類や海域によっては重複度が上がる可能性もあり、そうした場合さらなる混獲回避措置が必要となってくるだろう。

繁殖期の一部の期間のデータだけでは不十分である例として、ガラパゴスアホウドリをあげよう。ガラパゴス諸島に繁殖する本種は、抱雛時期には採食範囲が狭く、ほとんどは延縄が禁止されている保護区内を利用していたが、抱卵期には保護区の外のペルー海流の湧昇域を広く利用することがわかった[14]。

このように、保護対象種の利用海域は季節や年によって変化する。混獲回避措置をとるべき海域や禁漁期がこれに対応しているかどうか具体的なデータに基づいて検討すべきであり、バイオロギング技術を使えばそれを得ることができる。また、空間モデリングを行えば、海鳥の実情報がない海域や将来の集中利用海域の予測もできる。魚場形成メカニズムやその予測の研究を行う魚場学は、我が国の水産学における重要な研究分野である。こうした海鳥の分布と魚場に関する情報を利用すれば、むやみに広い保護海域や長い禁漁期を設ける必要はなく、持続的な漁業と海鳥保全、双方の観点から効果が期待できる保護海域と禁漁期間をダイナミックに決める手助けをすることができるかもしれない[15]。

3　性・年齢による利用海域の差が個体群へのインパクトに影響する

バイオロギングを使った研究では、繁殖地で個体を捕獲して追跡装置を装着するので、追跡対象個体の出生コロニー、性、年齢がわかっている。海鳥の保全の観点から、こうした情報は役立つ。同じ種でも、成鳥と亜成鳥、オスとメスで非繁殖期の利用海域が異なる場合があるからである。利用海域が異なると受けるストレスも異なるだろうし、個体群のどの部分（オスかメスか、成鳥か亜成鳥か）が影響を受けるかで個体群増加率が大きく変わる。

二〇一〇年四月二〇日、メキシコ湾の油田施設ディープ・ウォーター・ホライズンの爆発により、七〇万トン（エクソン・バルディーズ号事故の流出量の二〇倍近い）の原油が流出した。これにより多くのシロカツオドリが油まみれになった。事故以前の足環の回収記録からは、北アメリカ大西洋沿岸域で繁殖する成鳥の五・七％、亜成鳥の一七・六％がメキシコ湾で冬を過ごすと推定されていた。しかし、その後新たに実施されたトラッキングによって得られたデータでは、成鳥の二五％もが油流出エリアで越冬することがわかった[16]。思ったより多くの個体がこの油流出域で越冬していたわけである。亜成鳥のトラッキングデータはないのだが、もし成鳥と同様に、足環の記録から考えられるよりも多くの個体がメキシコ湾で越冬したとすれば、油流出による亜成鳥の死亡数は莫大なものになる。もしそうであるならば、直ちには個体数減少が観察されないにしても、何年後かの繁殖への加入は激減することになるので、注意してその長期的影響を観察する必要がある。

もう一つ例をあげよう。アルゼンチンのパタゴニア北部の沿岸で繁殖するフンボルトペンギンをジオロケーターで追跡したところ、メスは隣国ウルグアイのラプラタ川河口の沖で、オスはそれより南のアルゼンチンの繁殖地に近い海域で非繁殖期を過ごすことがわかった[17]。ラプラタ湾では、漁業活動、油流出など人間活動に起因するストレスが大きく、実際、ラプラタ湾に面したウルグアイの海岸では、たくさんの漂着個体が見つかっており、しかもメスが多かった。つまり、メスは非繁殖期に人間活動に起因するストレスが高い海域を使うので、オスに比べ死亡率が高いのである。

3章2節でみたように、アホウドリ類でも、オスとメスで、また成鳥と若齢個体で、非繁殖期に過ごす海域が異なるため、混獲リスクも異なる。このように、個体群内で性や年齢によって非繁殖期の利用海域が異なる例は多く、しかも国をまたぐこともある。海洋における人間活動由来のストレス低減のためには、個体群増加率に関連させて感受性マップを利用すること、国際的な枠組みでの低減手法を検討することが必要である。

さらに、バイオロギングによって、同じ島に繁殖する個体群でも、個体ごとに非繁殖期の利用海域が異なることも、多くの海鳥種において明らかにされつつある。例えば、タスマニアなどで一〇月から四月に繁殖するハシボソミズナギドリは、六月から九月の非繁殖期を北太平洋北部で過ごすのだが、ジオロケーターで、個体ごとに移動を追跡したところ、オホーツク海南部で過ごす個体とベーリング海南東部で過ごす個体がいることがわかった[18]。このように、ミズナギドリ科のいくつかの種では、非繁殖期を過ごす海域には大きな個体差があり、一部の個体は海域を年によって変えるが[19]、多くの個体は毎年繰り返し同じ海域で過ごす[20・21・22]。

これらは長距離渡りをする種の保全上とても重要な発見である。漁業や油流出などのストレスのある海域で繰り返し非繁殖期を過ごす性・年齢グループあるいは個体だけがインパクトを受けることになるからである。例えばハシボソミズナギドリはかつて、越冬海域であるベーリング海とオホーツク海で、表層流し刺網により多数混獲されていた。こうした長距離渡りをする種が非繁殖期を過ごす海域は繁殖地を遠く離れており、これまでほとんど情報がなかったが、バイオロギング技術により個体群の構成メンバーごとにリスクマップを作ることができるだろう。

4　さまざまなストレスに対するリスクマップ

問題は混獲ばかりではない。人間活動に起因するさまざまなストレスの生起確率の分布に海鳥の分布を重ね合わせることで、リスクの高い場所を抽出する、つまり「リスクマップ」を作ることができる。

海洋における、混獲以外のストレスに対するリスクマップの例をあげよう。アメリカのカリフォルニア沖で、二〇〇四年から二〇一一年にかけ、船からの海鳥目視センサスが行われた。これをもとに、海鳥各種の密度分布を水温など海洋物理環境、特徴のある海底地形や気候インデックスから説明するハビタットモデルが作られている。このモデルに、ある年の海洋環境を入力すると、その年の海鳥の分布を予想することができる。こうして求めた複数年の海鳥の予想分布は、それまでにカリフォルニア州政府が決めた海洋保護区の外にあり、船の運航、油流出、洋上風力発電などの自然再生可能エネルギー開発といったストレスが高い海域と重複していた[23]。何らかの理由で決められた保護区が、調べてみると実は海鳥がよく使う場所を含んでいなかったのである。

カナダのノバスコシアの外洋域でも、ミツユビカモメ、ヒメウミスズメ、フルマカモメの分布を船からの目視センサスで調べ、ハビタットモデルを使って分布を予想し、さらにこれを油田の位置やタンカーの航行経路から想定された油汚染マップと重ね合わせてリスクマップが作られている[24]。その結果、大きな港周辺は海鳥の利用と油汚染リスクが重複する高リスク海域であるのは当然として、海鳥が冬によく使う陸棚斜面域についても、船の往来が激しく、また進行中の油田建設もあるので、中程度のリスクがあることがわかったのは注意すべき点である。

これら二つの試みは、重油や汚染物質の動態を予想し、あるいは洋上風力発電施設などの開発計画に海鳥の分布をダイナミックにあてはめて、潜在的なリスクマップを作り、海域開発と管理に役立たせることを目的としている。海鳥の保全だけを目的としているわけではない。

15章と16章では、この考えを発展させ、海鳥を指標として、特に注意すべき海域を決定し、その海域の人間活動に起因するストレスの程度を知ることができることを紹介しよう。

＊1…Intergovernmental Panel on Climate Changeの略で、国連気候変動に関する政府間パネルのこと。人為起源による気候変化、その影響とそれらへの適応や緩和策に関し、科学的、技術的、社会経済的見地から包括的な評価を行う組織。

第6部

海鳥を利用した海洋生態系の監視

人間活動によるさまざまなストレスと海鳥へのインパクトについて紹介してきた。こうしたストレスに対して脆弱で重要な海域を定めるために、またその場所の監視を行うためのインジケーターとして、餌となる生物資源のいる海域を熟知し、分布が広い海鳥を利用できないだろうか。

15章　海鳥を指標とした海洋保護区

外洋性のアホウドリ科、ミズナギドリ科が集中的に利用している海域の情報を活用することにより、リモートセンシングでは見逃されてしまう、外洋域における生態学的・生物学的重要海域（ＥＢＳＡ）を発見することができる。

人間活動に起因するストレスは海鳥ばかりでなく、さまざまな海洋生物、さらには海洋生態系にもインパクトを与えている。こうしたストレス低減のための強力な枠組みとして「海洋保護区」［＊1］を設けようという考えがある。海洋保護区を設定すると、そこに集中して予算や人的資源を投入し、ストレスの監視を行い、インパクトを評価し、必要に応じてストレス低減措置を実行し、その効果を検証し、さらなる対策を立てるといった順応的海域管理がやりやすくなる。

海洋保護区をどう決めたらよいのか。昔から漁業者がよく知っていたように、海鳥が集まっている場所はその下に魚がいる場所でもある。よって、海鳥の分布から生物生産性や多様性が高く、海域管理をするに値する重要な海域を定めることができるのではないか。

1　海鳥が可能にする重要海域の選定

二〇一〇年に愛知で開催された生物多様性条約第一〇回締約国会議(COP10)で、沿岸域および海域の少なくとも一〇%の確実な保護管理を行うことが目標に掲げられた。こうした海域が「海洋保護区」である。海洋保護区の設定に向けては、生態学的・生物学的重要海域(EBSA[*1])がその候補とされる。これを受け環境省は、①固有種が分布するなど唯一性が高い、②産卵場など種の生活史にとって重要である、③絶滅危惧種などの生息地、④人為的影響を含むストレスに対し脆弱である、⑤生産性と栄養段階間のエネルギー流が大きい、⑥種・遺伝的多様性が高い、⑦現時点では人為的影響が及んでおらず自然度が高い、⑧その水塊に典型的な生態系・生物群集が観察される、といった八つの観点からEBSAを選定することとし(**表15-1**)、その成果が報告されている[1]。

沿岸域の藻場、サンゴ礁、外洋の海山や海底熱水噴出海域などは、場所としてわかりやすいのでEBSAとしての範囲を比較的容易に定めることができる。北海道沿岸域で既存の情報をEBSA基準にあてはめるための問題について詳しい分析がなされている[4]。

一方、広大な外洋表層域でのEBSAの候補としては湧昇域や海流どうしが接するフロントや移行領域といった一次生産速度が高い海域があげられる。これらの海表面の情報は、衛星情報などリモートセンシングで得られる。しかし、動物プランクトンや魚類など消費者の生物量については、依然として調査船での情報収集が行われ、そのためには大きな資金・労力が必要とされる。また、これらの海域の範囲は、黒潮流路などの物理的な変化とそれに伴う一次生産者と一次消費者の分布の変化の影響を強く受ける。こうした情報不足や変動性の問題に対し、海鳥の分布・移動データを使ってEBSAの選定に役立てようとい

表 15-1　生態学的・生物学的重要海域（環境省）とマリーン IBA（バードライフ）の基準の比較。マリーン IBA は他にも保全上の基準がある。文献 1・2・3 を参考に作成した。

抽出基準	適用例	対応するマリーン IBA 基準
1：唯一性または希少性	1a：固有種の分布中心 1b：種の唯一の生息地等 1c：特異・希少な生態系	
2：種の生活史における重要性	2a：種の生活史に重要な場所 2b：遺伝的多様性を維持するための連続性	カテゴリーA4：世界の 1%以上の個体が利用する場所、1 万ペア以上が使う場所、渡り性種にとってボトルネックとなる場所
3：絶滅危惧種または減少しつつある種の生育・生息地	3a：絶滅危惧種の生育・生息地	カテゴリーA1：絶滅危惧種（globally endangered species）がよく使う場所
4：脆弱性、感受性または低回復性	4a：低回復性の種・生態系 4b：脆弱性・感受性の高い種・生態系	
5：生物学的生産性	5a：栄養塩を起源とした生産性の高い場所 5b：化学合成生態系	
6：生物学的多様性	6a：種の多様性 6b：生態系の多様性 6c：遺伝的多様性	
7：自然性	7a：人の影響が及びにくい場所 7b：人為的改変・影響の少ない場所	
8：典型性・代表性	8a：典型的・代表的な生態系や生物群集などの特徴を示している場所 8b：典型的・代表的な物理環境の特徴を示している場所	カテゴリーA2：世界的に生息地が狭い種の分布域 カテゴリーA3：バイオームに典型的な種が分布

うアイデアが出されている(5・6)。

なぜ海鳥がEBSA選定の役に立つのか。理由は二つある。

一つは、海鳥は、広範囲を高速移動しながら餌生物の豊富な場所を探し出し、動物プランクトンから糧秣魚類まで、複数の栄養段階の餌種を食べる。つまり、海鳥の分布の変化は餌生物の分布およびその変化に対応している(7・8・9)。そのため、海鳥を餌生物の分布の指標として、ダイナミックに変化する海洋環境に合わせて重要な海域を定義することが可能であり、そうした重要海域の変動性を考慮に入れたうえで、比較的安定して餌生物と捕食者が豊富な範囲をEBSAとして決めることができそうである。さらに、個体としてのエネルギー消費量が大きい海鳥が

表 15-2　複数年にわたり安定的に海鳥や餌生物の密度や種多様性が高い場所（ホットスポット）が報告された研究例。解析空間スケールは分析した調査線分の長さ。矩形のたて横の長さ、あるいは面積。

海域	海鳥・餌生物	調査期間	調査手法	解析空間スケール	要因	文献
カリフォルニア海流域	海表面クロロフィル濃度	108 か月	衛星	9×9km		11
カリフォルニア海流域	オキアミ密度	10 年	音響	1.8km	地形・海流	12
南極半島周辺海域	オキアミ密度	10 年	音響 ネット	100〜1000km^2	地形・渦場	13
南極半島周辺海域	ヒゲクジラ類 オキアミの密度	5 年	目視 ネット	緯度 0.5°×経度 1°		14
ベーリング海	アホウドリ	18 年	目視	?	地形・潮汐流・鉛直混合	15
北西大西洋：ニューファンドランド周辺海域	ウミガラス・ミズナギドリ類・シロカツオドリ・ヒゲクジラ類	8 年	目視	4.5×4.5km	カラフトシシャモのホットスポット	16
北西大西洋：ニューファンドランド周辺海域	カラフトシシャモ	20 年	音響	2.25km	カラフトシシャモがいつも高密度	17
南東ベーリング海	ミツユビカモメ・ウミガラス・ハクジラ類 オキアミ・スケトウダラ	6 年	目視 音響	37×37km	オキアミのホットスポット	18
南極半島周辺海域	海鳥と海生哺乳類	9 年	目視	緯度 0.5°×経度 1°	フロント	19
カリフォルニア海流域	海鳥	26 年	目視	0.78×0.78°		20

集群している場所は、一次生産から高次捕食者までの栄養段階間の関連性が強い、すなわちエネルギー流が大きい場所を示している[10]。

海鳥は効率よく餌を得るために、いつも餌密度が高い場所をよく覚えていて、特にそうした場所に集まる（**表15-2**）。つまり、海鳥がいつもいる場所はその餌である多様な海洋生物がいつもいるホットスポットである。

もう一つは、海鳥の分布情報は、海洋生物の中ではかなり充実していることである。マイワシの密度分布の変化を直接調べるのは事実上不可能である。他方、海鳥はこうした他の海洋生物と異なり多くの時間海上におり、繁殖を陸上で行う。そのため、船からの目視による分布調査やバイオロギング手法を使った追跡調査を容易に行うことができる。島での繁殖数の調査も容易である。

特に国際水域での海鳥の分布情報は抜きん出ている。

バイオロギングにより、アホウドリ科を主体とする外洋性海鳥が集中的に利用する場所は（驚くことではないが）国際海域にあることがわかってきた。

例をあげよう。亜南極のクローゼ島、ケルゲレン島、アムステルダム島（いずれもフランス領）に繁殖するアムステルダムアホウドリ（近絶滅種）、ワタリアホウドリ（危急種）、ヒガシキバナアホウドリ（絶滅危惧種）を含む一〇種の繁殖期・非繁殖期の利用海域のうち、各国の排他的経済水域内に定められた海洋保護区に含まれていたのは、海鳥が集中的に利用していた海域のたった一・八％であり[21]、国際水域を広く利用していることがうかがえる[22]。世界中の海でこうした情報が集まりつつある。

2　重要海域選定のため海鳥の分布を調べる

こうした理由から、海鳥の分布を使って重要海域を定めようという試みが進められている。バードライフ・インターナショナル［＊2］は、鳥類とその生息域の生物多様性を保全するために、鳥類および生物多様性に関する重要地域（ＩＢＡ）［＊3］を定める活動を行っており、海鳥についても、世界共通の基準（ＩＢＡ基準。その種の世界の個体数の一％、ヨーロッパの一％、あるいはＥＵの一％によって利用されていること）に基づいて海鳥の保護区を決める「マリーンＩＢＡ事業」を展開している。海鳥の採食範囲や渡りの際の利用海域、休息の場など、海鳥が高頻度で利用する海域を抽出しようとするものである。海鳥とその生息環境を保全し、結果的には、海鳥を支える多くの魚類や無脊椎動物等も含めた海洋の生物多様性を守ることになるので、マリーンＩＢＡはＥＢＳＡと関連している（**表15-1**）。生物の分布情報が少

図 15-1　重要なあるいは希少種の海鳥のコロニーの位置と、これまでに報告された各種のコロニーからの採食距離を使って、採食範囲を円で描くことで求めた27か所の日本のマリーンIBA。文献3より。

ない外洋表層域においては、マリーンＩＢＡはＥＢＳＡすなわち海洋保護区の候補地を定める際に役立つだろう[23]。

マリーンＩＢＡは「マリーンＩＢＡツールキット」[2]に基づき定められる。方法は二通りある。

一つは、繁殖コロニーの位置から採食距離の半径内の円形区域を使う方法である。採食距離は、追跡データ、洋上分布のデータや文献等から求める。この方法を用いて、我が国でもバードライフ・インターナショナル東京と日本野鳥の会によってマリーンＩＢＡが得られている（**図15-1**）。

もう一つは、船によるセンサスやバイオロギングによって得た海鳥の洋上分布データを利用することである。スペインに面した地中海で、調査船からの目視による複数

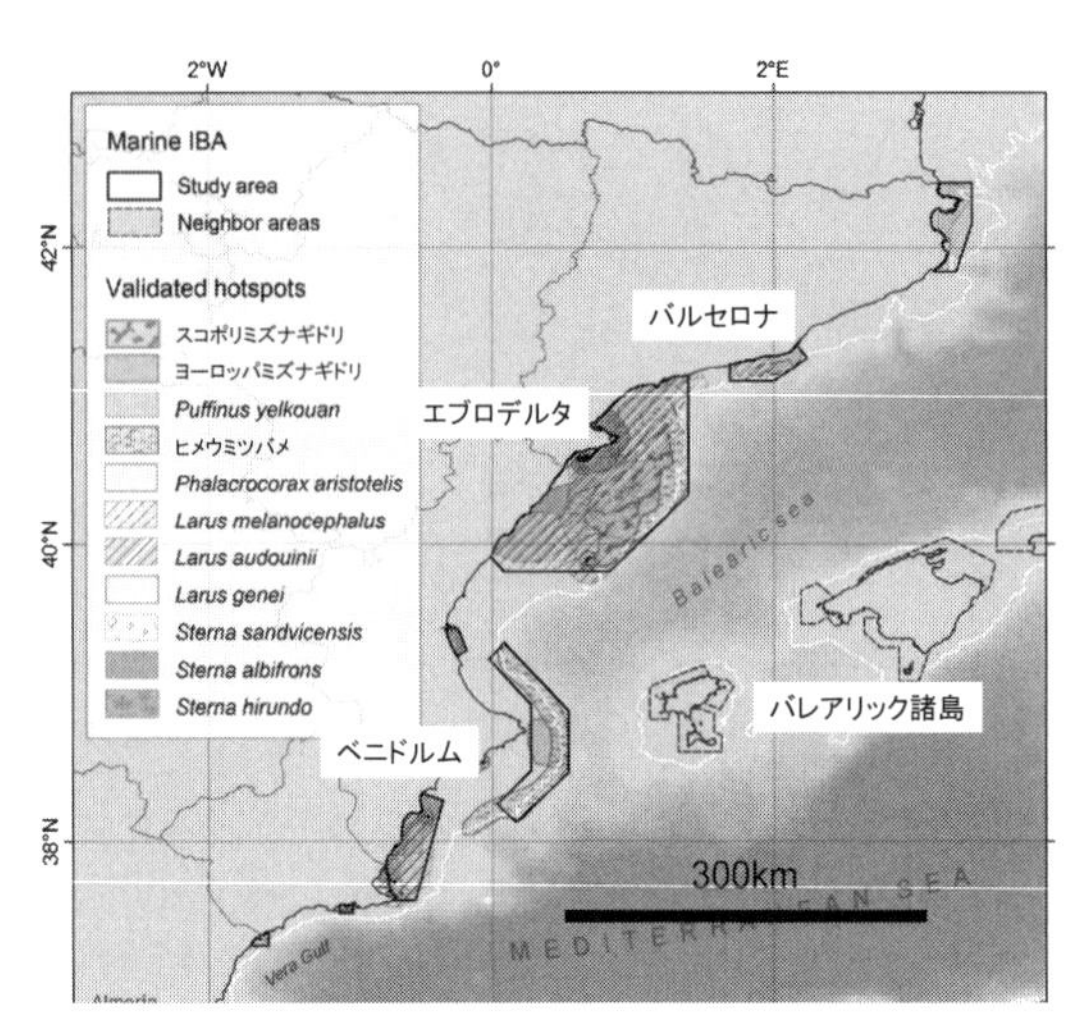

図 15-2　地中海南西部スペイン沿岸〜沖合における、船からの目視とトラッキングデータで収集した海鳥の分布に基づくマリーン IBA。この研究で詳しく調査したスコポリミズナギドリ、ヨーロッパミズナギドリ、ヒメウミツバメに加え複数種が毎年よく使う場所とコロニー周辺の海域を求め、さらに IBA 基準にあてはまる海域を実線で示した。破線は隣接海域として定められた IBA。文献 9 より。

種の分布データと、島に繁殖するスコポリミズナギドリとヨーロッパミズナギドリからバイオロギングで得られた移動データを使って、各年の繁殖・非繁殖期ごとに、水深や海表面水温などの海洋環境から各種の分布を説明するハビタットモデルを作った研究がある[9]。モデルから予測される各種の密度が高い場所、つまり各種のホットスポットがIBA基準にあてはまるかを判定している。さらに、各種のIBA基準にあてはまるホットスポットを合計したうえで、境界を直線化し、多角形のマリーンIBAを決めている（**図15-2**）。こうした海鳥のトラッキングデータを集約することで、グローバルスケールでマリーンIBAを定めようという試みが始まっている[24]。

　海鳥の分布から、動物プランクトンとオキアミ類やイカを含む糧秣魚類が集中して、しかも安定して分布する生物学的「ホットスポット」を知ることができる。特に重要なのは、餌生物が豊富な場所を示す海鳥の採食場所の情報である。海鳥の飛行速度はふつう時速五〇キロメートル前後なので、速度が時速一〇キロメートル以下となった場所では、たぶん着水し採食に関連した行動をとっているだろうと推定できる。また、移動経路がジグザグであれば、そこで集中して餌を探索しているだろうと考えられる[25]。頭につけた加速度データロガーで海鳥の頭の動きを測れば、さらに精度よく採食行動を検出できる[26]。移動軌跡と採食行動がわかれば、ホットスポットをより正確に、一〇キロメートル以下、一時間以下の時空間分解能でとらえることができる。

こうした技術を使えば、海鳥の分布とその安定性から、さまざまな海洋生物を利用する複数種の海鳥の集中利用海域を求め、海洋環境との関係を分析してEBSAとして定義できるかどうかを確認できるだろう。あるいは、海鳥を使って便宜的に定められた集中利用海域が、EBSA基準にあてはまるか検証するにはまだ情報不足であることがわかるかもしれない。EBSAの選定が各国の排他的経済水域、また国際水域において行われつつあり、海鳥の分布情報も活用され始めている。

次の章では、こうした重要海域における人間活動に起因するストレスのうち、特に目につきづらいもの、すなわち海洋汚染の監視のために海鳥が役に立つことを紹介しよう。

＊1…海洋生態系・生物多様性の保全と同時に生物資源の維持生産を図るため、漁業活動（過剰漁獲、混獲、投棄魚）、油汚染、化学汚染物質、海洋プラスチック、多様な船舶の航行、海底資源開発や観光など多様化する人間活動由

来のストレスを周辺海域に比べ低減する努力を行う海域のこと。ＭＰＡ（Marine Protected Area）と略される。その範囲を明確に定める必要があり、ＥＢＳＡ（Ecologically or Biologically Significant Area）がその候補となる。必ずしも、漁業や航行の禁止といった人間活動を厳しく制限するものではない。

＊2…イギリスを本部とし世界各地に展開する、鳥類保全を主たる目的とした国際環境ＮＧＯ。英名はBirdLife International。日本では東京に支部がある。

＊3…Important Bird Areaの略。最近は、Important Bird & Biodiversity Areaと称される。本書では、マリーンＩＢＡ、生態学的・生物学的重要海域（ＥＢＳＡ）、海洋保護区（ＭＰＡ）と定義されていた場合はこれらの語を用い、そうではない場合は、海鳥がよく使う場所は「集中利用海域」、生物が豊富で種多様性も高い場所は「重要海域」として使う。

16章　海洋汚染の指標としての海鳥

海鳥の体組織中の化学汚染物質濃度とプラスチック摂取率から、重金属やＰＯＰｓと海洋プラスチックの汚染が世界的に加速していることがわかってきた。バイアスに注意すれば、外洋における人間活動に起因するストレスの指標として海鳥を役立てることができる。

海鳥が海洋と島嶼におけるさまざまな人間活動によるストレスにさらされ、その結果インパクトを受けていることをみてきた。海鳥が利用する場所は生物学的ホットスポットであることも示した。そうであるならば、海鳥を使って、こうした重要な海域での人間活動に起因する海洋におけるストレスを示すことはできないだろうか。

海鳥の行動、餌、繁殖成績、個体数、体組織中の化学マーカーは、餌資源の分布やその変化、汚染を含む海洋環境の変化を反映する。そこで、海鳥を、糧秣魚類の資源状態、海洋生態系や海洋汚染の変化を示す指標を得るためのデバイスとして利用できないか探る研究が多くなされている（表16-1）。これらの研究は、海鳥が海洋環境に対する人間活動に起因するストレスの指標として使えることを示している。

化学汚染物質は、薄く広範に広がっている。また、物質の種類の多さとともに、その排出源も多様である。海洋プラスチックという新たな問題もみえてきた。さらに、大気輸送により排出源を遠く離れて、極

表16-1　海鳥を使った海洋環境や生態系の年変化のモニタリング。

海洋環境・生態系	指標	主要な文献
糧秣魚類資源量	繁殖成績など	1・2・3
糧秣魚類の再生産	餌サイズ・繁殖成績	4・5・6
糧秣魚類群集	餌構成	7・8
化学汚染物質	体組織中の汚染物質濃度	9・10・11
プラスチック汚染	消化管中の量	12・13
生態系健康度	個体数・繁殖成績	14

域、外洋域まで拡散する。そのため海洋汚染の監視は容易ではない。

陸棚域や定期航路では、船による計画的な調査や商用船による機会的な汚染物質のサンプリングが行われている。また、航空機や大型調査船を使った、例えば北太平洋西部といった広域スケールでの大気や海水の汚染物質測定キャンペーンが折に触れ行われてきた[15]。しかしながら、大洋中央部の国際水域の汚染をモニタリングするため頻繁に調査船を送るのは困難であるし、商用船の航路は限られている。漁獲物であるカツオやイカの体組織中の汚染物質分析はそれを補うものであり、大きな成果を上げているが[16,17]、多くの漁業は陸棚域で行われ、その範囲は限られる。

一方で、グローバルスケールでの汚染物質の濃度分布とその変化は、各都市からの年間の汚染物質排出量とこうした実データをもとに、輸送・拡散の大気・海流モデルを使って推定されてもいる[18,19]。しかし、海洋生態系への取り込みが増えているかどうかまではわからない。また、生物へのインパクトは知りえない。

本章では、こうした、目につきづらいが着実に進行している海洋汚染に着目し、海鳥の体組織中の汚染物質濃度と胃中のプラスチックを使い、海洋汚染の長期的変化とグローバルスケールでの広がりを明らかにした研究を紹介する。また、こうした海洋汚染を指標化するにあたり、海鳥をデバイスとする際の注意点についてもまとめる。

1　化学汚染の年代変化を海鳥の体組織から知る

大気や海水中の汚染物質の濃度は大変低い。大量の海水を測定限度濃度以上まで濃縮して調べる必要がある。一方、高次捕食者である海鳥の体組織中の汚染物質濃度は高く、その測定は容易である。海水中の汚染物質を生物増幅・濃縮するからである。海鳥は「ある範囲・ある時間」に暴露された環境中の汚染物質を「ある程度濃縮」する。

海鳥は外洋を含め広範な海域で餌を食べるので、外洋での平均的な汚染の評価ができる。また、博物館に所蔵されているはく製の海鳥の羽根の重金属を測れば、一〇〇年前の汚染の情報を得ることもできる。[9] さらに、海鳥はさまざまな化学汚染物質に感受性を持つので生物への影響評価にも利用できるだろう。[20] こういった理由から海鳥の卵、羽根や血液中の汚染物質は環境汚染のモニタリングのために広く用いられている。

まず、水銀汚染の長期変化を海鳥を使って示した研究について紹介しよう。現在、水銀の総排出量は年間二〇〇〇トン以上と推定され、一九七〇年以降、水銀の排出源は南アジアに移り、その量は増え続けている。[21,22]

南シナ海南沙諸島の堆積物中に残された海鳥の卵殻（卵膜を含む）を採取し、同位体でその年代決定を

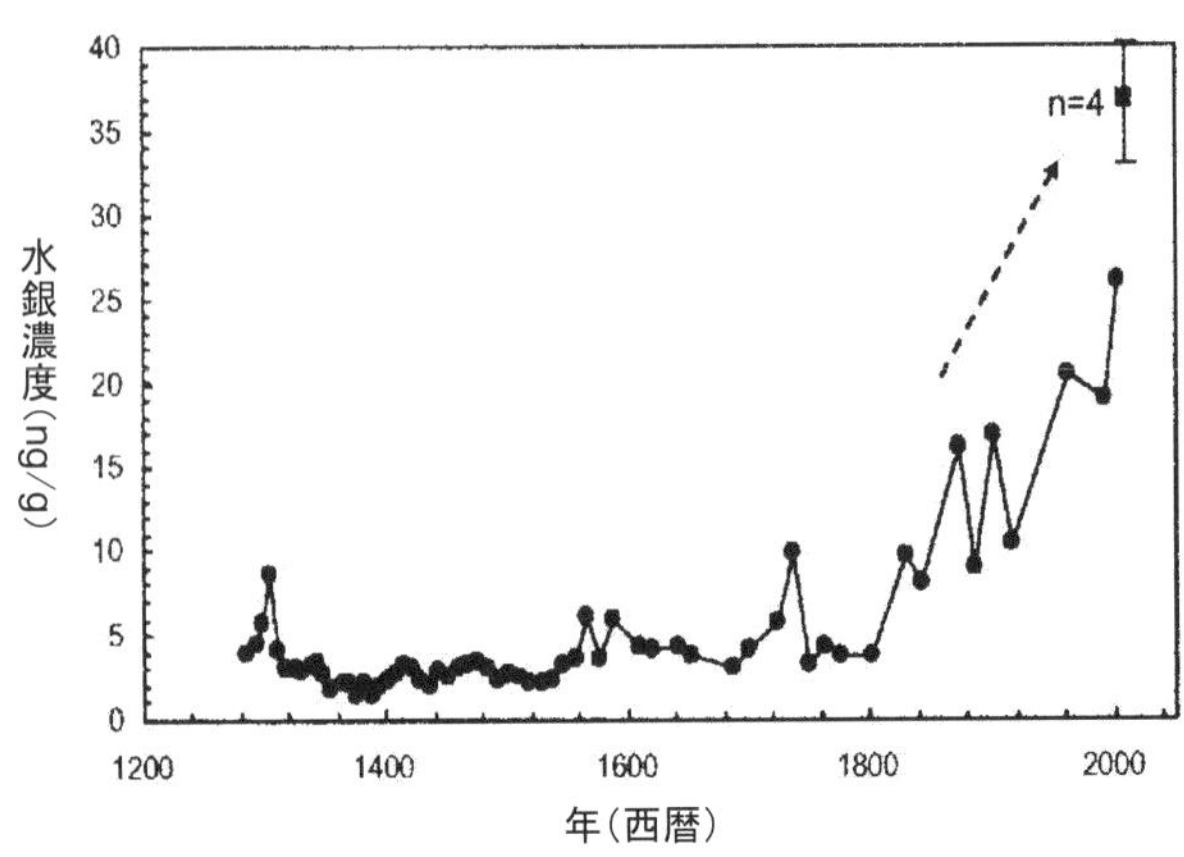

図 16−1　南シナ海の南沙諸島の海鳥繁殖地堆積物中の卵殻（卵膜を含む）乾重 1g あたりの水銀重量（μg）の長期的変化。年代は炭素同位体で測定している。破線矢印は 1800 年以降の水銀濃度の急増を示す。2008 年にこの島で採取された海鳥の新鮮卵の卵殻の水銀濃度は 35〜40ng/g と高い。文献 23 より。

してから、その水銀濃度の長期変化を調べた研究がある。一八〇〇年代までは低濃度だったが、それ以降急速に増加しており（**図16−1**）、これはヨーロッパやアメリカにおける産業革命以降の排出増加を明確に示している。

イギリスとアイスランドで繁殖するニシツノメドリの博物館標本の羽根の水銀濃度も、同様に一九世紀後半から二〇世紀後半にかけて増加した[24]。カナダ北極域（ハドソン湾、バフィン湾、ボーフォート海）においても、繁殖する海鳥の卵を使って、汚染物質のモニタリングが一九七五年から計画的に行われており[25]、その結果、ハシブトウミガラス、フルマカモメ、ミツユビカモメの卵の水銀濃度は一九九〇年代まで増加し、その後横ばいであることがわかった[26]。これは、北極カナダ大気中の水銀濃度の増加傾向とも一致している[27]。

次に、ＰＯＰｓ（7章注1）汚染の年変化も海鳥の卵をサンプルとして調べられている。カナダ太平洋側にあるルーシー島のウトウの卵のＤＤＥ濃度は一九七〇年から一九八五年にかけて減少している。[10] ＤＤＥは殺虫剤であるＤＤＴの代謝産物であり、この頃にＤＤＴの環境への放出が減ったことを反映しているのだろう［＊1］。カナダのシロカツオドリやイギリスのヨーロッパヒメウの卵でも、同じ頃ＤＤＥ濃度の減少が観察されている。[9] ただし、ヨーロッパのバルト海に面するラトビアのナベコウの卵中ＤＤＥなどの濃度は最近も減っていないことを7章1節で述べた。

二〇〇一年フランス映画「WATARIDORI」は、雛を人工飼育して慣らしたガン・カモやハクチョウの群れが飛行する横を、超軽量動力飛行機で飛行しながら撮影するマニアックな手法で、鳥の目線から「渡り」を撮影したすぐれた映画である。こうした長距離渡りをする各種の鳥類において、それぞれの個体が渡り途中にさまざまな国にまたがる砂漠、草原地帯、放牧地、高原、麦畑、水田、湿原、熱帯雨林、といった多様な環境を利用していることが実感できる。その中に、渡り途中のカモの一種が、かつては美しい沼沢地であったのだろうが、化学汚染が進んでしまった東欧の工場群の中の水たまりを毎年中継地として伝統的に使い続けている印象的な場面が出てくる。

ＰＢＤＥｓは臭素系の難燃剤としてテレビ、カーペットなどの日常品に、またさまざまなプラスチックへの添加剤として使われ、一九八〇年代に需要が増えたが、その有害性から二〇〇九年にストックホルム条約により生産・使用が規制された。ルーシー島のウトウの卵では、総ＰＢＤＥ濃度も調べられており、一九九〇年から二〇〇〇年まで漸増し、二〇〇六年まで高いままであったが、その後生産・使用の規制とともに低下している。[10] 一方、車のワックスなどの撥水材として使われているフッ素系界面活性剤であり、ストックホルム条約ではまだ規制されていないＰＦＣＡｓ（ペルフルオロカルボン酸）［＊２］については、カナダ北極域のハシブトウミガラスとフルマカモメの卵中のその濃度は一九七五年から二〇一一年にかけて急増しており[28]、生態系への取り込みが増えていることが懸念されている。これは、新たに開発・使用された化学物質が生態系に直ちに取り込まれることをも示している。

2 海鳥の胃中のプラスチックは汚染の加速を示す

世界のプラスチック生産は加速しており、その量は今や年間四億トンに達し[29]、さらに増え続けている。回収、再利用などさまざまな対策にもかかわらず、かなりの量が毎年海に流出している。流出したプラスチックは難分解性で海に蓄積し続ける。

これに伴い、海鳥のプラスチック摂取率（消化管からプラスチックが見つかった個体の割合）は年々増加しており、プラスチックの生態系への取り込みも進行していることを示している。北大西洋のフルマカモメのプラスチック摂取率は、一九七〇年代には五割程度だったが、一九八〇年代には八〜九割にまで達した（図16-2上）。北極海ではその増加はもっと遅い時期に起こったようであるが、やはり、二〇〇〇年初めには四割以下だった摂取率が二〇〇八年には八割に達している[32・33]。

北太平洋でも海鳥のプラスチック摂取率は年々増加しており[34]、ハシボソミズナギドリでは、一九七〇年初めの六割から一九八八〜一九九〇年には八割へ、二〇〇〇年以降は九割以上に達した（図16-2下）。いずれの海域でも二〇〇〇年代以降は摂取率が八割から九割と高いままである。これは飽和状態に達したか

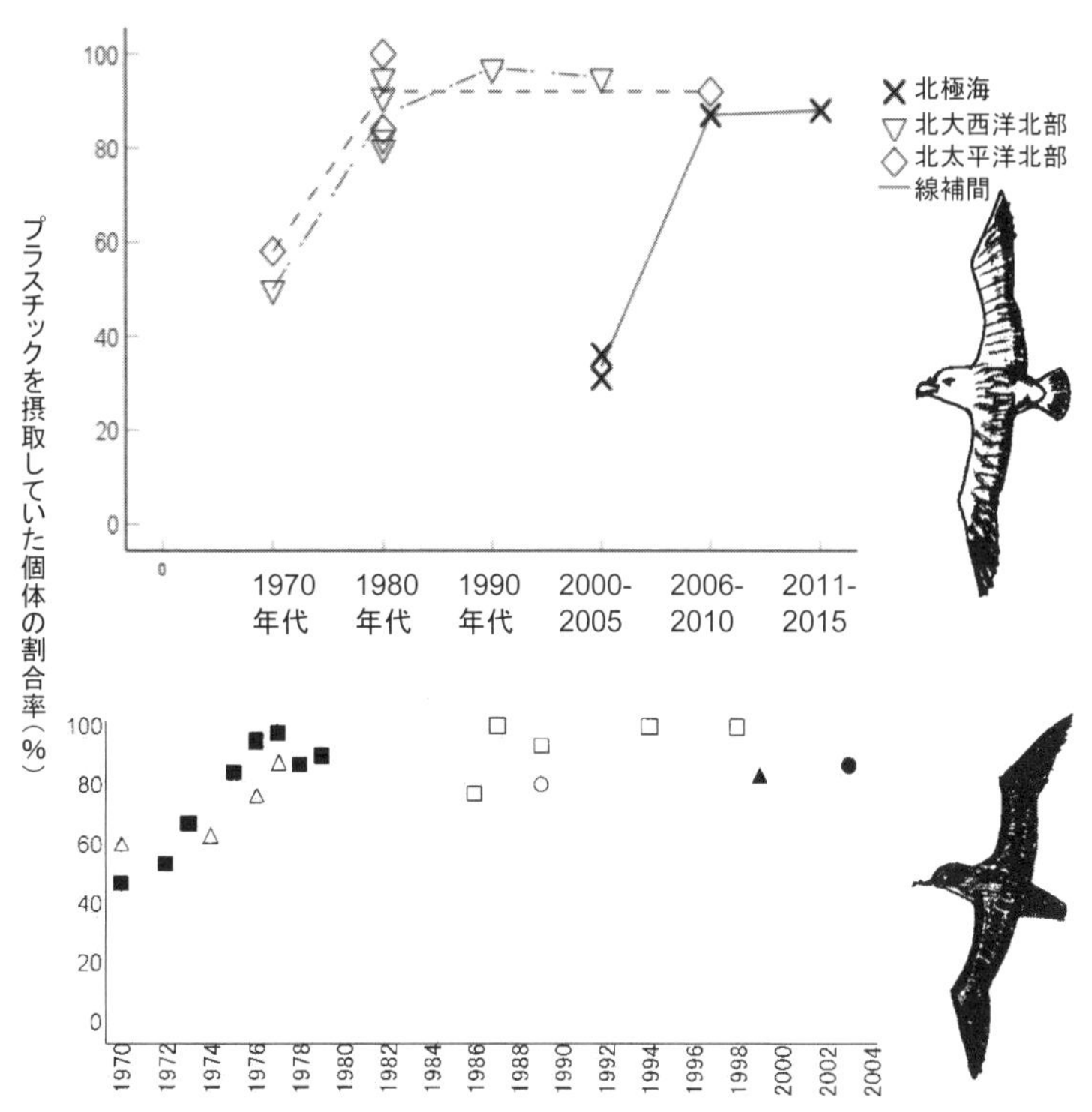

図 16-2　北大西洋と北極海におけるフルマカモメ（混獲・漂着）（上。文献 12・30 などより作成し、補間線を示す）と北部北太平洋で混獲されたハシボソミズナギドリ（下。文献 31 による。シンボルは異なる研究を示す。詳細は文献 31 を参照）におけるプラスチック摂取率（プラスチックが胃から出てきた個体の割合）の年変化。

らであり、二〇〇〇年代以降もさらにプラスチック取り込みが進んでいるのは間違いがないだろう。

世界中のこれまでの報告をまとめた研究もこのことを示しており、プラスチックをよく飲み込んでいる海鳥種に限れば、摂取率は一九九〇年代に急に増え、今も増え続けている[13]。さらに、種間差やサンプリング場所の違いを考慮して地球規模でのモデリングを行ったところ、このままプラスチック排出が続けば二〇五〇年までには九九％の種でプラスチック取り込みがみられると予想されている。

飲み込んでいたプラスチックのタイプにも年代変化がみられる。北大西洋のフルマカモメの胃中のプラスチックをみると、工業原料であるレジンペレットの比率は一九八七年に五〇％程度だったが、二〇〇九～二〇一〇年には五％程度まで低下し、逆にプラスチック製品破片の割合が増えている[12,32]。プラスチック製品を作るための工業原料であるレジンペレットが環境中に出てしまうのは、船やトラックによる輸送中に誤ってこぼれるのが原因であり、レジンペレットの輸送中の管理がうまくいくようになった一方で、日用品を含む製品の廃棄と回収は相変わらずうまくいっていないことを示している。

3 海鳥の尾脂腺分泌物が示す地球規模の汚染拡大

汚染程度の海域間の差も海鳥の体組織中の濃度からわかってきた。よく使われるのは卵や皮下脂肪で、特にＰＯＰｓの測定には適している。ＰＣＢなどは親油性が高いためである。とはいえ、卵を採取するのは、海鳥の保護の観点からは、それなりに問題だし、十分な量の皮下脂肪は死体からしか入手できない。サンプルの輸送も大変だ。

海鳥を含む鳥類は尾羽根の付け根に「尾脂腺」という分泌腺を持っている。ここから分泌する油脂成分を塗って羽を手入れしている。この油脂成分が尾腺ワックスである。東京農工大学の研究グループは、この尾腺ワックス中のＰＯＰｓ濃度から、その個体の暴露程度を知ることができることを見つけた[35]。

尾腺ワックスは、濾紙で尾脂腺の皮膚表面をふき取れば、簡単に採取できるので、その採取は海鳥にはほとんど負担とならない。また、この濾紙に染み込ませたワックスはある程度の期間であれば常温でも保存ができ、生物組織ではないので郵便で送ることができる。各国の研究者に採取と郵送をお願いするか、日本人の研究者が各地で海鳥の調査をしたときに採取して持ち帰ってもらったものを分析して、地球規模での汚染マップを作ることができた。

その結果、海鳥のワックス中の、揮発性が小さく大気輸送されづらいＰＯＰｓであるＰＣＢｓの濃度の総和は、大まかな傾向としては、北海や太平洋北西部で繁殖する種・個体群で高く、南半球や亜南極では低いこと（図16-3）、一方、揮発性で大気輸送されやすいＰＯＰｓであるＨＣＨの濃度は極域に繁殖する種で高いことがわかった。これは各ＰＯＰｓの、発生源や物質特性に応じた、地球規模での挙動を反映していると考えられている[36]。さらに、ワックスには海鳥が摂取したプラスチック由来の化学物質（添加剤など）も含まれており、世界的なプラスチック汚染のモニタリングにも利用できるかもしれない。

ただし、全世界に分布する海鳥種はいない。地球規模での海域間差を知るには、多くの種のデータを使わなければならず、次に述べるように、まず食性の異なる種間のバイアスには注意を払わないといけない。

また、それぞれの個体が利用した範囲、つまり暴露範囲は測定されていないため、個体の汚染物質濃度

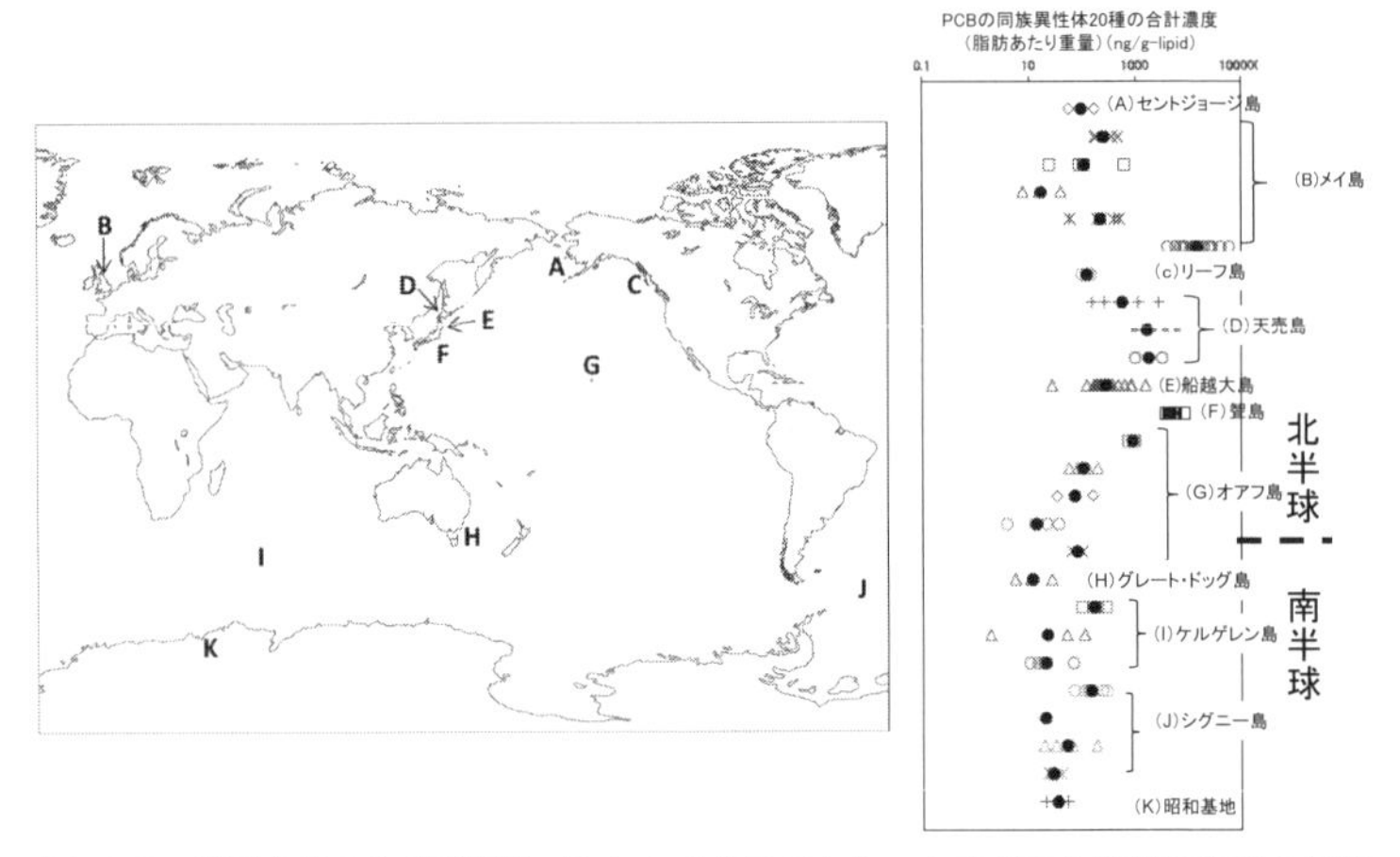

図 16-3　世界各地の海鳥繁殖地（左）から集められた、さまざまな種類の海鳥の尾腺ワックスに含まれる PCB の同族異性体 20 種の合計濃度（脂肪あたり重量）（ng/g-lipid）における緯度方向での傾向（右）。アルファベットは採取地（海鳥繁殖地）で、繁殖地名を右の図に示す。シンボルは各繁殖地内での種ごとの個体を示し、●はそれらの種の平均値を示す。
例えば、メイ島ではウミガラス、オオハシウミガラス、ニシツノメドリ、ミツユビカモメ、ヨーロッパヒメウ、船越大島ではオオミズナギドリ、オアフ島ではコアホウドリ、オナガミズナギドリ、シロアジサシ、セグロアジサシ、カツオドリ、シグニー島ではズグロムナジロヒメウ、アデリーペンギン、ジェンツーペンギン、ヒゲペンギンの値。文献 36 より。

がどこの海域汚染を反映しているか正確には特定できず、空間分解能が悪いことが欠点である。長距離を渡る鳥類で、個体ごとに越冬場所、中継場所、そして営巣場所が決まっていることを利用し、バイオロギング技術の助けを借りてこれを解決する手法についてはコラムで紹介する。

二〇一三年フランス映画「コウノトリの道―心臓を運ぶ鳥」は、コンゴで越冬し、フランスで繁殖するシュバシコウ（日本のコウノトリとは別種）の、個体ごとに越冬場所と営巣場所が決まっているという渡り特性を利用したサスペンスである。塔の上にあるシュバシコウの巣の中で鳥類学者が死んでいるのを彼の助手である青年が発見し、鳥類学者が心臓移植を受けていたことを知ったこの青年が、その謎を解こうとすることから物語が始まる。シュバシコウにつけられた足環がこの事件のカギになる。

4　汚染物質の代謝の違いによるバイアス

海鳥を汚染物質の指標とする際の留意点はほかにもある。

汚染物質は生物濃縮（増幅）するので、海鳥の体内の濃度は測定しやすいが、濃縮の程度が海鳥の食性によって変わることが第一の問題である。高い栄養段階の餌を食べる種あるいは個体では自動的に汚染物質濃度も高くなる。生物濃縮（増幅）に関し標準化が必要である。そのためには、海鳥個体が汚染物質を濃縮する程度がわかればよい。

海洋生物において、栄養段階が一つ上がるごとに汚染物質が濃縮される率は、物質特性に左右されるが、物質ごとには一定であるとみなせるので、各海鳥個体の栄養段階からこの濃縮の程度を推定できる。海鳥の研究では、窒素安定同位体比（δ^{15}N、4章注2）が栄養段階の指標とされる[37]。スコットランドのフーラ島とセント・キルダ諸島のオオトウゾクカモメでは、血液中のδ^{15}Nが大きい個体は水銀濃度も高い[38]。亜南極のサウスジョージア島に繁殖する海鳥群集では、血液中のδ^{15}Nが大きい種ほど水銀濃度も高い[39]。

体組織の全窒素（バルク窒素）の安定同位体比を栄養段階の指標とする際には別の問題もある。海水自体の無機窒素あるいは懸濁物中の有機態窒素自体のδ^{15}N（バックグラウンド）は海域間で異なり、食物連鎖の出発点である植物プランクトンの窒素安定同位体比も異なっていることである。これを解決するには、まず生物組織のたんぱく質をアミノ酸の種類ごとに分けておき、それぞれのアミノ酸別に窒素安定同位体比を測り、バックグラウンドを推定する方法がある[40]。

第二の問題は、各組織の化学物質の濃度は、異なる時期に食べたものの化学物質の特徴を反映する点である[41]。海鳥の体組織中の窒素・炭素安定同位体比からそのもととなった食物が推定できる。食べ物に含まれるたんぱく質や脂肪は消化され、アミノ酸や脂肪酸として吸収されて血液に入る。血液のうち、血漿（遠心分離したときの上澄み液）中のこれらの物質に含まれる窒素・炭素は、二〜三日間に食べた食物の窒素・炭素に由来する。一方、血球は造られるのに時間がかかるので、一か月ほどの間に食べた食物の窒素・炭素に由来する。

鳥の一枚一枚の羽根は二週間程度で伸びきる[42]。羽根中の水銀濃度は、この各々の羽根が伸長する間の血液中の水銀濃度と平衡している[43]。各々の羽根が生え変わる順番や時期は決まっている。オニミズナギドリでは、体幹部の羽根は繁殖期間中に生え変わり始めるが、最内側の初列風切り羽根は繁殖地で、最外側の初列風切り羽根や比較的内側の次列風切り羽根は越冬地で生え変わり、非繁殖期の最後に、最外側の尾羽根が生え変わる[44]。したがって、異なる羽根の化学マーカーは異なる時期に食べた餌や水銀暴露を反映する。

第三は蓄積と代謝である。鳥類は食べた餌中の水銀を、尿や皮膚分泌物として順次排泄しているが、餌からの摂取速度の方が大きい場合が多いので、少しずつ体内に蓄積する。それと同時に、換羽期間中、血液を通して水銀を羽根に移行させ、それまでに摂取した水銀の六割以上を、一年後に抜け落ちる羽根として体外に排出する[45,46]。したがって、一枚一枚の羽根が伸びきった時点で、それらの羽根に移行した水銀は、体外に排出されたものとみなすことができる。

そのため、例えばミズナギドリ科は、換羽のほとんどを繁殖期終わりから非繁殖期までに行うので、体内の総水銀量は、この主たる換羽が始まる前、つまり繁殖期初め頃に最も高くなる。繁殖期に換わる体幹部の羽根の水銀濃度が非繁殖期の終わりに換わる尾羽根より高いのは、こうした換羽に伴う体の中の総水銀量の変化を反映しているからと考えられている[24,46]。

また、各々の羽根の安定同位体比は羽根が伸びているときに食べた餌生物の値を反映するが、各々の羽根の水銀濃度は、羽根が伸びている間の血中水銀濃度、すなわち羽根を除く体に蓄積されている水銀とそのとき食べた餌生物由来の水銀の合計量を反映するので注意が必要である[47]。こうした代謝の仕組みを理解しておく必要がある。

代謝に関しては、化学物質の特性も重要である。水銀の場合は、ここで述べたように、一年サイクルでみれば摂取した分がすべて排出されるので、羽中の水銀濃度は暴露量の指標として、どの年齢の個体を使ってもあまり問題はない。しかし、疎水性であり、ゆえに排泄されづらく、脂肪に蓄積されやすいPCBのような汚染物質[48]の場合、長生きする海鳥では、海生哺乳類でよく知られているように、年齢とともに体脂肪中の蓄積量が増え、濃度が上昇するかもしれない。一方、尾腺ワックス中のPOPs濃度を、年齢のわかったヨーロッパヒメウで調べたところ、年齢とともに上昇する傾向は認められなかったとする報告も[36]ある。

5　サンプルによるプラスチック摂取のバイアス

海鳥を使ってプラスチック汚染をモニタリングするには、今のところ胃内容物を直接調べる必要がある。そのためだけに捕殺をすることは許されないので、混獲死体、衰弱して保護されその後死亡した個体や、海岸へ漂着した死体などさまざまなサンプルが利用される。ただし飢餓で死亡した個体と混獲で死んだ個体とではプラスチック摂取率が違う可能性がある。有意差はなかったが、延縄での混獲個体は浜に打ち上げられた死体よりプラスチックを持っている比率が高い傾向にあったという報告もあり[49]、潜在的なバイアスがあることを気にしなければならない。

繁殖地で成鳥を捕獲し、水を強制的に飲ませて吐かせた胃内容物（胃洗浄法[50]）からプラスチックを探して分析することがあるが[51,52]、この手法で得ることができるのはおもに前胃の内容である[53]。砂のうの方が前胃（図8-3）よりもプラスチック出現率も個数も圧倒的に多い[54]ので、胃洗浄法ではプラスチックが全量採取できていない恐れがある[55]。

また8章で紹介したようにプラスチック摂取率には大きな種間差が知られ、さらに年齢による差もある可能性がある。プラスチック摂食率はオス・メスあるいは成鳥・亜成鳥の間での差はあまりないとされる[56,57]が、吐き戻した餌を雛に与える種では、巣立ち幼鳥や非繁殖個体の方が、成鳥より多くの量のプラスチックを飲み込んでいることが多い[51,52]。育雛期間中は、親はプラスチックの混ざった餌を雛に与え続けるが、雛はプラスチックを吐き戻すことがなく、その負荷が累積するためである。

ミズナギドリ科では飲み込んだプラスチックが一年程度は胃内に残る可能性があり、しかも越冬地と繁殖地の間を長距離渡りするので、どちらの海域で飲み込んだプラスチックなのか判別しがたい[58]ことも問題である。

また、海鳥の胃から見つかるプラスチックが生息海域の海面に浮いているプラスチックの組成を反映しているとは限らないことにも注意する必要がある。生息海域で船からマイクロプラスチックを採取するためのネットを引いて得たサンプルと比べると、海鳥は、固いプラスチック、ゴム、海洋観測気球の破片を選択するようである[56]。

このように、海鳥を海洋汚染の監視に使う際にはいくつかのバイアスに注意しないといけない。また、海鳥の体組織中の化学物質濃度は彼らが利用した環境中のこれらの物質濃度を直接示すわけではない。それでも、季節、年や海域間の相対的な変化を示すことは間違いがない。したがって、海鳥をデバイスとし、その組織中の汚染物質や胃中のプラスチックから、広範囲の化学物質・プラスチック汚染の長期的な監視を行うことが可能である。

最後の章では、汚染物質の排出規制など、海洋における人間活動由来のストレスの低減に向けた施策の実施を後押しするために、どのように海鳥からの情報が使えるのか考えよう。

コラム⑨ バイオロギングを利用した海洋汚染の地図化

海鳥の体組織（血液や羽根など）は食べた餌生物からできている。体組織は食べた餌生物の汚染物質濃度などの化学情報を「記憶」している。汚染物質モニタリングの際は、各々の組織を構成する物質が置き換わるのにかかる時間（更新時間）が組織により大きく異なる点が問題であった。私たちは、この時間バイアスをもたらす特性を逆に利用し、時間別の正確な位置を与えてくれるバイオロギングと組み合わせることで、海洋汚染を見える化できるというアイデアを展開している。

血球の炭素・窒素安定同位体比は一か月間、骨の値は一年ほどの間に食べたものの値を反映する。バイオロギングで、個体ごとの時々刻々の位置、特に餌を食べた時間と場所がわかる。追跡した個体の血液や羽根を採取し、そこに記憶された化学マーカーの値（汚染物質濃度や窒素安定同位体比）を調べ、血液の更新時間や各々の羽根が生え変わった時期に対応する場所に、こうした化学マーカーの値をひもづけすることによって地図化できる。

日本で繁殖するオオミズナギドリの一年間の移動をジオロケーターで調べた研究では、個体ごとに越冬場所は異なっており、パプアニューギニア北部海域、パプアニューギニアとオーストラリア

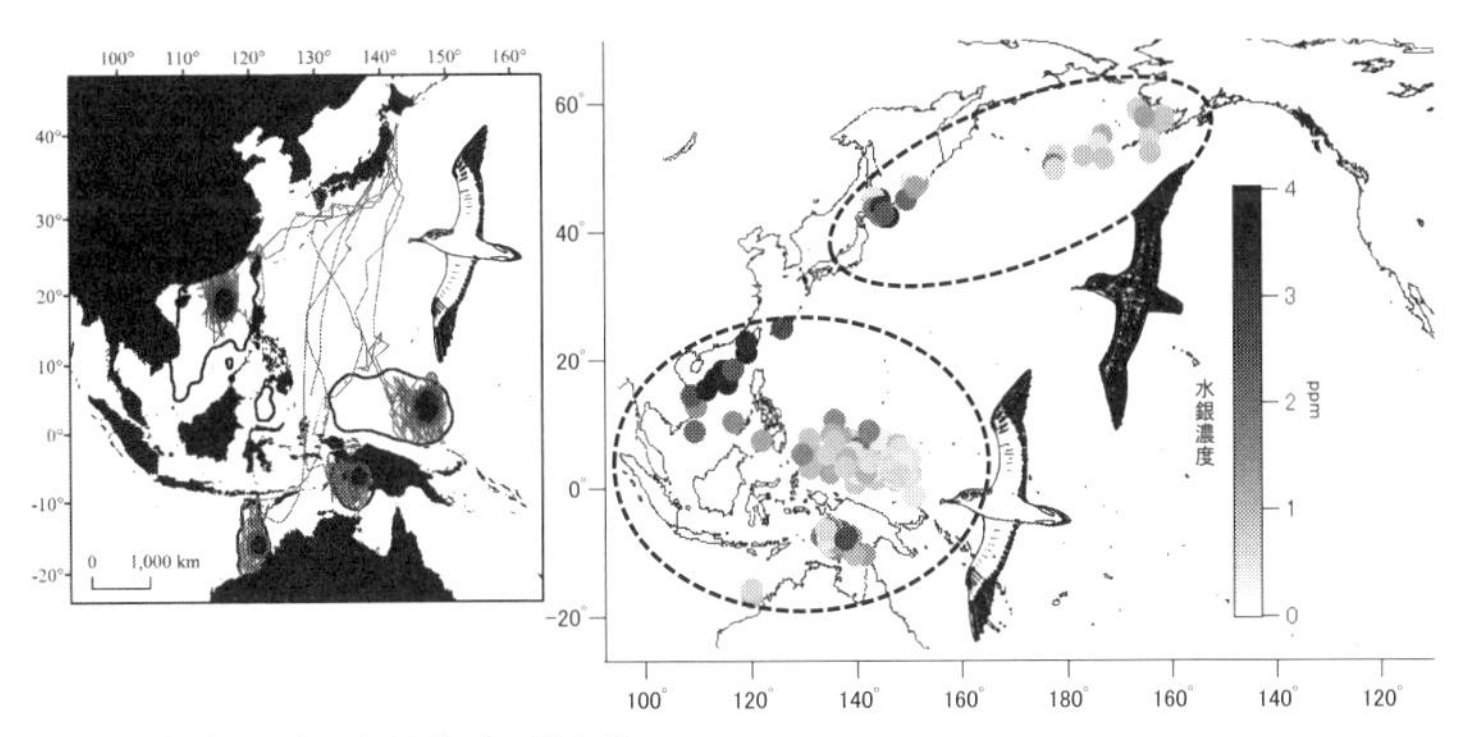

海鳥をデバイスとした汚染度の地図化。
左：新潟県粟島で繁殖するオオミズナギドリの典型的な4個体の越冬地への移動軌跡と越冬海域での動きを細い線で、越冬期後半の集中利用場所を塗りつぶしで示す。文献59のデータより描く。
右：ハシボソミズナギドリ（上）とオオミズナギドリ（下）において、越冬期後半に換わる羽根の各個体の水銀濃度をその個体の越冬期の集中利用場所にタグ付けした地図。文献60・61のデータより描く。生物濃縮（増幅）によるバイアスは補正していない。

の間のアラフラ海、南シナ海で越冬する個体がいた[59]。しかも、それぞれの海域内では、個体の越冬場所は意外と狭い五〇〇キロメートル程度の範囲に収まっていた（図左）。

私たちは、ジオロケーターを回収する際に、非繁殖期後半に生え変わる尾羽根を採取し、その水銀濃度を調べた。南シナ海で越冬したオオミズナギドリ個体の尾羽根の水銀濃度は、パプアニューギニア北部・オーストラリア北西部海域で越冬した個体の二～四倍であった[60]（図右）。尾羽根の水銀濃度はそれぞれの個体が越冬した五〇〇キロメートルスケールの場所の餌生物の水銀濃度を反映すると考えられるので、南シナ海の水銀汚染度がかなり高いことをこの結果は示す。興味深いのは、アラフラ海で越冬した個体の羽根の水銀濃度が両者の中間程度であったことである。これまで何の汚染情報もなかったアラフラ海において水銀汚染が進んでいるかもしれないことを、初めてオオミズナギドリが示してくれた。

海鳥をデバイスとして得られる汚染度の地図情報は、汚染情報がない海域特に国際海域において、海洋汚染の警鐘を鳴らすのに役立つだろう。この手法によって、タスマニアのハシボソミズナギドリの繁殖地で羽根を採取するだけで、この海鳥が繁殖期と非繁殖期にそれぞれ利用する南極海、ベーリング海とオホーツク海といった、三つの海洋での水銀汚染の相対値を知ることができそうである。[61] バイオロギング技術で個体を追跡し、その個体の体組織中の汚染物質濃度を測ることで、地球規模での、一〇〇キロメートル程度の空間分解能の汚染マップを作ることが可能になる。これは、海洋保護区内のどこで汚染が進んでいるかわかる程度には役に立つ分解能である。

＊1…DDTについての懸念の始まりは古く、一九五〇～一九六〇年代に鳥類の卵殻が薄くなったことからその毒性が疑われていた。日本では一九八一年に化学物質の審査および製造等の規制に関する法律の第一種特定化学物質に指定され製造と輸入が禁止された。一九九五年には国連環境計画（UNEP）を中心に開催された政府間会合で、特に早急な対応が必要であると考えられる一二の残留性有機汚染物質（POPs）を減らすことが宣言され、二〇〇四年発効のストックホルム条約で製造・使用・輸出入の禁止・制限が定められた。

＊2…二〇二一年、欧州委員会（EU）はPFCAsに対しさらに厳しい制限をかけることを発表した。

17章 環境変化のシグナルとしての海鳥

海洋生態系の健康度に関する議論が進められている。一方、人間活動の影響は加速している。海鳥は気候や人間活動に起因するストレスに即時的また敏感に反応する。外洋や島々の生態系に激変があればこれを教えてくれる「センチネル」であり、原因の究明を急ぎ対応施策をとるべき時を知らせてくれるだろう。

科学は深まり、技術は進歩し、文明は豊かになった。その一方で、例えば、原因と危機が科学的にははっきりしているにもかかわらず、地球温暖化傾向になかなか歯止めをかけられないでいる。アメリカは二〇一七年にパリ協定［＊1］離脱を表明し、二〇一九年の国連気候変動枠組条約第二五回締約国会議（COP25）では温暖化ガス削減目標へ向けた世界の足並みはそろわなかった。世界のどこかで大規模な森林破壊が行われている。クジラ、マグロの過剰漁獲がコントロールされるようになったのはやっと最近である。そう考えると人間は、「進歩」はしていないのではないかという気持ちにさせられる。

獲り過ぎたらいなくなるのに（狩猟採集時代の人々がそれを強く自覚していたのか定かではないが）、人間は多くの島で海鳥を絶滅させてきた。「生物資源の持続的利用」や「環境保全」という考えは、進化の相当の期間において一〇年先のことを考える余裕がなかった、あるいは考えても仕方がなかった狩猟採取生活を送ってきたわれわれ人間には、実は、受け入れるのは容易ではない理念なのかもしれない。

それだからこそ、今、人間活動に起因するストレスとその生態系へのインパクトを、意識的に「監視」し、その「評価」を行う必要性が高まっている。監視の目が届きづらい外洋域では特に注意が必要である。各国が管理する排他的経済水域の外側、人間生活から遠く離れた国際水域の監視をどうしたらいいのか。最後の章では、海鳥が外洋域の海洋生態系を監視し評価するためのデバイスとして役に立つのか、だとしたら、今後どう利用できるのかについてまとめよう。

1　海洋監視に海鳥を使う理由

海洋環境情報は、衛星観測などのリモートセンシング、アルゴフロート［＊2］や新たに開発されているさまざまなドローンなど自動観測機器による観測によって、グローバルスケールで収集されている。もちろん、島の観測施設や観測船による緻密な観測も一〇〇年以上続けられている。さらに、こうして得られた実測値を海洋物理モデルでの計算結果と比べ、修正し、モデルの再現性を高めることで、精度を上げ、全球の三次元的な変化を高精度で予測する、データ同化［＊3］の技術の進歩は目覚ましい。しかし、こうした技術が応用できるのは水温や塩分濃度など物理量に限られ、人間活動に起因するストレスと生物へのインパクトに関する情報を得ることはできない。

漁業活動や漁獲量に関する膨大な情報が収集され、毎年分析され、漁業管理に生かされている。ただし、こうした情報は漁業者や関連機関からの報告に大きく依存しており、ある程度の欠落もあるしバイアスもある。例えば、漁船の位置・操業情報収集システム（ＶＭＳ）が使われているのは一部の国の一部の海域においてである。船舶自動識別装置（ＡＩＳ：Automatic Identification System）を利用して衛星から船の活動をモニタリングするシステムにより、船の運航に関連したストレスをグローバルスケールで、しかも高分解能で得ることができるが、すべてにＡＩＳが搭載されているのは三〇〇～五〇〇トン以上の大型船である。

海鳥は繁殖期間でも数百キロ、非繁殖期の利用海域も含めると数千キロに及ぶ広い範囲を利用し、それらの場所でさまざまな海洋汚染に暴露され、毎年同じ島に帰ってきて繁殖する。そのとき捕獲して、体組織を採取すれば、汚染情報を容易に低コストで集めることができ、海洋汚染のモニタリングに利用できることを先の章で述べた。

体組織中の化学マーカーから食べた餌種が推定できる。海鳥は、食物連鎖の変化のカギとなる、一次消費者（動物プランクトン）・二次消費者（集群性浮魚）を主たる餌としているので、その調査のしやすさを考えれば、海洋生態系の大きな変化を測るための、コストパフォーマンスのよいデバイスの一つ、とも考えることができる。繁殖地では、繁殖期の餌や繁殖成績を容易に調べられるので、糧秣魚類群集や資源量の変化に関する情報を得ることもできる（表16-1）。

生態系監視デバイスとしての海鳥の特徴をもう一つ付け加えておこう。海鳥は、高次捕食者の餌となる糧秣魚類が安定的にいるホットスポット、すなわち外洋表層域の重要海域を探し出し、その場所を繰り返し利用する。海鳥を使って海洋をまんべんなく監視することは難しい代わりに、海鳥は自らホットスポッ

図17-1　左：コアホウドリの背中にテープで装着されたGPSデータロガーとビデオロガー。撮影：西澤文吾。
右：オアフ島で繁殖する、コアホウドリの背中のビデオロガーが2015/2/12 11:08:23に撮影した延縄漁船と後方から接近するコアホウドリ1羽。不明アホウドリ類2羽が同漁船の右舷側を飛翔している。

トを発見してくれるので、われわれが特に監視したい重要海域を監視するデバイスとしては適している。ドローンにこの能力はない。

アホウドリ科、ミズナギドリ科は遠くから操業中の漁船を発見し接近するので、漁業ストレスの監視にも役立つ可能性がある。海鳥に装着したGPS、カメラ・ビデオロガーによって、位置を記録すると同時に、海鳥目線の画像を記録することで、さまざまな情報を集めることができる[1,2]。画像データが興味深いのは、どういった漁業活動に関連した採食行動なのかわかることである。また、画像により、その個体が近づいていった漁船の種類や操業形態、場合によっては船名がわかる（図17-1）。こうした情報は混獲低減の効果や投棄魚の影響を明らかにする際に役に立つかもしれない。

また、船による調査が行き届かない海域においては、レーダーの照射波を記録するデータロガーをGPSデータロガーと一緒に海鳥に装着して、VMSや操業日誌からは得ることが不可能なIUU船（密漁船）の位置を知ること（すべての船舶は航行のためレーダーを使っている）も可能である[3・4]。

このように、海鳥繁殖地における餌や繁殖成績、成鳥生存率のモニタリング、海鳥のバイオロギング、微量な体組織サンプルの化学分析による汚染物質、ストレスや非繁殖期の餌情報に加え、グローバルスケールのリモートセンシングとモデリングによる海洋物理情報、空間統計学的技術といった新しい情報・技術は、海鳥を国際水域の生物学的ホットスポットにおける、海洋生態系監視デバイスとして役に立つものにしてくれるだろう。

2　健康指標の定義と活用

このように海鳥はさまざまな情報を与えてくれるので「海洋生態系の健康度の指標」としても利用できるかもしれないと考えられている[5]。

ところで、そもそも海洋生態系が健康であるとはどういう状態を指すのだろうか。

その基準として、EUの海洋戦略枠組指令（MSFD）［＊4］では、外洋のよい海洋環境状況という概念が提示されており、①現在生息するすべての生物種が生活史を完結できること、②地球生物化学的な循環が通常のレベルに維持されること、③重要な海洋物理学的動態および生物と水塊の多様なスケールでの動きが妨げられないこと、の三点があげられている[6]。

これら三つが達成されているかどうかをどのようにして知るのか。まず、海洋環境状況つまり健康状態を具体的な値として評価する必要がある。次に、このMSFDのように、現時点での状況を基準、つまり達成すべき状況とするのがよいのかどうかが問題だ。漁業資源に関して言えば、現在は過剰漁獲がある程度進行してしまった段階[7]であり、食物連鎖は漁業活動が始まる前とは違うものになっている[8]。それを達成すべき海洋環境状態といってよいのだろうか。「海洋生態系の健康度指標として何が適切か」そして「達成すべき健康状態つまり基準値はどこか」、これはなかなか難しい問題である。自分のことですら、どういった状態が健康であるというのか、なかなかわからない（およそ健康なのだろうと思ってはいるのだが）。

一方で、健康度指標の理屈を明確にすることなく、また、どういった状態が「達成すべき健康状態」であるのかはひとまず脇に置いて、専門家が海洋生態系の何らかの状況を示す、と考えるパラメーターを合理的に統合した値を便宜的に「健康度指標」、と呼ぶことは役に立つかもしれない[9]。生態系サービスを左右するであろう、海洋の物理量や化学物質、汚染や酸性化、植物プランクトンから魚類、ウミガメ、海鳥やクジラといった生物の多様性、絶滅リスク、漁獲量、海洋でのさまざまな人間活動を含めて数値化してそれを統合し、「健康度指標」とするのである。

こうして導き出された健康度指標は、人間活動に起因するストレスを総覧する、ストレスの程度をモニタリングする、さらに科学者、資源管理者、一般市民、政策決定者といった考え方や知識が異なる人々の間のコミュニケーションを促進する点で役立つ。こうした指標の年変化をモニターすることで、達成すべき健康状態にあるかはわからなくても、悪化したかどうかはわかる。

さらに進んで、魚類資源量に関しては最大維持生産を達成している場合あるいはそれに最も近い資源管理をしている国の状態、汚染物質濃度に関しては「〇(ゼロ)」(バックグラウンド濃度であることも含め)の状態、これらを参照点、つまり達成すべき健康状態として決めておいて、それぞれの国の状態をスコア化するという考えもある[9]。

では、海鳥をどのように健康度指標として使い、どのように役に立てていくのか。具体例をあげよう。アメリカ大気海洋庁(NOAA)はフロリダ沿岸と河口域における生態系サービスを最大化することを目的とした、MARES(Marine and Estuarine goal Setting)を定めており、その中で「海洋生態系の健康度」の指標として、測定が容易で目に見えやすい、複数種の海鳥の個体数や繁殖成績を使うことが提案されている[10]。フロリダの沿岸海洋生態系におけるいろいろなストレスの指標となりうる水禽類が一一種選ばれ、人間によるかく乱、嵐、汚染物質、淡水の流入の四つのストレスに加え、大きなスケールで働くドライバーとしての温暖化に対し、それぞれの種がどう反応するか、専門家の意見に従ってその反応の強弱がスコア化されている。

例えば、貝を食べ、海岸に繁殖するミヤコドリは、貝の殻を薄くする海洋酸性化に強い反応を示し、また土木工事や温暖化による海岸線の変化に対しても強い反応を示すだろう。なので、ミヤコドリの繁殖成績や数が低下したら、酸性化が進行しているか、あるいは海岸線で人為的なかく乱など何らかの問題が起きていると判断し、その問題が何なのかを調べることができるだろうという生態系概念モデル(CEM)[*5]が考えられている(**図17-2**)。

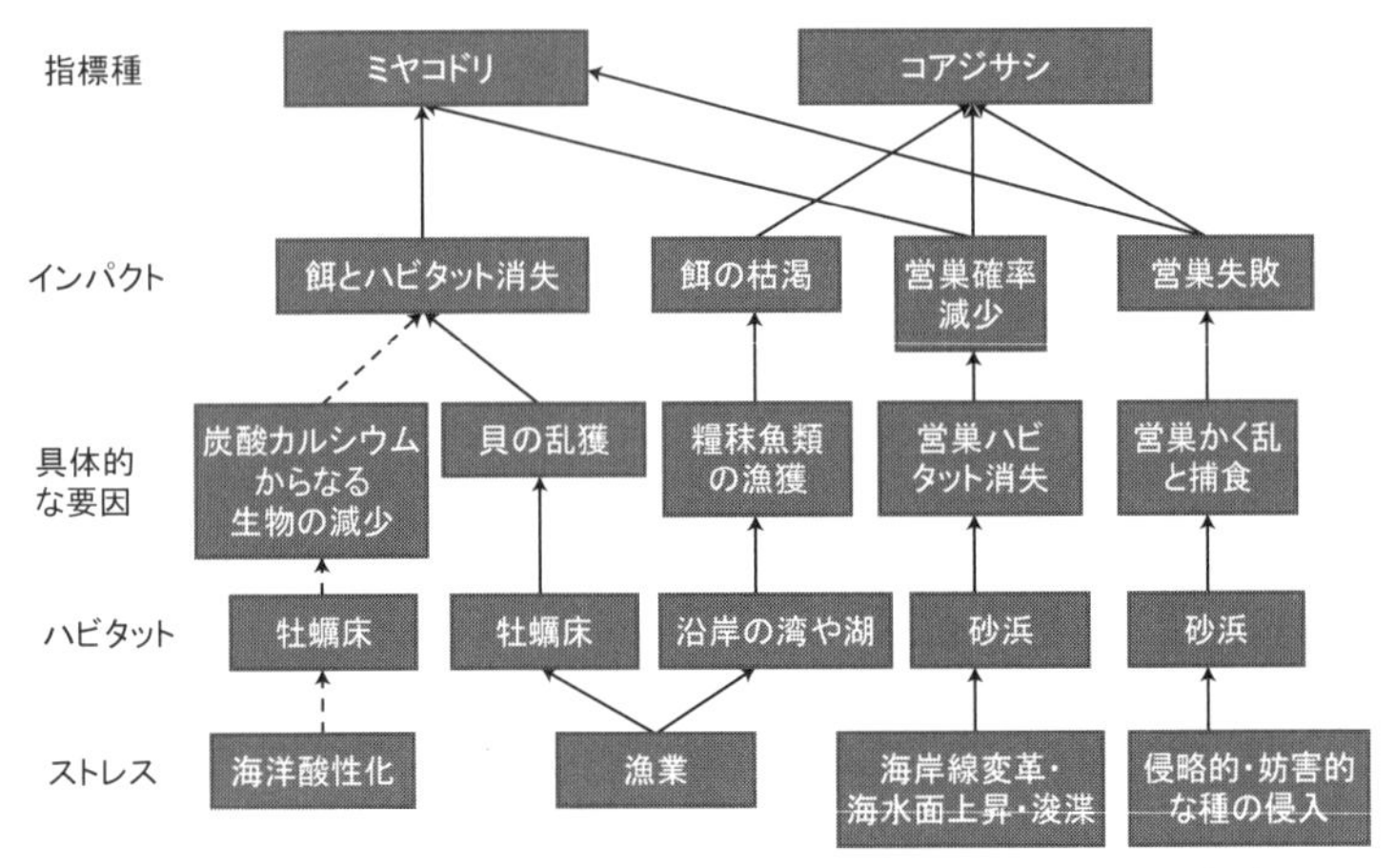

図 17-2　海岸に営巣するミヤコドリとコアジサシの繁殖成績と個体数に影響するストレスに関する生態系概念モデル（CEM）。破線は不確実な因果関係を示す。指標種の繁殖成績や個体数に大きな変化があった場合、どんなストレスがどのハビタットにかかっているかを推察するためのモデルである。文献 10 より。

これは便利なようにみえるが簡単ではない。健康度指標（この場合は海鳥の繁殖成績と繁殖数）の悪化をもたらした人為的ストレスが何なのか特定する必要があり、そのためには、それぞれの種の個体数の減少や繁殖成績の低下には具体的にどういったストレスが関わるのかといったモデル、つまりCEMの科学的信頼性を高めておかなければならない。また、種の特性によって、その個体数や繁殖成績が反映する人間活動由来ストレスは異なるので、総合的な指標を得るには複数の海鳥種を使う必要がある。

3　基準値を決めるのは簡単ではない

海鳥が海洋監視のための指標として使えそうなことはわかった。では、「許容値」はどう定められるのか。「許容値」とは、人間や野生生物への健康被害が出ないと思われるストレスの数値である。または、科学的根拠は弱くとも妥当と思われる値をあらかじめ決めておき、生物体内の濃度がこの値を超えないようにする、あるいは超えた時点で警鐘を鳴らしその原因を究明し低減施策をとる判断をするための値である。

毒性の強いダイオキシン類で定められている毒性等量（ＴＥＱ）がよい例だ。それぞれの物質の摂取許容量をネズミでの実験をもとに決めておき、ダイオキシン類それぞれの摂取量に毒性等量因子をかけて比較・加算可能なＴＥＱを求め、それが、摂取許容量を超えないようにする政策がとられている[11・12]。

海鳥をデバイスとした指標を使って、海洋汚染の管理政策のための許容値が定められた例もある。プラスチック汚染の環境負荷の指標として、ある「許容値」が提案され、それがＥＵのオスロ・パリ条約（ＯＳＰＡＲ）［＊6］およびＭＳＦＤによって、北海における目指すべき生態系状態（Ecological Quality Objectives：EcoQO）の一つとして採択された[13]。それは、「フルマカモメにおいて連続して五年間、一〇％の個体が〇・一グラムを超えたプラスチックを胃内に入れていた場合環境リスクが高い」とする、というものである。この許容値を超えないようにプラスチックの生産、利用、回収の施策を実施することになっている。

しかしながら、この許容値はフルマカモメにインパクトを与える最小値ではなく、プラスチック汚染を抑えようという政策的な理由から定められたものであるようだ。ＴＥＱとは異なる。実際、重量の許容値（〇・一グラム）は、消化能力に影響が出るかもしれないプラスチック摂取量よりかなり小さい。広範囲において、海洋中のプラスチック濃度を知るのは不可能なので、簡単に調べられる海鳥のプラスチック摂取率と個体ごとの摂取量をもってプラスチック管理計画に役立てようとするものである。

もう一つの考えは、海洋生態系の達成すべき状態を決めておき、それに向けた対策を進めるというものである。その「基準値」を決めるのも簡単ではない。先に述べたように何が達成すべき健康状態なのか、はっきり示すことが困難な場合が多いからである。

その場合、人間活動が少なかった年代の海洋環境状態を「基準値」とする考えがある。基準値との差が人間によるインパクトによってもたらされたと考えるわけである。先のフロリダのMARESにおいては、ミヤコドリが海岸線の環境の指標種であり、酸性化や海岸線の改変の指標とされていた。この種においては、海洋生態系の健康度に対しインパクトがあるかどうか判断する際の基準値として、個体群を健全に維持できるレベル、つまり繁殖数が五〇〇ペアで巣あたり巣立ち数が〇・三九と定められている[10]。これは人間のインパクトをあまり受けていなかったであろう年代の値をもとにして決められている。

このように、海洋生態系の「健康度指標」とは何か、警鐘を鳴らすべき許容値（生物の健康を損なう汚染物質の値）あるいは目指すべき基準値（海洋生態系が健康である状態）をどう考えるのか、議論を続ける必要はある。しかし、本書で海鳥を通じてみてきたように、海洋生態系の劣化は進んでおり、外洋域も例外ではない。

「海鳥を指標とした海洋生態系の健康度」は、まだまだ共通の理解を得られてはいないが、そのモニタリングを行うことで目に見える形で何らかの変化がわかる、という点で役立つだろう。海鳥の餌が変化した、繁殖成績が低下した、羽根の水銀濃度が急増した、また、数が減ったなどが観察された場合、彼らが生活する海域に何かが起こっているのは確かである[14]。

海鳥をインデックスとすることで、気象データや漁獲統計によって、あとからわれわれがその変化を確信する前に、変化を察知できるだろう点が重要である。その後に詳細な分析をし、その変化は危機的状況を示すのか、その原因は、漁業や汚染、繁殖地でのかく乱といった人間活動によるものか、あるいは気候変化が生態系の機能に変化を引き起こしているのか、さらに、その結果として起きる糧秣魚類資源の量や分布の変化が水産業にダメージを与えそうなのかどうかを判断しても、何らかの対応策をとるのに間に合うのではないか。言い換えれば、海鳥は、海洋環境と生態系に激変があれば、これを、即時的に教えてくれる「センチネル」[＊8]である。

＊1…国連気候変動枠組条約第二一回締約国会議（ＣＯＰ21）が開催されたパリで採択された、気候変動抑制に関する多国間による国際的な協定。各国が温室効果ガスの排出削減目標を示すことが決められた。大統領の交代とともにアメリカは二〇二一年にパリ協定に復帰した。

＊2…数百メートルの深さまで沈降浮上を繰り返しながら海流で移動し、アルゴス衛星システムを使って三次元の水温や塩分濃度などのデータを送ってくる自動観測装置。

＊3…海洋物理モデルと限られた場所と時刻における実測値を使い、物理モデルの修正を行ったうえで、データがない場所や時も含め、水温の三次元での時間変化を求める技術。こうして求められた水温などの三次元データが公開されている。例えば気象庁が出している「海の健康診断表」http://www.data.jma.go.jp/kaiyou/shindan/index_subt.html（2021.08.30）。

＊4…Marine Strategy Framework Directive の略。二〇〇八年に設けられ、二〇二〇年までに海洋環境を改善しよう

というEUの海洋戦略枠組指令。

＊5…Conceptual Ecological Models の略。自然環境に対する人間活動による影響および生態系の反応の指標を特定するための定性的な概念モデル。

＊6…Oslo-Paris Convention の略。EUにおける化学物質の生態影響評価およびリスク管理と海洋環境の保護に関し一九九二年に定められた条約。

＊7…聞きなれない用語であるが、敵の接近を察知するための「歩哨」や不法行為を働こうとする者に対する「監視員」などを意味する。炭鉱での空気の状態の悪化を検知するために使われたカナリアもその例である。英語では sentinel。

あとがき

　海鳥は、鳥類としての制約をかかえたまま、海洋生物を探し食べるための適応を遂げ、ダイナミックな海洋環境の中で実にうまく生活してきた。このことを前著『海鳥の行動と生態――その海洋生活への適応』[1]でまとめた。こうした適応のせいで、新たな、海洋と島嶼におけるさまざまな人間活動に起因するストレスには脆弱であることにも少し触れた。

　その後、我が国でも、アホウドリの保全事業の新しい展開があり、環境省のモニタリングサイト一〇〇〇事業による海鳥の繁殖数のデータが集まり始めた。一方で、ネズミやネコによる海鳥繁殖地かく乱の問題が多く報告され、これらの駆除や取り除き事業も行われ始めた。私自身、天売島におけるウミガラスの保全やノネコ問題、また洋上風力発電施設の感受性マップ作りや海洋汚染に関連したお手伝いをするようになった。

　その頃、海鳥の保全に関する本の企画のお話をいただいた。そのときには、二つの迷いがあった。一〇年以上前に前書を書いたときは、関連したテーマで自ら行った研究があり、多少の成果も出していたので それなりの自信を持って書くことができた（もちろん不十分な点や反省点も多い）。一方で、海鳥の保全については、主体として深く関わっていたわけではなく、成果を上げたわけでもなかった。そのため、本書の執筆にとりかかってよいのか、自分で主導したわけではない仕事、他人の仕事を中心にしてまとめるのでよいのか（つれあいにもそう言われた）、迷いがあった。

しかしながら、世界的に問題となっており、その対策も進められている、混獲や海洋汚染の海鳥への影響、海鳥繁殖地でのネズミやノネコの問題が、我が国ではあまり知られていないことはそれまでも気になっていた。この機会に、世界の情報を広く集め、解説し、少しでも多くの方にこの現実を知ってもらうことで、海鳥の保全に貢献できるのではないかという思いが強くなった。そこで、人間活動による「ストレス」がどう海鳥に「インパクト」を与えているかについて、できるだけ客観的にまとめることにした。

一方で、「海鳥は海洋生態系の変化の指標として使える」という考えは一九八〇年代からあった。海鳥を浮魚資源、海洋生態系や海洋環境の変化の指標にしようというアイデアに基づいて多くの研究がなされてきた。

まず、気候変化が食物連鎖の変化を通してどう海鳥に影響するのか、海鳥の餌や繁殖成績の変化によって糧秣魚類群集と資源の変化をとらえられるのではないか、といった問題は、私自身の研究テーマでもあり、「海鳥による環境監視」のもととなる研究であった。

次に、海鳥の体組織中の汚染物質濃度を使って海洋汚染の時空間変化をモニタリングしようという考えも同じ頃から出されていた。水俣病など化学汚染物質による人への重篤な健康被害を出した日本では、野生生物への影響を含めた環境汚染の分野で多くの成果を上げてきた[2]。私も、海鳥を使った残留性有機汚染物質やプラスチック汚染のモニタリングについては、東京農工大学の高田秀重教授の研究グループと共同研究をさせていただいていた。こうした人間活動が原因となる海洋汚染を、海鳥を使って知ることについて紹介する必要を感じていた。

そこで、本書ではこうした考えを一歩進め、「海鳥は人間の海洋環境に対するストレスやインパクトを監視するためのデバイスになる」ことを示すのをもう一つの目的にしようと考えた。

このように、もともとの目的であった海鳥の保全に加え、海鳥を使った海洋環境モニタリングにも興味があったのだが、これらは別の話であるように思えた。そのため、この二つを同時に本書で扱うべきか、いずれかに焦点を絞った方がよいのではないか。これがもう一つの迷いだった。

しかし、よく考えてみると、海鳥がその長い進化の歴史において経験したことのない、人間活動に起因するストレスに対して脆弱であるがゆえに、こうしたストレスが海鳥へ大きなインパクトを与えているのである。それだからこそ、あまり情報がない外洋での人間活動のストレスとインパクトが、海鳥を観察することによってよりよくみえるようになるのではないか。このことについて、少し散漫になるが、四つの点から説明を加えさせていただきたい。

第一に問題を明確にしてくれる。海鳥の分布や採食場所は海水温や海流が接するフロントに影響されるので、バイオロギングで調べた採食場所と海鳥の足につけたデータロガーが記録した水温を使ってフロントの位置を知ることは可能である。しかし、フロントの位置はリモートセンシングとデータ同化技術によりもっと正確にわかる。海鳥が監視デバイスとして役に立つのは、フロントの位置を知らせてくれることではなく、気候変化や人間活動が生態系へどういったストレスを与えているのか、フロントの位置の変化がどのように高次捕食者の生活や漁業に影響するのか、[3] そのプロセスの一端を教えてくれることである。

人間にとって重要なのはフロントの位置自体ではなく、その変化によって糧秣魚類資源や漁場がどう変わるのか、生物多様性はどういった影響を受けるのかであり、海鳥はこうした問題についての何らかの情報を与えてくれる。

第二に陸上のストレスについても考えさせてくれる。マグロ、クジラ、アザラシ、オットセイが減少した大きな理由は人間による過剰漁獲であり、[4・5] 禁漁を含む適切な資源管理が行われるようになってからは、クジラ、アザラシの多くは増加傾向にある。[6] 一方で、現在漁獲（狩猟）されているわけではないにもかかわらず海鳥は減少し続けている。なぜだろうか？

これは、マグロ、クジラ、アザラシ、オットセイに比べ、海鳥が多様なストレスにさらされていることを示しているのかもしれない。大洋の孤島などで繁殖するので、陸上での人間活動に起因するストレスにもさらされている点は、マグロやクジラとは大きく異なる。

第三は安価に情報収集できる点である。海洋における人間活動のストレスのリストは膨大なものになり、[7] その種類、範囲、時期を特定し、海洋生物へのインパクトを明らかにするには、船による生物情報の収集が不可欠であるが、それは大変なものになるだろう。設定した海洋保護区に限っても、特に外洋域での密漁船や海洋汚染の監視のための資金・人的資源を考えると気が遠くなる。海鳥というデバイスを使えば、これらを具体的な問題としてとらえ、ストレスをモニタリングし、地図化し、インパクトに対して対策を講じる際に役に立つだろう。

もちろん、本書でみたように海鳥をデバイスとすることの弱点はある。加えて、船からの日視調査において、種同定を画像解析で自動化するのはまだ難しいし、バイオロギングのためには海鳥を捕まえる必要がある。また、監視範囲と期間は海鳥まかせである、といったさまざまな弱点があることも確かである。こうした弱点はあるにせよ、船による調査や新しい衛星観測システムの構築に比べれば低コストで、広い範囲のストレスを示してくれる点で、海鳥をデバイスとした環境監視は役に立つだろう。

第四は新技術の利用である。海鳥の保全と海鳥をデバイスとした環境監視、という二つの問題を具体化し、展開することにバイオロギング技術が役に立っている。特に、移動追跡技術の急速な進歩は、外洋を生活の場とするがゆえにこれまで困難であった海鳥の海での行動の研究を手の届く範囲に引き寄せてくれた。この技術を使って海鳥の移動範囲を調べることで、混獲リスクの高い海域の推定やその低減のための保護区の設定に役立つこと、また、海鳥を海洋監視デバイスととらえることで、外洋での汚染度を地図化できることを述べた。

前書をまとめてから一〇年経って本書を書いた理由の一つは、このようにバイオロギング技術によって、海鳥の外洋での生活の理解が格段に進んだことである。それがどう海鳥の保全と海洋環境の監視に役に立つのか本書で紹介した。

最後に、外洋域における人間活動に起因するストレス、そしてインパクトは普段われわれが感じる以上に大きいことを述べてまとめにしよう。海岸線や河口、港などでの経験を除けば、人間活動が海洋生態系に与えているインパクトを直感的に理解するのは難しい。目につく機会の多い海岸のプラスチックごみは問題の一部に過ぎない。

北海道大学水産学部付属練習船おしょろ丸に乗って、学生とともに海以外まわりに何も見えない外洋に出たときには、果てしない空間の中に自分たちだけがとりのこされているかのように思う。北海道日本海の沖にある天売島(世界最大規模のウトウの繁殖地である)の高さ一〇〇メートルを超す崖のへりに立って、日没後、残照の水平線から島に戻ってくる、空一面の何万というウトウを見ると圧倒される。こうしたときに、水産学部で教えている私でも、人間の存在がいかにちっぽけではかないものであるかを感じてしまう。

しかし、今、世界の人口は世界の海鳥の個体数の一〇倍近くに、その生物重量は一〇〇〇倍以上になる。ニワトリは世界中で飼われており、その数は世界の海鳥の三〇倍にもなる。われわれ人間は、一種の生物として、その「捕食」が食物連鎖を大きく左右する海洋生態系の「キーストーン種」であり、かつ、その「活動」が地球の平均気温を上昇させるほどの最強の「生態系エンジニア」である。

海鳥の生活をていねいに観察することによって、この人間の活動に起因するストレスが、海洋と海洋島において急速に拡大し多様化していることがわかることを本書では示そうとした。こうしたさまざまなストレスが、海洋生物の一員である海鳥にインパクトを与えていること、われわれの目が届きづらい外洋における人間活動の影響は意外と大きく、そして加速していることを知っていただけたらと思う。

本書をまとめるにあたり多くの方にお世話になった。越智大介氏（3章とコラム①執筆）、山本裕氏（6章とコラム③）、石塚真由美氏（7章）、山下麗氏（7章、8章、16章）、橋本琢磨氏（10章）、風間健太郎氏（12章）、出口智広氏（13章）には各章の内容について、新妻靖章氏と高橋晃周氏には原稿全体について、中山裕理氏にはその一部についてコメントいただいた。西澤文吾氏、高橋和弘氏、山本裕氏、出口智広氏、風間健太郎氏、平田和彦氏、一ノ瀬貴大氏、橋本琢磨氏、高橋晃周氏、江田真毅氏、伊藤元裕氏、大門純平氏、山本誉士氏、彦坂清子氏からは写真をお借りした。水産資源研究所・水産庁には図3-6、3-7、3-8、3-14、4-2の写真の使用について、環境省羽幌自然保護官事務所には図13-1の写真の使用について、北海道大学総合博物館には図9-2の写真の使用について、（公財）日本野鳥の会には図6-1、コラム③の図の写真の使用について、それぞれ許可をいただいた。山本誉士氏にはコラム⑨の図を作成いただいた。二五年ほど前、北海道大学農学部に在職中、北海道からの委託事業として世界の海鳥の現状と保全に関するとりまとめを行った。それが本書の前半の下地となっている。その際は、長雄一氏や当時教室にいた多くの学生にお世話になった。二〇一九年に北海道大学サマーインスティテュートの講師を務めていただいた、ハワイの野生生物保全関連のＮＧＯであるPacific Rim 代表のLinsay Young博士との議論には大変勇気づけられ、大いに参考になった。

本書で取り上げた研究の一部は文科省科学研費補助金（基盤Ｂ）26304029「動物装着ビデオを用いた漁船と海鳥の個体レベルでの相互作用の研究」（代表）、同（基盤Ａ）20241001「海鳥を食物網と汚染のトレーサーとした海洋生態系モニタリング」（代表）、同（基盤Ａ）19H01157「海鳥を標準デバイスとした海洋汚染リスクの広域マッピング法の開発」（代表）、環境研究総合推進費4-1603「風力発電の建設による鳥衝突のリスク低減を目指した高精度鳥感度Ｍａｐの開発」（代表関島恒夫）、同4-1803「洋上風力発電所の建設から主要な海鳥繁殖地を守るセンシティビティマップの開発」（代表関島恒夫）、同SII-2-2「海洋プラスチックごみ及びその含有化学物質による生態系影響評価」（グループ代表高田秀重）によるものである。また、国際水産資源変動メカニズム等解析事業では、延縄による海鳥やウミガメの混獲に関して多くの勉強をさせていただいた。竹中毅氏には、本書の原稿執筆につきお声がけいただき、また最初の原稿に目を通していただいた。最後に、築地書館の黒田智美さんには、読みづらい原稿をていねいに読んで修正を入れていただいた。深くお礼申し上げる。

付表 1-1　日本に繁殖する海鳥の 1980 年代以前（個体数）と最近の現状（巣数）。1980 年代以前は文献 1 による。最近のデータはコロニーデータベースや文献 2 などに基づくおおまかな数値を示した。個体数のデータしかない場合はその半分を巣数と仮定した。ただし、＊は半数を繁殖数とすることも不確実なので個体数のままで示した。文献 1 は個体数で示していることに注意。それぞれの期間における個体数変化傾向は、増加傾向↑、減少傾向↓、コロニーにより増加と減少↑↓、変化なし→、不明？。環境省レッドリスト 2018 年でのランクも示す。セグロミズナギドリはオガサワラミズナギドリとした（文献 3 による）。

			1980 年代以前（文献 1）		最近の現状		
英名	学名	和名	個体数	増減傾向	巣数	増減傾向	レッドリスト
Black-footed Albatross	*Phoebastria nigripes*	クロアシアホウドリ	161	↑	2,000	↑	
Short-tailed Albatross	*Phoebastria albatrus*	アホウドリ	1,250	↑	1,000	↑	VU
Laysan Albatross	*Phoebastria immutabilis*	コアホウドリ	28	↑	15	→	EN
Bulwer's Petrel	*Bulweria bulwerii*	アナドリ	＋		10^3	?	
Streaked Shearwater	*Calonectris leucomelas*	オオミズナギドリ	2,761,000		1,000,000	↑↓	
Bonin Petrel	*Pterodroma hypoleuca*	シロハラミズナギドリ	＋＋		10^4〜10^5	?	
Audubon's Shearwater	*Puffinus bannermani*	オガサワラミズナギドリ	＋		10^3	?	EN
Bryan's Shearwater	*Puffinus bryani*	オガサワラヒメミズナギドリ			?	?	CR
Wedge-tailed Shearwater	*Puffinus pacificus*	オナガミズナギドリ	＋＋		8,500	↑	
Leach's Storm Petrel	*Oceanodroma leucorhoa*	コシジロウミツバメ	2,000,000		700,000	↓	
Band-rumper Storm Petrel	*Oceanodroma castro*	クロコシジロウミツバメ	8,000		200	↓	CR
Matsudaira's Storm Petrel	*Oceanodroma matsudairae*	クロウミツバメ	＋＋		50＋	?	NT
Swinhoe's Storm Petrel	*Oceanodroma monorhis*	ヒメクロウミツバメ	1,000		6,000	↓	VU
Tristram's Storm Petrel	*Oceanodroma tristrami*	オーストンウミツバメ	＋	↓	100,000	?	NT
Masked Booby	*Sula dactylatra*	アオツラカツオドリ	100		30	?	
Red-footed Booby	*Sula sula*	アカアシカツオドリ	20		1＋	?	EN
Brown Booby	*Sula leucogaster*	カツオドリ	2,000＋		4,000	↑	
Japanese Cormorant	*Phalacrocorax capillatus*	ウミウ	1,100		3,000	↑↓	
Pelagic Cormorany	*Phalacrocorax pelagicus*	ヒメウ	＋		50	↑	EN
Red-faced Cormorant	*Phalacrocorax urile*	チシマウガラス	500		30	↓	CR
Red-tailed tropicbird	*Phaethon rubricauda*	アカオネッタイチョウ	200＋		50	?	EN
Black-tailed Gull	*Larus crassirostris*	ウミネコ	90,000＋		130,000	↑↓	
Slaty-backed Gull	*Larus schistisagus*	オオセグロカモメ	5,000＋		6,500	↑↓	
Black Noddy	*Anous minutus*	ヒメクロアジサシ			?	?	
Brown Noddy	*Anous stolidus*	クロアジサシ	＋		2,000	?	
Bridled Tern	*Sterna anaethetus*	マミジロアジサシ	1,000		500	↓	
Great Crested Tern	*Sterna bergii*	オオアジサシ	＋		500*	?	VU
Roseat Tern	*Sterna dougallii*	ベニアジサシ	＋＋		3,000	↑↓	VU
Sooty Tern	*Sterna fuscata*	セグロアジサシ	＋＋		3,500	?	
Black-naped Tern	*Sterna sumatrana*	エリグロアジサシ	＋		1000	?	VU
Common Murre	*Uria aalge inornata*	ウミガラス	1,000	↓	10	↓	CR
Spectacled Guillemot	*Cepphus carbo*	ケイマフリ	1,000＋		800*	↓↑	VU
Long-billed Murrelet	*Brachyramphus perdix*	マダラウミスズメ	＋		?		DD
Ancient Murrelet	*Synthliboramphus antiquus*	ウミスズメ	＋		700*	?	CR
Japanese Murrelet	*Synthliboramphus wumizusume*	カンムリウミスズメ	1,650		2,500*	↓	VU
Tufted Puffin	*Fratercula cirrhata*	エトピリカ	＋		＜10	↓	CR
Rhinoceros Auklet	*Cerorohinca monocerata*	ウトウ	600,000＋		550,000	↑	

付表 7-1　海鳥とカモ類において POPs および重金属がストレスや免疫能力に与える影響（間接毒性）。

場所	種類	組織	汚染物質	評価項目・物質	評価手法	影響	文献
アンダルシア（スペイン）	マガモ、オオバン	血液	Pb	αアミノレブリン酸分解酵素（ALAD）、抗酸化物質（ビタミン A とカロテノイド、グルタシオン）、抗酸化酵素	個体変異	マガモとオオバンで Pb 濃度が高い個体は ALAD 比が小さく、マガモでは Pb 濃度が高い個体で赤血球中の抗酸化酵素活性が低い。オオバンで Pb 濃度が高い個体で抗酸化物質濃度が低く、赤血球の抗酸化酵素活性が高い	4
ポゼッション島（クローゼ諸島：亜南極）	ワタリアホウドリ	血液	POPs、Hg	血漿酸化ストレスダメージ物質（チオバルビタール酸反応物質）、血漿中炎症関連分子（ハプトグロビン）	個体変異、年齢、オスメス比較	POPs 濃度が高い個体は酸化ストレスダメージ物質が多かったが、炎症関連分子（ハプトグロビン）には差なし。メスでは Pb 濃度が高い個体は酸化ストレスダメージ物質が多いが、オスでは効果なし	5
北太平洋	クロアシアホウドリ	肝臓	ダイオキシン関連物質（TEQs）	CYP1A レベル	個体変異	総 TEQs は CYP 依存酵素活性（AROD）と正の相関があり、ダイオキシン関連物質による CYP1A 誘導を示唆	6
スピッツベルゲン（ノルウェー）	ミツユビカモメ（オス）	血液	PCBs、有機塩素系殺虫剤、Hg	ストレス下の CORT（グルココルチコイドストレスホルモン）放出量	実験：捕獲拘束、抗炎症薬あるいは副腎皮質ホルモン（ACTH）の注射	総 PCBs の高い個体は、ACTH 注射後により多くの CORT を放出	7
ベア島（ノルウェー）	シロカモメ（抱卵個体）	血液	有機ハロゲン系汚染物質（OHC）、DDTs、クロルデン、PCBs、PBDEs	プロラクチン（PRL）	実験：30 分の捕獲拘束実験	血漿 OHC 濃度が高いオスはベースライン PRL 濃度が低く、拘束時の PRL の低下速度が小さかった。メスではその関係はなかった	8
スピッツベルゲン（ノルウェー）	ミツユビカモメ（オス）	血液	Hg	プロラクチン（PRL）	個体変異、CORT 投与実験	オスでは血中 Hg が高いと PRL 濃度が低く、育雛期血中 Hg が高いと繁殖成績は低い。CORT 投与により、Hg の PRL に対する効果が強まる傾向はない。CORT 投与したオスではふ化率は下がったが、Hg 濃度の高いオスでは CORT 投与の効果はなかった	9
ミッドウェー島	クロアシアホウドリ	血液	PCBs、DDTs、HCB（ヘクサクロルベンゼン）、クロルデン、Hg	リンパ細胞分裂、リンパ細胞の比率	個体変異	有機塩素化合物濃度が高いとリンパ細胞比率が高く、Hg 濃度が高いとマクロファージが細菌など大型細胞を取り込む作用が阻害	10
スピッツベルゲン、アイスランド、シェトランド（スコットランド）	オオトウゾクカモメ	血液・羽根	OCs（PCBs、*p,p'*-DDE、HCB）、PBDEs	羽根 CORT、血漿中免疫グロブリン Y、血漿 TAS（抗酸化能）	コロニー間および個体変異	汚染が大きいコロニーで生理コンディションが悪い傾向はなし。OCs 濃度が高い個体で生理コンディションが悪い傾向もなし	11
カナダ	ホンケワタガモ	血液	Pb、Hg	ボディーコンディション、CORT と免疫グロブリン Y	個体変異	Pb 濃度が高い個体は繁殖地に遅く到着し、ボディーコンディションが低かった。一方、Hg の高い個体はボディーコンディションも高かった。CORT、免疫グロブリン Y には影響なし	12
南極半島とキングジョージ島	ヒゲペンギン	血液	DDTs、PCBs	リンパ球、抗体数など	個体変異	総 PCBs と総 DDTs が高い個体は好酸球数とリンパ球数が少なく、異種抗体数/リンパ球数比が高く、感染・炎症ストレスが示唆され、細胞学的変性も観察	13
北極およびバルチック海	ホンケワタガモ（メス）	血液	POPs、Hg	DNA2 重鎖の切断頻度（DNA DSB）	地域比較および個体変異	汚染暴露度の高いバルチック海と低い北極域で DNADSB に差はなし。バルチックでは、Hg、*p,p'*-DDE と PCB118 の高い個体は DNADSB も大きかったが、北極ではその傾向はなし	14

付表 8-1　海鳥におけるプラスチック飲み込みの消化管や消化能力に関連する影響に関する研究。

種	影響	判定	手法	記載	文献
シロカツオドリ、ズグロミズナギドリ成鳥（マサチューセッツ保護個体）	消化管潰瘍・傷	あり	観察	各種 1 個体大型プラスチックキャップが消化管を閉塞	15
コアホウドリ成鳥（ミッドウェー島保護あるいは死体回収）	消化管潰瘍・傷	あり	観察	62 羽の傷病保護後死んだ、あるは新鮮死体の成鳥のうち 4 個体が消化管に傷があった	16
ハシボソミズナギドリ巣立ち幼鳥海岸漂着（オーストラリアのフィリップ島）	消化管潰瘍・傷	あり	観察	415 個体プラスチックで胃が傷ついていたのが 2 例	17
マゼランペンギン非繁殖期に回収された死体（ブラジル沿岸）	消化管潰瘍・傷	あり	観察	175 個体中 1 個体の胃でプラスチックストローが刺さっており、これが死をもたらしたのだろう	18
ヒメウミスズメ成鳥海岸漂着（カナダのニューファンドランド）	消化管潰瘍・傷	なし	観察	目視による消化管内側表面の障害はない。黒ずんだ内壁があり潰瘍と誤診されやすい。プラスチックありなしとそのほか障害に関係なかった	19
フルマカモメ、アカエリヒレアシシギ、ズグロミズナギドリなど（ノースカロライナ沿岸銃器による採取）	消化管潰瘍・傷	なし	観察	プラスチックがあることで、消化管に異常をもたらしているとは思えなかった	20
25 種の海鳥 400 個体（南アフリカとその周辺海域）	消化管潰瘍・傷	なし	観察	プラスチックによる消化管閉塞は認められず、胃の傷をもたらしていると思われる例もごくわずかだった	21
アカアシミズナギドリ巣立ち雛胃洗浄（東オーストラリア）	肥満度	あり	個体変異	プラスチックを多く持っていた個体はボディーコンディションが低かった	22
コアホウドリ雛自然・事故死体（ミッドウェー島）	肥満度	あり	個体変異	自然死した雛は、事故死したが他は健康に見える雛に比べ、砂のうにより多くのプラスチックを持ち、体重が軽く脂肪スコアが低かった	16
ハシボソミズナギドリ成鳥海岸漂着（オーストラリア）	肥満度	なし	個体変異	プラスチック数とボディーコンディションに相関はなかった	23
ハシボソミズナギドリ巣立ち幼鳥海岸漂着（オーストラリア）	肥満度	なし	個体変異	プラスチック数とボディーコンディションに相関はなかった	23
ヒメウミスズメ成鳥海岸漂着（カナダのニューファンドランド）	肥満度	なし	個体変異	ボディーコンディションとはプラスチックあるなしと関係がない	19
ズグロミズナギドリ成鳥事故・捕食死体（南大西洋ゴフ島）	体重	なし	個体変異	プラスチック重量は体重とは関係なかった	24
カオジロウミツバメ成鳥事故・捕食死体（ゴフ島）	体重	あり	個体変異	プラスチック重量は体重と負の関係	24
ハシビロクジラドリ成鳥事故・捕食死体（ゴフ島）	体重	なし	個体変異	プラスチック重量は体重とは関係なかった	24
ハシボソミズナギドリ巣立ち幼鳥海岸漂着（オーストラリアのフィリップ島）	肥満度	なし	個体変異	胃内プラスチック（数も重量も）のボディーコンディション（脂肪スコア）への影響は認められなかった	17
オニミズナギドリ巣立ち幼鳥光誘引死（大西洋中部のアゾレス諸島）	体重・サイズ	なし	個体変異	プラスチック負荷と体重・体サイズには関係がなかった	25
ズグロミズナギドリ成鳥採取（ゴフ島）	脂肪指標	なし	個体変異	プラスチック負荷量と脂肪インデックスや体重に有意な関係はない	26
アオミズナギドリ成鳥採取（南インド洋のプリンスエドワード島）	脂肪指標	なし	個体変異	プラスチック負荷量と脂肪インデックスや体重に有意な関係はない	26
ハシボソミズナギドリ成鳥流し網混獲（北太平洋）	体重	なし	個体変異	プラスチック重量は体重とは無関係	27・28
ハシボソミズナギドリ巣立ち前雛密漁（タスマニア）	肥満度	なし	個体変異	プラスチック個数重量は肥満度、脂肪指数と関係なし	29
オナガミズナギドリ巣立ち雛胃洗浄（オーストラリア）	体重・サイズ	なし	個体変異	フラッシング個体でも解剖個体でもプラスチック重量と鳥の体重、サイズには関係がなかった	30
フルマカモメ狩猟（カナダのラブラドール）	皮下脂肪の厚さ	なし	個体変異	皮下脂肪の厚さと胃中のプラスチックの重さとの関係はなかった	31・32
ニワトリの雛	摂食量・成長	あり	投与実験	14 日齢の雛にポリエチレンペレット 10 個を投与。投与群は、餌制限で摂食量減少、自由採食で摂取量減少、低体重増加、同化率に差はなし	33
ノドジロクロミズナギドリ巣立ち幼鳥飼育	消化率・摂食量 体重変化	なし	投与実験	40 個透明ポリエチレン同化率、体重減少に差はなかった	21
オオミズナギドリ雛飼育	体重・サイズ	なし	投与実験	40 日齢汚染レジンペレット 40 個投与。餌は食べるだけ。体重、体サイズ成長に差はなし	28
ミズナギドリ目成鳥混獲・漂着死体（ブラジル）	摂食量	なし	個体変異	プラスチック個数と餌アイテムの数に相関なし	34
ズグロミズナギドリ成鳥事故・捕食死体（ゴフ島）	摂食量	なし	個体変異	プラスチック数は胃中の硬い餌残渣数とは関係なかった	24
カオジロウミツバメ成鳥事故・捕食死体（ゴフ島）	摂食量	なし	個体変異	プラスチック数は胃中の硬い餌残渣数とは関係なかった	24
ハシビロクジラドリ成鳥事故・捕食死体（ゴフ島）	摂食量	なし	個体変異	プラスチック数は胃中の硬い餌残渣数とは関係なかった	24
オオミズナギドリ雛飼育	POPs 蓄積	あり	投与実験	プラスチック群は肝臓中低塩素 PCB 濃度が高く、血液・尾腺ワックスの PCB は 1 週間目に高くなった	28
フルマカモメ成鳥延縄混獲個体（ノルウェー）	POPs 蓄積	なし	個体変異	体組織中総 PCBs、DDTs、PBDEs にプラスチック摂取量の異なるグループ間で差はない。餌が主要な POPs ソース	35
ハシボソミズナギドリ流し網混獲（北太平洋）	POPs 蓄積	あり	個体変異	プラスチック量と PCB 低塩素コンジェナー濃度と正の相関	27
フルマカモメ狩猟（カナダのラブラドール）	POPs 蓄積	なし	個体変異	鳥の PCB 濃度と胃中のプラスチックの数や重さとの関係はなかった。PCB を異なるやり方で評価しても同じだった。餌が主要な POPs ソース	31・32
ハシボソミズナギドリ流し網混獲（北太平洋）	POPs 蓄積	あり	個体変異	プラスチックを食べていた個体で脂肪中プラスチック由来 PBDE が高い	27・36
アカアシミズナギドリ巣立ち雛胃洗浄（東オーストラリア）	重金属蓄積	あり	個体変異	プラスチック量が多い個体ほど胸の羽根のクロムと銀の濃度は多かった	22

付表 10-1　我が国の海鳥繁殖地およびいくつかの潜在的な繁殖地における移入哺乳類の存在（1 は捕食者の存在が確認されたことを示す）。繁殖地自体では確認されなくとも、地続きの周辺地で確認された場合も含む。文献 37 などによる。小笠原に関しては文献 38 および小笠原諸島におけるネズミ類の生息状況とネズミ類各種の特性（http://ogasawara-info.jp/pdf/chiiki2601/2601_exshiryou2-1.pdf、http://ogasawara-info.jp/pdf/saisei/keikaku_noyagi.pdf）などによる。2000 年代に駆除が成功し現在は存在が確認されない場合も在とした。

都道府県	場所	イタチ	ヤギ	ネコ	ウサギ	ドブネズミ	クマネズミ	ドブ/クマネズミ	ハツカネズミ
北海道	天売島			1		1			
北海道	知床半島								
北海道	ユルリ島					1			
北海道	モユルリ島					1			
北海道	大黒島								
北海道	渡島大島				1	1			
北海道	松前小島								
青森県	弁天島(尻屋)					1			
青森県	蕪島			1					
岩手県	日出島								
岩手県	三貫島								
宮城県	足島					1			
宮城県	足島平島				1				
秋田県	飛島			1				1	
秋田県	飛島御積島								
伊豆諸島	祇苗島								
伊豆諸島	御蔵島			1		1			
伊豆諸島	八丈小島(小池根)								
伊豆諸島	鳥島						1		
小笠原諸島	父島		1	1			1		1
小笠原諸島	兄島		1	1			1		
小笠原諸島	弟島		1	1			1		1
小笠原諸島	東島						1		
小笠原諸島	南島						1		
小笠原諸島	母島			1		1	1		1
小笠原諸島	姉島					1			
小笠原諸島	硫黄島			1					
小笠原諸島	聟島鳥島						1		
小笠原諸島	聟島北之島								
小笠原諸島	聟島中ノ島								
小笠原諸島	聟島		1				1		
小笠原諸島	嫁島		1					1	
京都府	冠島					1			
京都府	沓島								
島根県	隠岐・星神島								
島根県	隠岐・大森島							1	
島根県	隠岐・二股島							1	
島根県	隠岐・大波加島							1	
島根県	隠岐・沖ノ島							1	
島根県	隠岐・松島								
島根県	隠岐・白島								
島根県	経島								
高知県	宿根湾・蒲葵島							1	
高知県	宿根湾・幸島								
高知県	宿根湾・姫島							1	
高知県	宿根湾・二並島								
福岡県	沖ノ島			1		1	1		
福岡県	沖ノ島小屋島					1			
福岡県	三池島								
宮城県	枇榔島								
長崎県	男女群島・男島						1		
長崎県	男女群島・女島			1			1		
鹿児島県	トカラ・臥蛇島	1	1						
鹿児島県	トカラ・悪石島	1	1						
鹿児島県	トカラ・小島		1						
鹿児島県	トカラ・上ノ根島		1					1	
鹿児島県	トカラ・横当島								
鹿児島県	奄美・大島沿岸								
鹿児島県	奄美・加計呂麻島								
鹿児島県	奄美・与路島								
鹿児島県	奄美・請島								
鹿児島県	奄美・ハンミャ島								
鹿児島県	奄美・徳之島								
鹿児島県	奄美・与論島								
沖縄県	沖縄・本土のみ			1					
沖縄県	沖縄・伊是名島								
沖縄県	沖縄・伊平屋島								
沖縄県	沖縄・水納島								
沖縄県	沖縄・慶伊瀬島								
沖縄県	沖縄・コマカ島								
沖縄県	宮古・本島周辺								
沖縄県	宮古・フデ島								
沖縄県	宮古・軍艦バナリ								
沖縄県	宮古・池間島								
沖縄県	宮古・大神島								
沖縄県	宮古・伊良部島下池島								
沖縄県	宮古・多良間島								
沖縄県	八重山・石垣島周辺								
沖縄県	八重山・西表島								
沖縄県	八重山・竹富島								
沖縄県	八重山・小浜島								
沖縄県	八重山・黒島								
沖縄県	八重山・浜島								
沖縄県	八重山・加屋真島				1				
沖縄県	仲ノ神島						1		
合計	85	2	9	12	3	12	13	9	3

鳥名索引

【サ行】

【タ行】

【ナ行】

【ハ行】

【マ行】

【ヤ行】

【ラ行】

【ワ行】

事項索引

【タ行】

【ナ行】

【ハ行】

【マ行】

引用文献

はじめに

(1) Paleczny M, Hammill E, Karpouzi V, Pauly D (2015) Population trend of the world's monitored seabirds, 1950-2010. PLoS ONE 10：e0129342, doi：10.1371/journal.pone.0129342
(2) Xu L, Liu X, Wu L, Sun L, Zhao J, Chen L (2016) Decline of recent seabirds inferred from a composite 1000-year record of population dynamics. Sci Rep 6：35191, doi：10.1038/srep35191
(3) Yodzis P (2001) Must top predators be culled for the sake of fisheries? Trends in Ecology & Evolution 16：78-84
(4) Brooke M de L (2004) The food consumption of the world's seabirds. Proc RBiol Scie, doi：10.1098/rsbl.2003.0153
(5) 亀田佳代子（2007）陸上生態系と水域生態系をつなぐもの．山岸哲（監修），山階 保全研究所（編）鳥類学，京都大学学術出版会，pp.167-189
(6) Mosbech A, Johansen KL, Davidson TA, Appelt M, Grønnow B, Cuyler C, Lyngs P, Flora J (2018) On the crucial importance of a small bird：The ecosystem services of the Little Auk (*Alle alle*) population in Northwest Greenland in a long-term perspective. Ambio 47：226-243
(7) Kazama K (2019) Bottom-up effects on coastal marine ecosystems due to nitrogen input from seabird feces. Ornith Sci 18：117-126
(8) Aoyama Y, Kawakami K, Chiba S (2012) Seabirds as adhesive seed dispersers of alien and native plants in the oceanic Ogasawara Island, Japan. Biodivers Conserv 21：2787-2801
(9) プリマック RB・小堀洋美（1997）保全生物学のすすめ，生物多様性保全のための学際的アプローチ，文一総合出版，東京，pp.399
(10) 綿貫豊（2014）海鳥によるプラスチックの飲み込みとその影響．海洋と生物 36：596-605
(11) 綿貫豊（2016）生物を使った海洋汚染モニタリング．日本生態学会誌 66：109-117
(12) 綿貫豊（2017）海鳥をつかった海洋プラスチックのモニタリングと生体影響評価．月刊海洋 49：654-661
(13) 綿貫豊・山本裕・佐藤真弓・山本誉士・依田憲・高橋晃周（2018）外洋表層の生態学的・生物学的重要海域特定への海鳥の利用．日本生態学会誌 68：81-99
(14) 綿貫豊（2010）海鳥の行動と生態：その海洋生活への適応，生物研究社，東京，317pp.
(15) 小城春雄・清田雅史・南浩史・中野秀樹（2004）アホウドリ類の和名に関する試案．山階鳥類学雑誌 35：220-226
(16) 日本鳥学会（2012）日本鳥類目録改訂第 7 版，日本鳥学会，438pp.

1 章

(1) Steadman DW (1995) Prehistoric extinctions of Pacific island birds：Biodiversity meets zooarchaeology. Science 267：1123-1131
(2) ダイアモンド，ジャレド（2012）文明崩壊：滅亡と存続の命運を分けるもの（上），楡井浩（訳），草思社，東京，553pp.
(3) Phillips RA, Gales R, Baker GB, Double MC, Favero M, Quintana F, Tasker ML, Weimerskirch H, Uhart M, Wolfaardt A (2016) The conservation status and priorities for albatrosses and large petrels. Biol Conserv 201：169-183 doi：10.1016/j.biocon.2016.06.017
(4) 環境省（2015）重要生態系監視地域モニタリング推進事業（モニタリングサイト 1000）海鳥調査 第 2 期とりまとめ報告書 www.biodic.go.jp/moni1000/findings/reports/pdf/second_term_seabirds.pdf 2021.8.29
(5) Kawakami K, Eda M, Morikoshi K, Suzuki H, Chiba H, Hiraoka T (2012) Bryan's Shearwaters have survived on the Bonin Islands, northwestern Pacific. Condor 114：507-512
(6) Kawakami K, Eda M, Izumi H, Horikoshi K, Suzuki H (2018) Phylogenetic position of endangered *Puffinus lherminieri bannermani*. Ornithol Sci 17：11-18
(7) 川上和人・江田真毅・泉洋江・堀越和夫・鈴木創（2019）日本鳥類目録におけるセグロミズナギドリ和名変更の提案．日本鳥学会誌 68：95-98
(8) 江田真毅・樋口広芳（2012）危急種アホウドリ Phoebastria albatrus は 2 種からなる!? 日本鳥学会誌 61：263-272
(9) Ando H, Young L, Naughton M, Suzuki H, Deguchi T, Isagi Y (2014) Predominance of unbalanced gene flow

from western to central North Pacific colonies of the Black-footed Albatross (*Phoebastria nigripes*). Pacific Science 68：309-319

(10) Hasegawa H (1984) Status and conservation of seabirds in Japan, with special attention to the Short-tailed Albatross. In：JP Croxall, PGH Evans, RW Schreiber (eds), *Status and Conservation of the World's* Seabirds, International Council for Bird Preservation Technical Publication, pp.487-500

(11) Osa Y, Watanuki Y (2002) Status of seabirds breeding in Hokkaido. J Yamashina Inst Ornithol 33：107-141

(12) Senzaki M, Terui A, Tomita N, Sato F, Fukuda Y, Kataoka Y, Watanuki Y (2019) Long-term declines in common breeding seabirds in Japan. Bird Conserv Inter doi：10.1017/S0959270919000352

(13) Croxall JP, Butchart SHM, Lascelles B, Stattersfield AJ, Sullivan B, Symes A, Taylor P (2012) Seabird conservation status, threats and priority actions：a global assessment. Bird Conservation International 22：1-34

2章

(1) Aebischer NJ, Coulson JC, Colebrook JM (1990) Parallel long-term trends across four marine trophic levels. Nature 347：753-755

(2) Dias MP, Martin R, Pearmain EJ, Burfield IJ, Small C, Phillips RA, Yates O, Lascelles B, Borboroglu PG, Croxall JP (2019) Threats to seabirds：a global assessment. Biol Conserv 237：525-537

(3) Chaves FP, Ryan J, Lluch-Cota SE, Ñiquen MC (2003) From anchovies to sardines and back：multidecadal change in the Pacific Ocean. Science 299：217-221

(4) Durant JM, Anker-Nilssen T, Stenseth NC (2003) Trophic interactions under climate fluctuations：the Atlantic puffin as an example. Proc R Soc Lond B 270：1461-1466

(5) Watanuki Y, Ito M, Deguchi T, Minobe S (2009) Climate-forced seasonal mismatch between the hatching of Rhinoceros Auklets and the availability of anchovy. Mar Ecol Prog Ser 393：259-271

(6) Loeb V, Siegel V, Holm-Hansen O, Hewitt R, Fraser W, Trivelpiece W, Trivelpiece S (1997) Effects of sea-ice extent and krill or salp dominance on the Antarctic food web. Nature 387：897-900

(7) Barbraud C, Weimerskirch H (2001) Emperor penguins and climate change. Nature 411：183-186

(8) Olson SL (1975) *Paleornithology of St. Helena Island, South Atlantic Ocean*. Smithonian Conributions to Paleobiology, 23, 49pp.

(9) Halpern BS, Walbridge S, Selkoe KA, Kappel CV, Micheli F, D'Agrosa C, Bruno JF, Casey KS, Ebert C, Fox HE, Fujita R, Heinemann D, Lenihan HS, Madin EMP, Perry MT, Selig ER, Spalding M, Steneck R, Watson R (2008) A global map of human impact on marine ecosystems. Science 319：948-952

(10) Tittensor DP, Mora C, Jetz W, Lotze HK, Ricard D, Berghe EV, Worm B (2010) Global patterns and predictors of marine biodiversity across taxa. Nature 466：1098-1101

(11) Mayers RA, Worm B (2003) Rapid worldwide depletion of predatory fish communities. Nature 423：280-283

(12) Lotze HK, Worm B (2009) Historical baselines for large marine animals. Trends in Ecology & Evolution 24：254-262

(13) Wania F, Mackay D (1996) Tracking the distribution of persistent organic pollutants. Environ Sci Technol 30：390A-396A

(14) 田辺信介 (2015) 化学物質と生態系，環境化学 坂田昌弘編著，講談社，東京，pp.139～159

(15) ソウルゼンバーグ，ウィリアム (2014) ねずみに支配された島，野中香方子 (訳)，文藝春秋，東京，301pp.

(16) Frost PGH, Siegfried WR, Cooper J (1976) Conservation of the Jackass Penguin (*Spheniscus demersus* 〈L.〉). Biol Conserv 9：79-99

(17) Boersma PD, Borboroglu PG, Gownaris NJ, Bost CA, Chiaradia A, Ellis S, Schneider T, Seddon PJ, Simeone A, Trathan PN, Waller LJ, Wienecke B (2019) Applying science to pressing conservation needs for penguins. Conserv Biol 34：103-112

(18) Crawford RJM and Dyer BM (1995) Responses of four seabird species to a fluctuation of availability of Cape anchovy *Engraulis capensis* of South Africa. Ibis 137：329-339

(19) Duffy DC, Wilson RP, Ricklefs RE, Broni SC, Veldhuis H (1987) Penguins and purse seiners：competition or coexistence? Natl Geographic Research 3：480-488

第2部序文

(1) Tasker ML, Camphuysen CJ, Cooper J, Garthe S, Montevecchi WA, Blaber SJM (2000) The impacts of fishing on marine birds. ICES J Mar Sci 57：531-547

(2) Wagner EL, Boersma PD (2011) Effects of fisheries on seabird community ecology. Reviews in Fisheries Science 19：157-167

3章

(1) Yatsu A, Hiramatsu K, Hayase S (1993) Outline of the Japanese squid driftnet fishery with notes on the by-catch. International North Pacific Fisheries Commission Bulletin 53：4-23

(2) Ogi H (2008) International and national problems in fisheries seabird by-catch. J Disaster Res 3：187-195

(3) Tull CE, Germain P, May AW (1972) Mortality of thick-billed murres in the west Greenland salmon fishery. Nature 237：42-44

(4) Ogi H (1984) Seabird mortality incidental to the Japanese salmon gill-net fishery. In：JP Croxall, PGH Evans, RW Schreiber (eds), *Status and Conservation of the World's Seabirds*, ICBP Technical Pubilation 2, pp.717-722

(5) Uhlmann S, Fletcher D, Moller H (2005) Estimating incidental takes of shearwaters in driftnet fisheries：lessons for the conservation of seabirds. Biol Conserv 123：151-163

(6) 佐野蘊（1998）北洋サケ・マス沖取り漁業の軌跡．成山堂書店．東京．pp.188

(7) 藤田剛・樋口広芳（1991）北太平洋での漁業による海鳥類の死亡状況．Strix 10：1-19

(8) Piatt JF, Gould PJ (1994) Postbreeding dispersal and drift-net mortality of endangered Japanese Murrelets. Auk 111：953-961

(9) Artyukhin YB, Burkanov VN (2000) Incidental mortality of seabirds in the drift net salmon fishery by Japanese vessels in the Russian Exclusive Economic Zone, 1993-1997. In：AY Kondratyev, NM Litvinenko, GW Kaiser (eds), *Seabirds of the Russian Far East*, Canadian Wildl Service, Spec Publ, pp.105-116

(10) Carter HR, Sealy SG (1984) Marbled Murrelet mortality due to gill-net fishing in Barkley Sound, British Columbia. In：DN Nettleship, GA Sanger, PF Springer (eds), *Marine Birds：their Feeding Ecology and Commercial Fisheries Relationships*, Canadian Wildlife Service, Spec Publ, Ottawa, pp.212-220

(11) Žydelis R, Bellebaum J, Österblom H, Vetemaa M, Schirmeister B, Stipniece A, Dagys M, van Eerden M, Garthe S (2009) Bycatch in gillnet fisheries- An overlooked threat to waterbird populations. Biol Conserv 142：1269-1281

(12) Ogi H, Siomi K (1991) Diet of murres caught incidentally during winter in northern Japan. Auk 108：184-185

(13) Griffiths SP, Young JW, Lansdell MJ, Campbell RA, Hampton J, Hoyle SD, Langley A, Bromhead D, Hinton MG (2010) Ecological effects of longline fishing and climate change on the pelagic ecosystem off eastern Australia. Rev Fish Biol Fisheries 20：239-272. doi：10.1007/s11160-009-9157-7

(14) Clarke TM, Espinoza M, Wehrtmann IS (2014) Reproductive ecology of demersal elasmobranchs from a data-deficient fishery, Pacific of Costa Rica, Central America. Fisheries Res 157：96-105

(15) Lewison RL, Crowder LB (2003) Estimating fishery bycatch and effects on a vulnerable seabird population. Ecol Appl 13：743-753

(16) Gilman E, Chaloupka M, Peschon J, Ellgen S (2016) Risk factors for seabird bycatch in a pelagic longline tuna fishery. PLoS ONE 11：e0155477 doi：10.1371/journal.pone.0155477

(17) Dietrich KS, Parrish JK, Melvin EF (2009) Understanding and addressing seabird bycatch in Alaska demersal longline fisheries. Biolo Conserv 142：2642-2656

(18) Nel DC, Taylor FE (2003) Global threatened seabirds at risk from longline fishing：international conservation responsibilities. Birdlife International Conservation Programme, Birdlife South Africa, Capetown. www.birdlife.org/action/campaigns/save_the_albatross/fao_doc3.pdf 2021.8.29

(19) Anderson ORJ, Small CJ, Croxall JP, Dunn EK, Sullivan BJ, Yates O, Black A (2011) Global seabird bycatch in longline fisheries. Endang Spec Res 14：91-106

(20) Bugoni L, Griffiths K, Furness RW (2011) Sex-biased incidental mortality of albatrosses and petrels in longline fisheries：differential distributions at sea or differential access to baits mediated by sexual size dimorphism? J Ornithol 152：261-268

(21) Gianuca D, Phillips RA, Townley S, Votier SC (2017) Global patterns of sex- and age-specific variation in seabird bycatch. Biol Conserv 205：60-76

(22) Brooke M de L (2004) *Albatrosses and Petrels across the World*, Oxford University Press, New York, p499.

(23) DeGange AR, Day RH, Takekawa JE, Mendenhall VM (1993) Losses of seabirds in gill nets in the North Pacific. In：K Vermeer, KT Briggs, KH Morgan, D Siegel-Causey (eds), *The Status, Ecology and Conservation of Marine Birds of the North Pacific*, Canadian Wildlife Service, Spec Publ, pp.204-211

(24) Skira IJ, Brothers NP, Pemberton D (1996) Distribution, abundance and conservation status of Short-tailed Shearwaters *Puffinus tenuirostris* in Tasmania, Australia. Mar ornithol 24：1-14

(25) Reid T, Hindell M, Lavers JL, Wilcox C (2013) Re-examining mortality sources and population trends in a declining seabird：using Bayesian methods to incorporate existing information and new data. PLoS ONE 8：e58230 doi：10.1371/journal.pone.0058230

(26) Takekawa JE, Carter HR, Harvey TE (1990) Decline of the Common Murre in the central California, 1980-

1986. Studies in Avian Biology 14：149-163
(27) 北海道生活環境部自然保護課編（1988）天売島ウミガラス生息実態調査報告書．52pp.
(28) Weimerskirch H, Brothers N, Jouventin P (1997) Population dynamics of wandering albatross Diomedea exulans and Amsterdam Albatross *D. amsterdamensis* in the Indian ocean and their relationships with long-line fisheries：conservation implications. Biol Conserv 79：257-270
(29) Croxall JP, Rothery P, Pickering SPC, Prince PA (1990) Reproductive performance, recruitment and survival of Wandering Albatrosses *Diomedea exulans* at Bird Island, South Georgia. J Anim Ecol 59：775-796
(30) Inchausti P, Weimerskirch H (2001) Risks of decline and extinction of the endangered Amsterdam Albatross and the projected impact of long-linefisheries. Biol Conserv 100：377-386
(31) Lewison RL, Crowder LB (2003) Estimating fishery bycatch and effects on a vulnerable seabird population. Ecol Appl 13：743-753
(32) Bakker VJ, Finkelstein ME, Doak DF, VanderWerf EA, Young LC, Arata JA, Sievert PR, Vanderlip C (2018) The albatross of assessing and managing risk for long-lived pelagic seabirds. Biol Conserv 217：83-95
(33) Rolland V, Barbraud C, Weimerskirch H (2008) Combined effects of fisheries and climate on a migratory long-lived marine predator. J Appl Ecol 45：4-13
(34) Pardo D, Forcada J, Wood AG, Tuck GN, Ireland L, Pradel R, Croxall JP, Phillips RA (2017) Additive effects of climate and fisheries drive ongoing declines in multiple albatross species. Proc Natl Acad Sci, doi/10.1073/pnas.1618819114
(35) Ramos R, Granadeiro JP, Nevoux M, Mougin J-L, Dias MP, Catry P (2012) Combined spatio-temporal impacts of climate and longline fisheries on the survival of a trans-equatorial marine migrant. PLoS ONE 7 e40822 doi：10.1371/journal.pone.0040822
(36) 南浩史・清田雅史（2015）平成 26 年度国際漁業資源の現況 海鳥類の偶発的捕獲とその管理（総説）．水産庁・水産総合研究センター 43：1-8
(37) Melvin EF, Conquest LL, Parrish JK (1997) Seabird bycatch reduction：new tools for Puget Sound drift gillnet salmon fisheries. University of Washington, Washington Sea Grant Program, 47pp.
(38) Mangel JC, Wang J, Alfaro-Shigueto J, Pingo S, Jimenez A, Carvalho F, Swimmer Y, Godley BJ (2018) Illuminating gillnets to save seabirds and the potential for multi-taxa bycatch mitigation. R Soc Open Sci 5：180254. doi.org/10.1098/rsos.180254
(39) Brothers N (1996) Catching fish not birds：a guide to improving your longline fishing efficiency. Parks and Wildlife Service Tasmania. 同様の内容は、ブラザーズ，ナイジェル（1994）『捕まえるのは魚，海鳥ではありません：延縄漁の効率を高めるための指針』日本鮪漁業協同組合連合会．60pp.，パンダニ出版社，ホバート，にある
(40) Melvin EF, Parrish JK, Dietrich KS, Hamel OS (2001) Solutions to seabird bycatch in Alaska's demersal longline fisheries. Washington Sea Grant Program, 53pp.
(41) Melvin EF, Guy TJ, Read L B (2013) Reducing seabird bycatch in the South African joint venture tuna fishery using bird-scaring lines, branch line weighting and nighttime setting of hooks. Fish Res 147：72-82
(42) Favero M, Blanco G, García G, Copello S, Pon JPS, Frere E, Quintana F, Yorio P, Rabuffetti F, Cañete G, Gandini P (2011) Seabird mortality associated with ice trawlers in the Patagonian shelf：effect of discards on the occurrence of interactions with fishing gear. Anim Conserv 14：131-139
(43) Gilman E, Chaloupka M, Peschon J, Ellgen S (2016) Risk factors for seabird bycatch in a pelagic longline tuna fishery. PLoS ONE 11：e0155477 doi：10.1371/journal.pone.0155477
(44) Sullivan BJ, Kibel B, Kibel P, Yates O, Potts JM, Ingham B, Domingo A, Gianuca D, Jiménez S, Lebepe B, Maree BA, Neves T, Peppes F, Rasehlomi T, Silva-Costa A, Wanless RM (2017) At-sea trialling of the Hookpod：a 'one-stop' mitigation solution for seabird bycatch in pelagic longline fisheries. Anim Conserv 21：159-167
(45) Cherel Y, Weimerskirch H, Duhamel G (1996) Interactions between longline vessels and seabirds in Kerguelen waters and a method to reduce seabird mortality. Biol Conserv 75：63-70
(46) Bull SL (2007) Reducing seabird bycatch in longline, trawl and gillnet fisheries. Fish and Fisheries 8：31-56
(47) Jones LL, DeGange AR (1988) Interactions between seabirds and fisheries in the North Pacific Ocean. In：J Burger (ed), *Seabirds and Other Marine Vertebrates*, Columbia University Press, New York, pp269-291
(48) Copello S, Blanco G, Pon JPS, Quintana F, Favero M (2016) Exporting the problem：issues with fishing closures in seabird conservation. Marine Policy 74：120-127
(49) 井上裕紀子・越智大介・大島和浩（2018）海鳥類の偶発的捕獲とその管理（総説）．平成 29 年度国際漁業資源の現況，水産庁・水産研究教育機構，45：1-10
(50) Tuck GN, Phillips RA, Small C, Thomson RB, Klaer N L, Taylor F, Wanless RM, Arrizabalaga H (2011) An assessment of seabird-fishery interactions in the Atlantic Ocean. ICES J Mar Sci 68：1628-1637

(51) Weimerskirch H, Capdeville D, Duhamel G (2000) Factors affecting the number and mortality of seabirds attending trawlers and long-liners in the Kerguelen area. Polar Biol 23：236-249
(52) 清田雅史 (2002) 延縄漁業における海鳥類の偶発的捕獲：問題の特性と回避の方法．山階鳥研報 34：145-161
(53) 清田雅史・横田耕介 (2010) まぐろ延縄漁業における混獲回避技術．日本水産学会誌 76：348-361
(54) Michael PE, Thomson R, Barbraud C, Delord K, De Grissac S, Hobday AJ, Strutton PG, Tuck GN, Weimerskirch H, Wilcox C (2017) Illegal fishing bycatch overshadows climate as a driver of albatross population decline. Mar Ecol Prog Ser 579：185-199
(55) 中野秀樹・岡雅一 (2010) マグロのふしぎがわかる本（水産総合研究センター叢書），築地書館，東京，265pp.
(56) Inoue Y, Yokawa K, Minami H, Ochi D, Sato N, Katsumata N (2012) Distribution of seabird by-catch using data collected by Japanese observers in 1997-2009 in the ICCAT area. Collect Vol Sci Pap ICCAT 68：1738-1753
(57) Ochi D, Abraham E, Inoue Y, Oshima K, Walker N, Richard Y, Tsuji S (2018) Preliminary assessment of the risk of albatrosses by longline fisheries. IOTC-2018-WPEB14-24. https://www.iotc.org/sites/default/files/documents/2018/08/IOTC-2018-WPEB14-24.pdf 2021.8.29
(58) Sato N, Ochi D, Minami H, Yokawa K (2012) Evaluation of the effectiveness of light streamer tori-lines and characteristics of bait attacks by seabirds in the western North Pacific. PloS One 7, e37546.
(59) Pierre JP (2016) Conservation Services Programme Project MIT2015-01：Seabird bycatch reduction (small vessel longline fisheries). (https://www.doc.govt.nz/Documents/conservation/marine-and-coastal/marine-conservation-services/reports/mit2015-01-seabird-liaison-finalreport.pdf)
(60) Emery TJ, Noriega R, Williams AJ, Larcombe J (2018) Changes in logbook reporting by commercial fishers following the implementation of electronic monitoring in Australian Commonwealth fisheries. IOTC-2018-WPDCS14-INF07. (http://www.iotc.org/sites/default/files/documents/2018/11/IOTC-2018-WPDCS14-INF07.pdf)

4章

(1) Oro D, Genovart M, Tavecchia G, Fowler MS, Martínez-Abraín A (2013) Ecological and evolutionary implications of food subsidies from humans. Ecol Lett 16：1501-1514
(2) Bicknell AWJ, Oro D, Camphuysen K (CJ), Votier SC (2013) Potential consequences of discard reform for seabird communities. J Appl Ecol 50：649-658 doi：10.1111/1365-2664.12072
(3) Kelleher K (2005) Discards in the world's marine fisheries - an update. FAO Fisheries Technical Paper, Rome
(4) Bellido JM, Santos MB, Pennino MG, Valeiras X, Pierce GJ (2011) Fishery discards and bycatch：solutions for an ecosystem approach to fisheries management? Hydrobiologia 670：317-333 doi.10.1007/s10750-011-0721-5
(5) 秋山清二 (2007) 館山湾の大型定置網における漁獲物の投棄実態．日本水産学会誌 73：1103-1108
(6) 石谷誠・江藤拓也 (2009) 小型底びき網漁業における混獲投棄魚の実態について．福岡水海技セ研報 19：21-27
(7) Furness RW, Hislop JRG (1981) Diets and feeding ecology of Great Skuas *Catharacta skua* during the breeding season in Shetland. J Zool 195：1-23
(8) Hamer KC, Furness RW (1991) Age-specific breeding performance and reproductive effort in Great Skuas Catharacta skua. J Anim Ecol 60：693-704
(9) Blaber SJM, Milton DA, Smith GC, Farmer MJ (1995) Trawl discards in the diets of tropical seabirds of the northern Great Barrier Reef, Australia. Mar Ecol Prog Ser 127：1-13
(10) Arcos JM, Oro D (2002) Significance of fisheries discards for a threatened Mediterranean seabird, the Balearic Shearwater *Puffinus mauretanicus*. Mar Ecol Prog Ser 239：209-220
(11) Mariano-Jelicich R, Copello S, Pon JPS, Favero M (2014) Contribution of fishery discards to the diet of the Black-browed Albatross (*Thalassarche melanophris*) during the non-breeding season：an assessment through stable isotope analysis. Mar Biol 161：119-129
(12) Granadeiro JP, Brickle P, Catry P (2014) Do individual seabirds specialize in fisheries' waste? The case of Black-browed Albatrosses foraging over the Patagonian Shelf. Anim Conserv 17：19-26
(13) Osterback A-M K, Frechette DM, Hayes SA, Shaffer SA, Moore JW (2015) Long-term shifts in anthropogenic subsidis to gulls and implications for an imperiled fish. Biol Conserv 191：606-613
(14) 綿貫豊 (1987) カモメ属における食性の種間、個体群間および個体群内変異と繁殖．北海道大学博士論文
(15) Votier SC, Bearhop S, Fyfe R, Furness RW (2008) Temporal and spatial variation in the diet of a marine top predator-links with commercial fisheries. Mar Ecol Prog Ser 367：223-232
(16) Votier SC, Furness RW, Bearthop S, Crane JE, Caldow RWG, Catry P, Ensor K, Hamer KC, Hudson AV, Kalmbach E, Klomp NI, Pfeiffer S, Phillips RA, Prieto I, Thompson DR (2004) Changes in fisheries discard rates and seabird communities. Nature 427：727-730

(17) Nishizawa B, Sugawara T, Young LC, Vanderwerf EA, Yoda K, Watanuki Y (2018) Albatross-borne loggers show feeding on deep-sea squids：implications for the study of squid distributions. Mar Ecol Prog Ser 592：257-265
(18) 綿貫豊 (2010) 海鳥の行動と生態：その海洋生活への適応，生物研究社，東京，317pp.
(19) Grémillet D, Pichegru L, Kuntz G, Woakes AG, Wilkinson S, Crawford RJM, Ryan PG (2008) A junk-food hypothesis for gannets feeding on fishery waste. Proc R Soc B 275：1149-1156
(20) Garthe S, Camphuysen K, Furness RW (1996) Amounts of discards by commercial fisheries and their significance as food for seabirds in the North Sea. Mar Ecol Prog Ser 136：1-11
(21) Camphuysen CJ, Garthe S, Leaper G, Skov H, Tasker ML, Winter CJN (1995) Consumption of discards by seabirds in the North Sea. Final report EC DG XIV research contract BIOECO/93/10. NIOZ-rapport 1995-5, Netherlands Institute for Sea Research, Texel. (Garthe et al. 1996〔20〕に引用).
(22) Hudson AV, Furness RW (1988) Utilization of discarded fish by scavenging seabirds behind whitefish trawlers in Shetland. J Zool Lond 215：151-166
(23) Arcos JM, Oro D (2002) Significance of fisheries discards for a threatened Mediterranean seabird, the Balearic Shearwater *Puffinus mauretanicus*. Mar Ecol Prog Ser 239：209-220
(24) Gonzáles-Zavallos D, Yorio P (2011) Consumption of discards and interactions between Black-browed Albatrosses (*Thalassarche melanophrys*) and Kelp Gulls (*Larus dominicanus*) at trawl fisheries in Golfo San Jorge, Argentina. J Ornithol 152：827-838
(25) Cama A, Bort J, Christel I, Vieites D, Ferrer X (2013) Fishery management has a strong effect on the distribution of Audouin's gull. Mar Ecol Prog Ser 484：279-286
(26) Bartumeus F, Giuggioli L, Louzao M, Bretagnolle V, Oro D, Levin SA (2010) Fishery discards impact on seabird movement patterns at regional scales. Current Biol 20：215-222
(27) Tyson C, Shamoun-Baranes J, Van Loon EE, Camphuysen K (CJ), Hintzen NT (2015) Individual specialization on fishery discards by Lesser Black-backed Gulls (*Larus fuscus*). ICES J Mar Sci 72：1882-1891 doi：10.1093/icesjms/fsv021
(28) Renner M, Parrish JK, Piatt JF, Kuletz KJ, Edwards AE, Hunt GLJr (2013) Modeled distribution and abundance of a pelagic seabird reveal trends in relation to fisheries. Mar Ecol Prog Ser 484：259-277
(29) Oro D, Jover L, Ruiz X (1996) Influence of trawling activity on the breeding ecology of a threatened seabird, Audouin's Gull *Larus audouinii*. Mar Ecol Prog Ser 139：19-29.
(30) Oro D, Bosch M, Ruiz X (1995) Effects of a trawling moratorium on the breeding success of the Yellow-legged Gull *Larus cachinnans*. Ibis 137：547-549
(31) Wilhelm SI, Rail J-F, Regular PM, Gjerdrum C, Robertson GJ (2016) Large-scale changes in abundance of breeding Herring Gulls (*Larus argentatus*) and Great Black-backed Gulls (*Larus marinus*) relative to reduced fishing activities in southeastern Canada. Waterbirds 39 (Special Publication 1)：136-142
(32) Duhem C, Roche P, Vidal E, Tatoni T (2008) Effects of anthropogenic food resources on yellow-legged gull colony size on Mediterranean islands. Popul Ecol 50：91-100
(33) Foster S, Swann RL, Furness RW (2017) Can changes in fishery landings explain long-term population trends in gulls? Bird Study 64：90-97
(34) Stenhouse IJ, Montevecchi WA (1999) Indirect effects of the availability of capelin and fishery discards：gull predation on breeding storm-petrel. Mar Ecol Prog Ser 184：303-307
(35) Furness RW, Edwards AE, Oro D (2007) Influence of management practices and of scavenging seabirds on availability of fisheries discards to benthic scavengers. Mar Ecol Prog Ser 350：235-244
(36) Despestele J, Rochet M-J, Dorémus G, Laffargue P, Stienen EWM (2016) Favorites and leftovers on the menu of scavenging seabirds：modelling spatiotemporal variation in discard consumption. Can J Fish Aquat Sci 73：doi.10.1139/cjfas-2015-0326
(37) Genovart M, Arcos JM, Álvarez D, McMinn M, Meier R, Wynn RB, Guilford T, Oro D (2016) Demography of the critically endangered Balearic Shearwater：the impact of fisheries and time to extinction. J Appl Ecol 53：1158-1168
(38) Fondo EN, Chaloupka M, Heymans JJ, Skilleter GA (2015) Banning fisheries discards abruptly has a negative impact on the population dynamics of charismatic marine megafauna. PLoS ONE doi：10.1371/journal.pone.0144543
(39) Granadeiro JP, Phillips RA, Brickle P, Catry P (2011) Albatrosses following fishing vessels：how badly hooked are they on an easy meal? PLoS ONE 6 (3)：e17467. doi：10.1371/journal.pone.0017467
(40) Petersen SL, Phillips RA, Ryan PG, Underhill LG (2008) Albatross overlap with fisheries in the Benguela upwelling system：implications for conservation and management. Endang Spec Res 5：117-127

(41) Heath MR, Cook RM, Cameron AI, Morris DJ, Speirs DC (2014) Cascading ecological effects of eliminating fishery discards. Nature Communications 5 : 3893 doi : 10.1038/ncomms4893
(42) Ichii T, Nishikawa H, Igarashi H, Okamura H, Mahapatra K, Sakai M, Wakabayashi T, Inagake D, Okada Y (2017) Impacts of extensive driftnet fishery and late 1990s climate regime shift on dominant epipelagic nekton in the Transition Region and Subtropical Frontal Zone : Implications for fishery management. Prog Oceanogr 150 : 35-47
(43) Monaghan P (1980) Dominance and dispersal between feeding sites in the Herring Gull (*Larus argentatus*). Anim Behav 28 : 521-527
(44) McCleery RH, Sibly RM (1986) Feeding specialization and preference in Herring Gulls. J Anim Ecol 55 : 245-259
(45) Burger J (1981) Feeding competition between Laughing Gulls and Herring Gulls at a sanitary landfill. Condor 83 : 328-335
(46) Greig SA, Coulson JC, Monaghan P (1983) Age-related differences in foraging success in the Herring Gull (*Larus argentatus*). Anim Behav 31 : 1237-1243
(47) Watanuki Y (1989) Sex and individual variations in the diet of Slaty-backed Gulls breeding on Teuri island, Hokkaido. Jpn J Ornithol 38 : 1-13
(48) Burger J, Gochfeld M (1983) Feeding behavior in Laughing Gulls : compensatory site selection by young. Condor 85 : 467-473
(49) Tyson C, Shamoun-Baranes J, Van Loon EE, Camphuysen K (CJ), Hintzen NT (2015) Individual specialization on fishery discards by Lesser Black-backed Gulls (*Larus fuscus*). ICES J Mar Sci 72 : 1882-1891 doi : 10.1093/icesjms/fsv021
(50) Patrick SC, Bearhop S, Bodey TW, Grecian WJ, Hamer KC, Lee J, Votier SC (2015) Individual seabirds show consistent foraging strategies in response to predictable fisheries discards. J Avian Biol 46 : 431-440

5章

(1) Sydeman WJ, Thompson SA, Anker-Nilssen T, Arimitsu M, Bennison A, Bertrand S, Boersch-Supan P, Boyd C, Bransome NC, Crawford RJM, Daunt F, Furness RW, Gianuca D, Gladics A, Koehn L, Lang JW, Logerwell E, Morris TL, Phillips EM, Provencher J, Punt AE, Saraux C, Shannon L, Sherley RB, Simeone A, Wanless RM, Wanless S, Zador S (2017) Best practices for assessing forage fish fisheries-seabird resource competition. Fish Res 194 doi.org/10.1016/j.fishres.2017.05.018
(2) Pikitch EK, Rountos KJ, Essington TE, Santora C, Pauly D, Watson R, Sumaila UR, Boersma PD, Boyd IL, Conover DO, Cury P, Heppell SS, Houde ED, Mangel M, Plagányi É, Sainsbury K, Steneck RS, Geers TM, Gownaris N, Munch SB (2014) The global contribution of forage fish to marine fisheries and ecosystems. Fish Fisheries 15 : 43-64
(3) Brooke M de L (2004) The food consumption of the world's seabirds. Proc RBiol Scie, doi : 10.1098/rsbl.2003.0153
(4) Croll DA, Tershy BR (1998) Penguins, fur seals, and fishing : prey requirements and potential competition in the South Shetland Islands, Antarctica. Polar Biol 19 : 365-374
(5) Okes NC, Philip AR, Hockey PAR, Pichegru L, van der Lingen CD, Crawford RJM, Grémillet D (2009) Competition for shifting resources in the southern Benguela upwelling : Seabirds versus purse-seine fisheries. Biol Conserv 142 : 2361-2368
(6) Ichii T, Naganobu M, Ogishima T (1996) Competition between the krill fisheriy and penguins in the South Shetland Islands. Polar Biol 16 : 63-70.
(7) Schaefer MB (1970) Men, birds and anchovies in the Peru current-dynamic interactions. Trans Amer Fish Soc 99 : 461-467 (Furness & Monaghan 1987〔8〕に引用)
(8) Furness RW, Monaghan P (1987) *Seabird Ecology*, Blackie, Chapman & Hall, New York, pp164
(9) Jahncke J, Checkley DMJr, Hunt GLJr (2004) Trends in carbon flux to seabirds in the Peruvian upwelling system : effects of wind and fisheries on population regulation. Fish Oceanogr 13 : 208-223
(10) Barbraud C, Bertrand A, Bouchón M, Chaigneau A, Delord K, Demarcq H, Gimenez O, Torero MG, Gutiérrez D, Oliveros-Ramos R, Passuni G, Tremblay Y, Bertrand S (2018) Density dependence, prey accessibility and prey depletion by fisheries drive Peruvian seabird population dynamics. Ecography 41 : 1092-1102
(11) Monaghan P (1992) Seabirds and sandeels : the conflict between exploitation and conservation in the northern North Sea. Biodiv Conserv 1 : 98-111
(12) Furness RW (2007) Responses of seabirds to depletion of food fish stocks. J Ornithol 148 : 247-252.
(13) Boyd IL, Murray AWA (2001) Monitoring a marine ecosystem using responses of upper trophic level

predators. J Anim Ecol 70：747-760
(14) Cury PM, Boyd IL, Bonhommeau S, Anker-Nilssen T, Crawford RJM, Furness RW, Mills JA, Murphy EJ, Österblom H, Paleczny M, Piatt JF, Roux J-P, Shannon L, Sydeman WJ (2011) Global seabird response to forage fish depletion -- one-third for the birds. Science 334：1703-1706
(15) Klanjšček J, Legovic T (2007) Is anchovy (*Engraulis encrasicolus*, L.) overfished in the Adriatic Sea? Ecol Modell 201：312-316
(16) Watanabe Y, Zenitani H, Kimura R (1995) Population decline of the Japanese sardine *Sardinops melanostictus* owing to recruitment failures. Can J Fish Aquat Sci 52：1609-1616
(17) Hurtado-Ferro F, Hiramatsu K, Shirakihara K (2010) Allowing for environmental effects in a management strategy evaluation for Japanese sardine. ICES J Mar Sci 67：2012-2017
(18) Frederiksen M, Wanless S, Harris MP, Rothery P, Wilson LJ (2004) The role of industrial fisheries and oceanographic change in the decline of North Sea Black-legged Kittiwakes. J Appl Ecol 41：1129-1139
(19) Frederiksen M, Jensen H, Daunt F, Mavor RA, Wanless S (2008) Differential effects of a local industrial sand lance fishery on seabird breeding performance. Ecol Appl 18：701-710
(20) Bertrand S, Joo R, Smet CA, Tremblay Y, Barbraud C, Weimerskirch H (2012) Local depletion by a fishery can affect seabird foraging. J Appl Ecol 49：1168-1177
(21) Lewis S, Sherratt TN, Hammer KC, Wanless S (2001) Evidence of intra-specific competition for food in a pelagic seabird. Nature 412：816-819
(22) Ichii T, Bengston JL, Boveng PL, Takao Y, Jansen JK, Hiruki-Raring LM, Cameron MF, Okamura H, Hayashi T, Naganobu M (2007) Provisioning strategies of Antarctic fur seals and Chinstrap Penguins produce different responses to distribution of common prey and habitat. Mar Ecol Prog Ser 344：277-297
(23) Pichegru L, Ryan PG, van Eeden R, Reid R, Grémillet D, Wanless R (2012) Industrial fishing, no-take zones and endangered penguins. Biol Conserv 156：117-125
(24) Laws RM (1977) Seals and whales of the Southern Ocean. Philos Trans R Soc Lond Ser B 279：81-96
(25) Laws RM (1985) The ecology of the southern ocean. Am Sci 73：26-40
(26) Costa DP, Weise MJ, Arnould JPY (2006) Potential influences of whaling on status and trends of pinniped populations. In：JA Estes, DP Demaster, DF Doak, TM Williams, RL Brownell Jr (eds), *Whales, Whaling, and Ocean Ecosystems*, University of California Press, Berkeley, pp.344-360
(27) Ballance LT, Pitman RL, Hewitt RP, Siniff DB, Trivelpiece WZ, Clapham PJ, Brownell RLJr (2006) The removal of large whales from the southern ocean, evidence for long-term ecosystem effects? In：JA Estes, DP Demaster, DF Doak, TM Williams, RL Brownell Jr (eds), *Whales, Whaling, and Ocean Ecosystems*, University of California Press, Berkley, pp.215-230
(28) Springer AM (1992) A review：walleye pollock in the North Pacific-how much difference do they really make? Fish Oceanogr 1：80-96
(29) Österblom H, Casini M, Olsson O, Bignert A (2006) Fish, seabirds and trophic cascades in the Baltic Sea. Mar Ecol Prog Ser 323：233-238
(30) Sherman K, Jones C, Sullivan L, Smith W, Berrien P, Ejsymont L (1981) Congruent shifts in sand eel abundance in western and eastern North Atlantic ecosystems. Nature 291：486-489.
(31) Furness RW (2002) Management implications of interactions between fisheries and sandeel-dependent seabirds and seals in the North Sea. ICES J Mar Sci 59：261-269
(32) Au DW, Pitman RL (1988) Seabird relationships with tropical tunas and dolphins. In：J Burger (ed), *Seabirds and Other Marine Vertebrates*, Columbia University Press, New York, pp.174-212
(33) Ballance LT, Pitman RL, Reilly SB (1997) Seabird community structure along a productivity gradient：importance of competition and energetic constraint. Ecology 78：1502-1518
(34) Veit RR, Harrison NM (2017) Positive interactions among foraging seabirds, marine mammals and fishes and implications for their conservation. Front Ecol Evol 5：121.doi：10.3389/fevo.2017.00121
(35) Guillemette M, Grégoire F, Bouillet D, Rail J-F, Bolduc F, Caron A, Pelletier D (2018) Breeding failure of seabirds in relation to fish depletion：Is there one universal threshold of food abundance? Mar Ecol Prog Ser 587：235-245

6章

(1) Burger AE, Fry DM (1993) Effects of oil pollution on seabirds in the northeast Pacific. In：K Vermeer, KT Briggs, KH Morgan, D Siegel-Causey (eds), *The Status, Ecology, and Conservation of Marine Birds of the North Pacific*, Canadian Wildlife Service, Spec Publ, pp.254-263
(2) 岡奈理子・高橋晃周・石川宏治・綿貫豊 (1999) 世界における海鳥の油汚染死の歴史的推移と現状. 山階鳥研報

31：108-133.
(3) 岡奈理子 (2007) 油汚染と海鳥 山岸哲 (監修)、(財) 山階鳥類研究所 (編)、保全鳥類学、京都大学出版会 pp.321-359
(4) Piatt JF, Lensink CJ, Butler W, Kendziorek M, Nysewander DR (1990) Immediate impact of the 'Exxon Valdez' oil spill on marine birds. Auk 107：387-397
(5) 梶ヶ谷博・岡奈理子 (1999) 油汚染が海鳥の体に及ぼす影響. 山階鳥研報 31：16-38
(6) Wiens JA (1996) Oil, seabirds, and science：the effects of the Exxon Valdez oil spill. Bioscience 46：587-597
(7) Piatt JF (1997) Alternative interpretations of oil spill data. BioScience 47：202-203
(8) Barros Á, Alvarez D, Velando A (2014) Long-term reproductive impairment in a seabird after the Prestige oil spill. Biol Lett http://dx.doi.org/10/1098/rsbl.2013.1041
(9) Votier SC, Birkhead TR, Oro D, Trinder M, Grantham MJ, Clark JA, McCleery RH, Hatchwell BJ (2008) Recruitment and survival of immature seabirds in relation to oil spills and climate variability. J Anim Ecol 77：947-983
(10) Moreno R, Jover L, Diez C, Sardà F, Sanpera C (2013) Ten years after the Prestige oil spill：seabird trophic ecology as indicator of long-term effects on the coastal marine ecosystem. PLoS ONE 8：e77360, doi：10.1371/journal.pone.007736
(11) Warheit KI, Harrison CS, Divoky GJ (1997) *Exxon Valdez Oil Spill Seabird Restoration Workshop, Exxon Valdez Oil Spill Restoration Project Final Report*, Project 95038. Techn. Publ. No 1, Pacific Seabird Group, Seattle.
(12) 日本鳥類保護連盟 (2002) ナホトカ号油流出事故における海鳥への影響調査等業務報告書, 712pp.

7章

(1) Ratcliffe DA (1970) Changes attributable to pesticides in egg breakage frequency and eggshell thickness in some British birds. J Appl Ecol：67-115
(2) Hunt GLJr, Hunt MW (1973) Clutch size, hatching success, and eggshell thining in Western Gulls. Condor 75：483-486
(3) Burger J, Gochfeld M (2002) Effects of chemicals and pollution on seabirds. In：EA Schreiber, J Burger (eds), *Biology of Marine Birds*, CRC Press, pp.485-526
(4) Hickey JJ, Anderson DW (1968) Chlorinated hydrocarbons and eggshell changes in raptorial and fish-eating birds. Science 162：271-273.
(5) Parslow JLF, Jefferies DJ (1977) Gannets and toxic chemicals. British Birds 70：366-372
(6) Blus LJ, Wiemeyer SN, Bunck CM (1997) Clarification of effects of DDE on shell thickness, size, mass, and shape of avian eggs. Environ Pollut 95：67-74
(7) Lundholm CE (1997) DDE-induced eggshell thinning in birds：effects of *p,p'*-DDE on the calcium and prostaglandin metabolism of the eggshell gland. Comp Biol Physiol 118C：113-128
(8) Burger J, Viscido K, Gochfeld M (1995) Eggshell thickness in marine birds in the New York Bight-197Os to 1990s. Arch Ennviron Contam Toxicol 29：187-191
(9) Strazds M, Bauer H-G, Väli Ü, Kukāre A, Bartkevičs V (2015) Recent impact of DDT contamination on Black Stork eggs. J Ornithol 156：187-198
(10) 水川薫子・高田秀重 (2015) 環境汚染化学, 有機汚染物質の動態から探る, 丸善出版, 東京, 248pp.
(11) Elliott JE, Noble DG (1993) Chlorinated hydrocarbon contaminants in marine birds of the temperate North Pacific. In：K Vermeer, KT Briggs, KH Morgan, D Siegel-Causey (eds), *The Status, Ecology, and Conservation of Marine birds of the North Pacific*, Canadian Wildlife Service, Spec Publ：241-253
(12) Yamashita N, Tanabe S, Ludwig JP, Kurita H, Ludwig ME, Tatsukawa R (1993) Embryonic abnormalities and organochlorine contamination in Double-crested Cormorants (*Phalacrocorax auritus*) and Caspian Terns (*Hydroprogne caspia*) from the upper Great Lakes in 1988. Environ Pollut 79：163-173
(13) Custer TW, Custer CM, Hines RK, Gutreuter S, Stromborg KL, Allen PD, Melancon MJ (1999) Organochlorine contaminants and reproductive success of double-crested cormorants from Green Bay, Wisconsin, USA. Environ Toxicol Chem 18：1209-1217
(14) コルボーン T・ダマノスキ D・マイヤーズ JP (1997) 奪われし未来, 長尾力 (訳), 翔泳社, 東京, 366pp.
(15) Erikstad KE, Moum T, Bustnes JO, Reiertsen TK (2011) High levels of organochlorines may affect hatching sex ratio and hatchling body mass in Arctic Glaucous Gulls. Funct Ecol 25：289-296
(16) Scott JM, Wiens JA, Claeys RR (1975) Organochlorine levels associated with a Common Murre die-off in Oregon. J Wildl Manage 39：310-320
(17) Koivula M, Eeva T (2010) Metal-related oxidative stress in birds. Environ Pollut 158：2359-2370

(18) Martinez-Haro M, Green AJ, Mateo R (2011) Effects of lead exposure on oxidative stress biomarkers and plasma biochemistry in waterbirds in the field. Environ Res 111 : 530-538
(19) Tartu S, Lendvai ÁZ, Blévin P, Herzke D, Bustamane P, Moe B, Gabrielsen GW, Bustnes JO, Chastel O (2015) Increased adrenal responsiveness and delayed hatching date in relation to polychlorinated biphenyl exposure in Arctic-breeding Black-legged Kittiwakes (*Rissa tridactyla*). General and Comparative Endocrinology 219 : 165-172
(20) Burgeon S, Leat EHK, Magnusdóttir E, Fisk AT, Furness RW, Strøm H, Hanssen SA, Petersen A, Olafsdóttir K, Borgå K, Gabrielsen GW, Bustnes JO (2012) Individual variation in biomarkers of health : influence of persistent organic pollutants in Great Skuas (*Stercorarius skua*) breeding at different geographical locations. Environ Res 118 : 31-39
(21) Provencher JF, Forbes MR, Hennin HL, Love OP, Braune BM, Mallory ML, Gilchrist HG (2016) Implications of mercury and lead concentrations on breeding physiology and phenology in an Arctic bird. Environ Pollut 218 : 1014-1022
(22) Verreault J, Verboven N, Gabrielsen GW, Letcher RJ, Chastel O (2008) Changes in prolactin in a highly organohalogen contaminated Arctic top predator seabird, the glaucous gull. General and Comparative Endocrinology 156 : 569-576
(23) Tartu S, Bustamante P, Angelier F, Lendvai ÁZ, Moe B, Blévin P, Bech C, Gabrielsen GW, Bustnes JO, Chastel O (2016) Mercury exposure, stress and prolactin secretion in an Arctic seabird : an experimental study. Funct Ecol 30 : 596-604
(24) Jara-Carrasco S, González M, Gonzáles-Acuna D, Chiang G, Celis J, Espejo W, Mattatall P, Barra R (2015) Potential immunohaematological effects of persistent organic pollutants on Chinstrap Penguin. Antarctic Science 27 : 373-381
(25) Fenstad AA, Bustnes JO, Bingham CG, Öst M, Jaatinen K, Moe B, Hanssen SA, Moody AJ, Gabrielsen KM, Herzke D, Lierhagen S, Jenssen BM, Krøkje Å (2016) DNA double-strand breaks in incubating female Common Eiders (*Somateria mollissima*) : comparison between a low and a high polluted area. Environ Res 151 : 297-303
(26) Kubota A, Watanabe M, Kunisue T, Kim E-Y, Tanabe S, Iwata H (2010) Hepatic CYP1A induction by chlorinated dioxins and related compounds in the endangered Black-footed Albatross from the North Pacific. Environ Sci Technol 44 : 3559-3565.
(27) Costantini D, Meillère A, Carravieri A, Lecomte V, Sorci G, Faivre B, Weimerskirch H, Bustamante P, Labadie P, Budzinski H, Chastel O (2014) Oxidative stress in relation to reproduction, contaminants, gender and age in a long-lived seabird. Oecologia 175 : 1107-1116
(28) Debacker V, Jauniaux T, Coignoul F, Bouquegneau J-M (2000) Heavy metals contamination and body condition of wintering guillemots (*Uria aalge*) at the Belgian coast from 1993 to 1998. Environ Res 84 : 310-317
(29) Bustnes JO, Moe B, Hanssen SA, Herzke D, Fenstad AA, Nordstad T, Borgå K, Gabrielsen GW (2012) Temporal dynamics of circulating persistent organic pollutants in a fasting seabird under different environmental conditions. Environ Sci Technol 46 : 10287-10294
(30) Bustnes JO, Moe B, Herzke D, Hanssen SA, Nordstad T, Sagerup K, Gabrielsen GW, Borgå K (2010) Strongly increasing blood concentrations of lipid-soluble organochlorines in high arctic Common Eiders during incubation fast. Chemosphere 79 : 320-325
(31) Henriksen EO, Gabrielsen GW, Skaare JU (1998) Validation of the use of blood samples to assess tissue concentrations of organochlorines in Glaucous Gulls, *Larus hyperboreus*. Chemosphere 37 : 2627-2643
(32) Blus LJ, Cromartie E, McNease L, Joanen T (1979) Brown Pelican : population status, reproductive success, and organochlorine residues in Louisiana, 1971-1976. Bull Environ Contam Toxicol 22 : 128-135
(33) Goutte A, Barbraud C, Merillére A, Garravieri A, Bustamante P, Labadie P, Budzinski H, Delord K, Cherel Y, Weimerskirch H, Chastel O (2014) Demographic consequences of heavy metals and persistent organic pollutants in a vulnerable long-lived bird, the wandering albatross. Proc R Soc B 281 : 20133313 doi : 10.1098/rspb.2013.3313.
(34) Bustnes JO, Erikstad KE, Skaare JU, Bakken V, Mehlum F (2003) Ecological effects of organochlorine pollutants in the Arctic : a study of the Glaucous Gull. Ecol Appl 13 : 504-515
(35) Bustnes JO, Miland O, Fjeld M, Erikstad KE, Skaare JU (2005) Relationships between ecological variables and four organochlorine pollutants in an artic Glaucous Gull (*Larus hyperboreus*) population. Environ Pollut 136 : 175-185
(36) Helberg M, Bustnes JO, Erikstad KE, Kristiansen KO, Skaare JU (2005) Relationships between reproductive

performance and organochlorine contaminants in Great Black-backed Gulls (*Larus marinus*). Environ Pollut 134：475-483
(37) Erikstad KE, Sandvik H, Reiertsen TK, Bustnes JO, Strøm H (2013) Persistent organic pollution in a high-Arctic top predator：sex-dependent thresholds in adult survival. Proc R Soc B 280：doi.org/10.1098/rspb.2013.1483
(38) Goutte A, Brbraud C, Herzke D, Bustamante P, Angelier F, Tartu S, Clément-Chastel C, Moe B, Bech C, Gabrielsen GW, Bustnes JO, Chastel O (2015) Survival rate and breeding outputs in a high Arctic seabird exposed to legacy persistent organic pollutants and mercury. Environ Pollut 200：1-9
(39) Braune BM, Scheuhammer AM, Crump D, Jones S, Porter E, Bond D (2012) Toxicity of methylmercury injected into eggs of Thick-billed Murres and arctic terns. Ecotoxicology 21：2143-2152 doi：10.1007/s10646-012-0967-3
(40) Goutte A, Bustamante P, Barbraud C, Delord K, Weimerskirch H, Chastel O (2014) Demographic responses to mercury exposure in two closely related Antarctic top predators. Ecology 95：1075-1086
(41) Pollet IL, Leonard ML, O'Driscoll NJ, Burgess NM, Shulter D (2017) Relationships between blood mercury levels, reproduction, and return rate in a small seabird. Ecotoxicol 16：97-103 doi 10.1007/s10646-016-1745-4
(42) Bustnes JO, Bourgeon S, Leat EHK, Magnusdóttir E, Strøm H, Hanssen SA, Petersen A, Olafsdóttir K, Borgå K, Gabrielsen GW, Furness RW (2015) Multiple stressors in a top predator seabird：potential ecological consequences of environmental contaminants, population health and breeding conditions. PLoS ONE 10：e0131769. doi：10.1371/journal.pone.0131769
(43) Bustnes JO, Erikstad KE, Lorentsen S-H, Herzke D (2008) Perfluorinated and chlorinated pollutants as predictors of demographic parameters in an endangered seabird. Environ Pollut 156：417-424
(44) 落合謙爾 (1996) 水鳥の鉛中毒症. Jpn J Zoo Wild Med 1：55-69
(45) 神和夫 野生生物等における内分泌撹乱の実態の解明 長寿命生物における内分泌撹乱の実態の解明（鳥類） https://www.nies.go.jp/archiv-edc/edrep/report/3-1-19-5.htm 2021.08.29
(46) 猛禽類医学研究所 http://www.irbj.net/activity/research01.html 2021.08.29
(47) Ishii C, Nakayama SMM, Ikenaka Y, Nakata H, Saito K, Watanabe Y, Mizukawa H, Tanabe S, Nomiyama K, Hayashi T, Ishizuka M (2017) Lead exposure in raptors from Japan and source identification using Pb stable isotope ratios. Chemosphere 186：367-373
(48) 日本環境化学会（編著）(2019) 地球をめぐる不都合な物質, 拡散する化学物質がもたらすもの, ブルーバックス, 講談社, 東京, 270pp.
(49) Wania F, Mackay D (1996) Tracking the distribution of persistent organic pollutants. Environ Sci Technol 30：390A-396A
(50) 田辺信介 (2016) 生態系高次生物のPOPs汚染と曝露リスクを地球的視座からみる. 日本生態学会誌 66：37-49
(51) 田辺信介 (2015) 化学物質と生態系, 環境化学 坂田昌弘編著, 講談社, 東京, pp.139～159

8章

(1) Carpenter EJ, Smith Jr KL (1972) Plastics on the Sargasso Sea surface. Science 175：1240-1241
(2) Jambeck JR, Geyer R, Wilcox C, Siegler TR, Perryman M, Andrady A, Narayan R, Law KL (2015) Plastic waste inputs from land into the ocean. Science 347：768-771
(3) Gall SC, Thompson RC (2015) The impact of debris on marine life. Mar Pollut Bull 92：170-179
(4) Rothstein SI (1973) Plastic particle pollution of the surface of the Atlantic Ocean：evidence from a sea bird. Condor 75：344-366
(5) 山下麗・田中厚資・高田秀重 (2016) 海洋プラスチック汚染：海洋生態系におけるプラスチックの動態と生物への影響. 日本生態学会誌 66：51-68
(6) Roman L, Butcher RG, Stewart D, Hunter S, Jolly M, Kowalski P, Hardesty BD, Lenting B (2021) Plastic ingestion is an underestimated cause of death for southern hemisphere albatrosses. Conservation Letters 14；3 e12785 doi：10.1111/conl.12785
(7) 綿貫豊 (2014) 海鳥によるプラスチックの飲み込みとその影響. 海洋と生物 36：596-605
(8) 綿貫豊 (2017) 海鳥をつかった海洋プラスチックのモニタリングと生体影響評価. 月刊海洋 49：654-661
(9) Ryan PG (1987) The effects of ingested plastic on seabirds：correlations between plastic load and body condition. Environ Pollut 46：119-125
(10) Ryan PG (1987) The incidence and characteristics of plastic particles ingested by seabirds. Mar Environ Res 23：175-206
(11) Santos RG, Andrades R, Fardim LM, Martins AS (2016) Marine debris ingestion and Thayer's law-The

importance of plastic color. Environ Pollut 214：585-588

(12) Furness RW (1985) Ingestion of plastic particles by seabirds at Gough Island, South Atlantic Ocean. Environ Pollut Series A 38：261-272

(13) 小城春雄 野生生物等における内分泌攪乱の実態の解明 長寿命生物における内分泌攪乱の実態の解明 https://www.nies.go.jp/archiv-edc/edrep/report/3-1-19-3.htm 2021.08.29

(14) Day RH (1980) The occurrence and characteristics of plastic pollution in Alaska's marine birds. MSc thesis, University of Alaska, 111pp.

(15) Moser ML, Lee DS (1992) A fourteen-year survey of plastic ingestion by western North Atlantic seabirds. Colonial Waterbirds 15：83-94

(16) Robards MD, Piatt JF, Wohl KD (1995) Increasing frequency of plastic particles ingested by seabirds in the subarctic North Pacific. Mar Pollut Bull 30：151-157

(17) Nevitt GA (2008) Sensory ecology on the high seas：the odor world of the procellariiform seabirds. J exp Biol 211：1706-1713

(18) Savoca MS, Wohlfeil ME, Ebeler SE, Nevitt GA (2016) Marine plastic debris emits a keystone infochemical for olfactory foraging seabirds. Science Advances 2：e1600395

(19) Tanaka K, Takada H (2016) Microplastic fragments and microbeads in digestive tracts of planktivorous fish from urban coastal waters. Sci Rep 6：34351

(20) Derraik JGB (2002) The pollution of the marine environment by plastic debris：a review. Mar Pollut Bull 44：842-852

(21) Wilcox C, Mallos NJ, Leonard GH, Rodriguez A, Hardesty BD (2016) Using expert elicitation to estimate the impacts of plastic pollution on marine wildlife. Marine Policy 65：107-114

(22) Pierce KE, Harris RJ, Larned LS, Pokras MA (2004) Obstruction and starvation associated with plastic ingestion in a Northern Gannet *Morus bassanus* and a Greater Shearwater *Puffinus gravis*. Mar Ornithol 32：187-189

(23) Brandão ML, Braga KM, Luque JL (2011) Marine debris ingestion by Magellanic Penguins, *Spheniscus magellanicus* (Aves：Sphenisciformes), from the Brazilian coastal zone. Mar Pollut Bull 62：2246-2249

(24) Furness RW (1985) Plastic particle pollution：accumulation by procellariiform seabirds at Scottish colonies. Mar Pollut Bull 16：103-106

(25) Lavers JL, Bond AL, Hutton I (2014) Plastic ingestion by Flesh-footed Shearwaters (*Puffinus carneipes*)：implications for fledgling body condition and the accumulation of plastic-derived chemicals. Environ Pollut 187：124-129

(26) Rodríguez A, Rodríguez B, Carrasco MN (2012) High prevalence of parental delivery of plastic debris in Cory's Shearwaters (*Calonectris diomedea*). Mar Pollut Bull 64：2219-2223

(27) Lavers JL, Hutton I, Bond AL (2018) Ingestion of marine debris by Wedge-tailed Shearwaters (*Ardenna pacifica*) on Lord Howe Island, Australia during 2005-2018. Mar Pollut Bull 133：616-621

(28) Auman HJ, Ludwig JP, Giesy JP, Colborn T (1998) Plastic ingestion by Laysan Albatross chicks on Sand Island, Midway Atoll, in 1994 and 1995. In：G Robinson, R Gales (eds), *Albatross Biology and Conservation*, Chipping Norton：Surrey Beatty & Sons, pp. 239-244

(29) Van Franeker JA, Blaize C, Danielsen J, Fairclough K, Gollan J, Guse N, Hansen P-L, Heubeck M, Jensen J-K, Le Guillou G, Olsen B, Olsen K-O, Pedersen J, Stienen EWM, Turner DM (2011) Monitoring plastic ingestion by the Northern Fulmar *Fulmarus glacialis* in the North Sea. Env Pollut 159：2609-2615

(30) Mato Y, Isobe T, Takada H, Kanehiro H, Ohtake C, Kaminuma T (2001) Plastic resin pellets as a transport medium for toxic chemicals in the marine environment. Environ Sci Technol 35：318-324

(31) Teuten EL, Saquing JM, Knappe DRU, Barlaz MA, Jonsson S, Björn A, Rowland SJ, Thompson RC, Galloway TS, Yamashita R, Ochi D, Watanuki Y, Moore C, Viet PH, Tana TS, Prudente M, Boonyatumanond R, Zakaria MP, Ogata Y, Hirai H, Iwasa S, Mizukawa K, Hagino Y, Imamura A, Saha M, Takada H (2009) Transport and release of chemicals from plastics to the environment and to wildlife. Philosophical Transactions of the Royal Society B 364：2027-2045

(32) Ryan PG, Connell AD, Gardner BD (1988) Plastic ingestion and PCBs in seabirds：is there a relationship? Mar Pollut Bull 19：174-176

(33) Yamashita R, Takada H, Fukuwaka M-A, Watanuki Y (2011) Physical and chemical effects of ingested plastic debris on Short-tailed Shearwaters, *Puffinus tenuirostris*, in the North Pacific Ocean. Mar Pollut Bull 62：2845-2849

(34) Tanaka K, Takada H, Yamashita R, Mizukawa K, Fukuwaka M, Watanuki Y (2013) Accumulation of plastic-derived chemicals in tissues of seabirds ingesting marine plastics. Mar Pollut Bull 69：219-222

(35) 山下麗（2008）北太平洋におけるプラスチック汚染と海鳥への影響に関する研究．北海道大学水産科学研究院博士論文 105pp.
(36) Tanaka K, Watanuki Y, Takada H, Ishizuka M, Yamashita R, Kazama M, Hiki N, Kashiwada F, Mizukawa K, Mizukawa H, Hyrenbach D, Hester M, Ikenaka Y, Nakayama SMM (2020) In vivo accumulation of plastic-derived chemicals into seabird tissues. Current Biol 30 : 723-728 DOI : 10.1016/j.cub.2019.12.037
(37) 綿貫豊（2010）海鳥の行動と生態：その海洋生活への適応，生物研究社，東京，317pp.
(38) Tanaka K, Takada H, Yamashita R, Mizukawa K, Fukuwaka M, Watanuki Y (2015) Facilitated leaching of additive-derived PBDEs from plastic by seabirds' stomach oil and accumulation in tissues. Environ Sci Technol doi : 10.1021/acs.est.5b01376
(39) Provencher JF, Avery-Gomm S, Liboiron M, Braune BM, Macaulay JB, M.L. Mallory ML, Letcher RJ (2018) Are ingested plastics a vector of PCB contamination in northern fulmars from coastal Newfoundland and Labrador? Environ Res 167 : 184-190
(40) Bessa F, Ratcliffe N, Otero V, Sobral P, Marques JC, Waluda CM, Trathan PN, Xavier JC (2019) Microplastics in gentoo penguins from the Antarctic region. Scientific Reports 9 : 14191 doi.org/10.1038/s41598-019-50621-2

9章

(1) Nettleship DN, Evans PGH (1985) Distribution and starus of the Altantic alcidae. In : DN Nettleship, TR Birkhead (eds), *The Atlantic Alcidae*, Academic Press, London, pp.53-154
(2) Smith NA, Clarke JA (2015) Systematics and evolution of the Pan-Alcidae (Aves, Charadriiformes). J Avian Biol 46 : 125-140
(3) Fisher CT (1997) Past human exploitation of birds on the Isle of Man. International Journal of Osteoarchaeology 7 : 292-297
(4) Gaston AJ, Jones IL (1998) *The Auks*, Oxford University Press.
(5) Oka N (1994) Sustainable exploitation of Streaked Shearwaters *Calonectris leucomelas* on Mikura Island, off the Izu Peninsula, Japan. J Yamashina Inst Ornithol 26 : 99-108.
(6) Ogi H, Oka N, Maruyama N (1995) Historical review of exploitation of streaked shearwaters on Oshima Ohshima Island by seaweed gatherers. Wildl Conserv Japan 1 : 55-67
(7) 江田真毅（2009）遺跡から出土した骨による過去の鳥類の分布復原．樋口広芳・黒沢令子（編著）鳥の自然史，北海道大学出版会，pp.55-71
(8) Austin Jr OL (1949) The status of Steller's Albatross. Pacific Science 3 : 283-295.
(9) 長谷川博（2003）50羽から5000羽へ，どうぶつ社，東京，222pp.
(10) 江田真毅・樋口広芳（2012）危急種アホウドリ *Phoebastria albatrus* は2種からなる!? 日本鳥学会誌 61 : 263-272
(11) 平岡昭利（2012）アホウドリと「帝国」日本の拡大：南洋の島々への進出から侵略へ．明石書店，東京，279pp.
(12) Duffy DC (2010) Changing seabird management in Hawai'i : from exploitation through management to restoration. Waterbirds 33 : 193-207
(13) 山階芳麿（1942）伊豆七島の鳥類（並びに其の生物地理学的意義）．鳥 11 : 191-270
(14) Jones CJ, Lyver P O'B, Davis J, Hughes B, Anderson A, Hohapata-Oke J (2015) Reinstatement of customary seabird harvests after a 50-Year moratorium. J Wildl Manag 79 : 31-38 doi : 10.1002/jwmg.815
(15) Lyver P O'B, Jones CJ, Belshaw N, Anderson A, Thompson R, Davis J (2015) Insights to the functional relationships of Māori harvest practices : customary use of a burrowing Seabird. J Wildl Manag 79 : 969-977
(16) Lyver P O'B, Moller H, Thompson C (1999) Changes in Sooty Shearwater *Puffinus griseus* chick production and harvest precede ENSO events. Mar Ecol Prog Ser 188 : 237-248
(17) Van Halewyn R, Norton RL (1984) The status and conservation of seabirds in the Caribbean. In : JP Croxall, PGH Evans, RW Schreiber (eds), *Status and Conservation of the World's Seabirds*, International Council for Bird Preservation Technical Publication, pp 169-222
(18) Naves LC (2018) Geographic and seasonal patterns of seabird subsistence harvest in Alaska. Polar Biol 41 : 1217-1236
(19) Rodrigues P, Micael J (2021) The importance of guano birds to the Inca Empire and the first conservation measures implemented by humans. Ibis 163 : 283-291

10章

(1) Clode D (1993) Colonially breeding seabirds : predators or prey? Trends in Ecology & Evolution 8 : 336-338
(2) Igual JM, Forero MG, Gomez T, Oro D (2007) Can an introduced predator trigger an evolutionary trap in a

colonial seabird? Biol Conserv 137：189-196

(3) Moors PJ, Atkinson IAE (1984) Predation on seabirds by introduced animals, and factors affecting its severity In：JP Croxall, PGH Evans, RW Schreiber (eds), *Status and Conservation of the World's Seabirds*, ICBP Technical Pubilation 2, pp 667-690

(4) Bailey EP and Kaiser GW (1993) Impacts of introduced predators on nesting seabirds in the northeast Pacific. In：K Vermeer, KT Briggs, KH Morgan, D Siegel-Causey (eds), *The Status, Ecology, and Conservation of Marine Birds of the North Pacific*, Canadian Wildlife Service, Spec Publ, pp.218-226

(5) Burger J, Gochfeld M (1994) Predation and effects of humans on island-nesting seabirds. In：DN Nettleship, J Burger, M Gochfeld (eds), *Seabirds on Islands*；*Threats, Case Studies and Action Plans*, Birdlife International, Cambridge, UK, 39-67

(6) Hilton GM, Cuthbert RJ (2010) The catastrophic impact of invasive mammalian predators on birds of the UK overseas territories：a review and synthesis. Ibis 152：443-458

(7) マラ PP・サンテラ C (2019) ネコ・かわいい殺し屋：生態系への影響を科学する．岡奈理子・山田文雄・塩野﨑和美・石井信夫（訳），築地書館，東京，284pp.

(8) Van Aarde RJ (1979) Distribution and density of the feral house house cat *Ferls catus* on Marion Island. South African Journal of Antarctic Research 9：14-19

(9) Keitt BS, Wilcox C, Tershy BR, Croll DA, Donlan CJ (2002) The effect of feral cats on the population viability of Black-vented Shearwaters (*Puffinus opisthomelas*) on Natividad Island, Mexico. Anim Conserv 5：217-223

(10) Kawakami K, Fujita M (2004) Feral cat predation on seabirds on Hahajima, the Bonin Islands, southern Japan. Ornithol Sci 3：155-158

(11) 富田直樹・佐藤文男・岩見恭子 (2016) 山形県飛島のウミネコ繁殖地のネコによる被害状況．山階鳥類学雑誌 47：123-129

(12) 堀越和夫 (2007) 鳥類保護とネコ問題．遺伝：生物の科学 61：68-71

(13) 堀越和夫・鈴木創・佐々木哲朗・千葉勇人 (2009) 外来哺乳類による海鳥類への被害状況．地球環境 14：103-105

(14) Croll DA, Maron JL, Estes JA, Danner EM, Byrd GV (2005) Introduced predators transform subarctic islands from grassland to tundra. Science 307：1959-1961

(15) Jones HP, Tershy BR, Zavaleta ES, Croll DA, Keitt BS, Finkelstein ME, Howald GR (2008) Severity of the effects of invasive rats on seabirds：a global review. Conserv Biol 22：16-26

(16) Duffy DC (2010) Changing seabird management in Hawai'i：from exploitation through management to restoration. Waterbirds 33：193-207

(17) Seto NWH, Conant S (1996) The effects of rat (*Rattus rattus*) predation on the reproductive success of the Bonin Petrel (*Pterodroma hypoleuca*) on Midway Atoll. Colonial Waterbirds 19：171-185

(18) Cuthbert RJ, Wanless RM, Angel A, Burle M-H, Hilton GM, Louw H, Visser P, Wilson JW, Ryan PG (2016) Drivers of predatory behavior and extreme size in house mice Mus musculus on Gough Island. J Mammal 97：533-544

(19) Dilley BJ, Davies D, Bond AL, Ryan PG (2015) Effects of mouse predation on burrowing petrel chicks at Gough Island. Antarctic Science 27：543-553

(20) 環境省 (2015) 重要生態系監視地域モニタリング推進事業（モニタリングサイト 1000）海鳥調査 第 2 期とりまとめ報告書 www.biodic.go.jp/moni1000/findings/reports/pdf/second_term_seabirds.pdf 2021.8.29

(21) 長谷川博 (1992) 海洋性鳥類の現状及びノヤギによる影響の評価．「小笠原諸島におけるヤギの異常繁殖による動植物への被害緊急調査」調査報告書，(財) 日本野生生物研究センター，pp.85-100

(22) Yabe T, Hashimoto T, Takiguchi M, Aoki M, Kawakami K (2009) Seabirds in the stomach contents of black rats *Rattus rattus* on Higashijima, the Ogasawara (Bonin) islands, Japan. Mar Ornithol 37：293-295

(23) Kurle CM, Croll DA, Tershy BR (2008) Introduced rats indirectly change marine rocky intertidal communities from algae- to invertebrate-dominated. Proc Natl Acad Sci USA 105：3800-3804

(24) Ratcliffe N, Bell M, Pelembe T, Boyle D, Benjamin R, White R, Godley B, Stevenson J, Sanders S (2009) The eradication of feral cats from Ascension Island and its subsequent recolonization by seabirds. Oryx 44：20-29

(25) Howell PG (1984) An evaluation of biological control of the feral cat *Felis catus* (Linnaeus, 1758). Acta Zool Fenn 172：111-113

(26) 橋本琢磨 (2009) 小笠原におけるネズミ類の根絶とその生態系に与える影響．地球環境 14：93-101

(27) Eason CT, Murphy EC, Wright GRG, Spurr EB (2002) Assessment of risks of brodifacoum to non-target birds and mammals in New Zealand. Ecotoxicol 11：35-48

(28) Lovett RA (2012) Killing rat is killing birds. Nature doi：10.1038/nature.2012.11824

(29) Howald G, Donlan CJ, Faulkner KR, Ortega S, Gellerman H, Croll DA, Tershy BR (2009) Eradication of black

rats *Rattus rattus* from Anacapa Island. Fauna & Flora International, Oryx 44：30-40
(30) Buxton R, Taylor G, Jones C, Lyver P O'B, Moller H, Cree A, Towns D (2016) Spatio-temporal changes in density and distribution of burrow-nesting seabird colonies after rat eradication. New Zealand J Ecol 40：88-99
(31) Jones HP, Williamhenry R III, Howald GR, Tershy BR, Croll DA (2005) Predation of artificial Xantus's murrelet (*Synthliboramphus hypoleucus scrippsi*) nests before and after black rat (*Rattus rattus*) eradication. Environ Conserv 32：320-325
(32) Whitworth DL, Carter HR, Gress F (2013) Recovery of a threatened seabird after eradication of an introduced predator：eight years of progress for Scripps's murrelet at Anacapa Island, California. Biol Conserv 162：52-59
(33) Igual JM, Forero MG, Gomez T, Orueta JF, Oro D (2006) Rat control and breeding performance in Cory's Shearwater (*Calonectris diomedea*)：effects of poisoning effort and habitat features. Anim Conserv 9：59-65
(34) Jones C, Lyver P, Whitehead A, Forrester G, Parkes J, Sheehan M (2015) Grey-faced Petrel (*Pterodroma gouldi*) productivity unaffected by kiore (Pacific rats, *Rattus exulans*) on a New Zealand offshore island. New Zealand J Zool 42：131-144 doi：10.1080/03014223.2015.1048809
(35) Brooke M de L, Bonnaud E, Dilley BJ, Flint EN, Holmes ND, Jones HP, Provost P, Rocamora G, Ryan PG, Surman C, Buxton RT (2017) Seabird population changes following mammal eradications on islands. Animal Conserv, doi：10.1111/acv.12344
(36) Lavers JL, Wilcox C, Donlan CJ (2010) Bird demographic responses to predator removal programs. Biol Invasions 12：3839-3859
(37) Rayner MJ, Hauber ME, Imber MJ, Stamp RK, Clout MN (2007) Spatial heterogeneity of mesopredator release within an oceanic island system. Proc Natl Acad Sci USA 104：20862-20865
(38) Le Corre M (2008) Cats, rats and seabirds. Nature 451：134-135
(39) 鈴木創・堀越和夫・佐々木哲朗・川上和人 (2019) 小笠原諸島聟島列島におけるノヤギ排除後の海鳥営巣数の急激な増加. 日本鳥学会誌 68：273-287
(40) Jones HP, Holmes ND, Butchart SHM, Tershy BR, Kappes PJ, Corkery I, Aguirre-Muñoz A, Armstrong DP, Bonnaud E, Burbidge AA, Campbell K, Courchamp F, Cowan PE, Cuthbert RJ, Ebbert S, Genovesi P, Howald GR, Keitt BS, Kress SW, Miskelly CM, Oppel S, Poncet S, Rauzon MJ, Rocamora G, Russell JC, Samaniego-Herrera A, Seddon PJ, Spatz DR, Towns DR, Croll DA (2016) Invasive mammal eradication on islands results in substantial conservation gains. Proc Natl Acad Sci USA 113：4033-4038
(41) Le Corre M, Danckwerts DK, Ringler D, Bastien M, Orlowski S, Rubio CM, Pinaud D, Micol T (2015) Seabird recovery and vegetation dynamics after Norway rat eradication at Tromelin Island, western Indian Ocean. Biol Conserv 185：85-94
(42) Bergstrom DM, Lucieer A, Kiefer K, Wasley J, Belbin L, Pedersen TK, Chown SL (2009) Indirect effects of invasive species removal devastate World Heritage Island. J Appl Ecol 46：73-81
(43) 北海道宗谷支庁 (1999) 平成 10 年度海鳥と共生する地域づくり事業報告書, 156pp.
(44) 北海道宗谷支庁 (2002) 平成 13 年度海鳥と共生する地域づくり事業報告書, 155pp.
(45) Coulson JC, Duncan N, Thomas C (1982) Changes in the breeding biology of the Herring Gull (*Larus argentatus*) induced by reduction in the size and density of the colony. J Anim Ecol 51：739-756
(46) Finney SK, Harris MP, Keller LF, Elston DA, Monaghan P, Wanless S (2003) Reducing the density of breeding gulls influences the pattern of recruitment of immature Atlantic Puffins *Fratercula arctica* to a breeding colony. J Appl Ecol 40：545-552
(47) Harris MP, Wanless S (1997) The effect of removing large numbers of gulls Larus spp. on an island population of oystercatchers *Haematopus ostralegus*：implications for management. Biol Conserv 82：167-171
(48) Watanuki Y (1992) Individual diet difference, parental care, and reproductive success in Slaty-backed Gulls. Condor 94：159-171
(49) Sanz-Aguilar A, Martínez-Abraín A, Tavecchia G, Mınguez E, Oro D (2009) Evidence-based culling of a facultative predator：efficacy and efficiency components. Biol Conserv 142：424-431
(50) Paracuellos M, Nevado JC (2010) Culling Yellow-legged Gulls *Larus michahellis* benefits Audouin's Gulls *Larus audouinii* at a small and remote colony. Bird Study 57：26-30
(51) Parrish JK, Marvier M, Paine RT (2001) Direct and indirect effects：interactions between bald eagles and common murres. Ecol Appl 11：1858-1869
(52) Blight LK, Drever MC, Arcese P (2015) A century of change in Glaucous-winged Gull (*Larus glaucescens*) populations in a dynamic coastal environment. Condor 117：108-120
(53) 大門純平・伊藤元裕・綿貫豊 (2019) 北海道大黒島における海鳥の現状. 山階鳥類学雑誌 51：95-104

(54) Stefanski SF, Villasante S (2015) Whales vs. gulls：Assessing trade-offs in wildlife and waste management in Patagonia, Argentina. Ecosystem Services 16：294-305
(55) 北海道環境科学研究センター（1995）ウミガラス等海鳥群集生息実態調査報告書，59pp.
(56) 環境省（2017）平成 28 年度ウミガラス保護増殖事業 報告書 www.seabird-center.jp/ororon_2016.pdf 2021.8.29

11 章

(1) Gaston KJ, Duffy JP, Gaston S, Bennie J, Davies TW (2014) Human alteration of natural light cycles：causes and ecological consequences. Oecologia 176：917-931
(2) 綿貫豊（1986）海鳥における捕食被食者相互関係，山岸哲編，鳥類の繁殖戦略（下），東海大学出版会，pp.158-191
(3) Imber MJ (1975) Behaviour of petrels in relation to the moon and artificial lights. Notornis 22：302-306
(4) Reed JR, Sincock JL, Hailman JP (1985) Light attraction in endangered procellariiform birds：reduction by shielding upward radiation. Auk 102：377-383
(5) Montevecchi WA (2006) Influence of artificial light on marine birds. In：C Rich, T Longcore (eds), *Ecological Consequences of Artificial Night Lighting*, Island Press, Washington, pp.94-113
(6) Crawford RL (1981) Bird kills at a lighted man-made structure：often on nights close to a full moon. American Birds 35：913-914
(7) Tasker ML, Jones PH, Blake BF, Dixon TJ, Wallis AW (1986) Seabirds associated with oil production platforms in the North Sea. Ringing and Migration 7：7-14.
(8) Rodríguez A, Moffett J, Revoltós A, Wasiak P, McIntosh RR, Sutherland DR, Renwick L, Dann P, Chiaradia A (2017) Light pollution and seabird fledglings：targeting efforts in rescue programs. J Wildl Manag 81：734-741
(9) Le Corre M, Ollivier A, Ribes S, Jouventin P (2002) Light-induced mortality of petrels：a 4-year study from Réunion Island (Indian Ocean). Biol Conserv 105：93-102
(10) Rodríguez A, Burgan G, Dann P, Jessop R, Negro JJ, Chiaradia A (2014) Fatal attraction of Short-tailed Shearwaters to artificial lights. PLoS ONE 9：e110114, doi：10.1371/journal.pone.0110114
(11) Rodríguez A, Aubrecht C, Gil A, Longcore T, Elvidge C (2012) Remote sensing to map influence of light pollution on Cory's Shearwater in São Miguel Island, Azores Archipelago. European J Wildl Res 58：147-155
(12) Arcos JM, Oro D (2002) Significance of nocturnal purse sein fisheries for seabirds：a case study off the Ebro Delta (NW Mediterranean). Mar Biol 141：277-286
(13) Black A (2005) Light induced seabird mortality on vessels operating in the Southern Ocean：incidents and mitigation measures. Antarctic Science 17：67-68
(14) Evans WR, Akashi Y, Altman NS, Mavnille AM II (2007) Response of night-migrating songbirds in cloud to colored and flashing light. North Americal Birds 60：476-488
(15) Poot H, Ens BJ, de Vries H, Donners MAH, Wernand MR, Marquenie JM (2008) Green light for nocturnally migrating birds. Ecol Society 13：47 https://www.ecologyandsociety.org/vol13/iss2/art47/ 2021.8.29
(16) Hirata K, Kurihata Y (2010) A record of nocturnal foraging near an artificial light by a Thick-billed Murre *Uria lomvia*. J Yamashina Inst Ornithol 42：107-109

12 章

(1) 環境省 平成 22 年度再生可能エネルギー導入ポテンシャル調査報告書 https://www.env.go.jp/earth/report/h23-03/2021.08.29
(2) Langston R, Pullan J (2003) Windfarms and birds：an analysis of the effects of windfarms on birds, and guidance on environmental assessment criteria and site selection issues. Report by Birdlife International and Royal Society for the Protection of Birds (RSPB), 58pp.
(3) King S (2019) Seabirds：collision. In MR Perrow (ed)：*Wildlife and Windfarms, Conflicts and Solutions, Vol 3, Offshore*：*Potential Effects*, Pelagic Publishing, Exeter, UK. pp.206-234.
(4) Everaert J, Stienen EWM (2007) Impact of wind turbines on birds in Zeebrugge (Belgium)：Significant effect on breeding tern colony due to collisions. Biodivers Conserv 16：3345-3359
(5) 綿貫豊・高橋晃周（2016）海鳥のモニタリング調査法，生態学フィールド調査法シリーズ，占部城太郎・日浦勉・辻 和希（編），共立出版，東京，136pp.
(6) Johnston A, Cook ASCP, Wright LJ, Humphreys EM, Burton NHK (2014) Modelling flight heights of marine birds to more accurately assess collision risk with offshore wind turbines. J Applied Ecol 51：31-41.
(7) Furness RW, Wade HM, Masden EA (2013) Assessing vulnerability of marine bird populations to offshore wind farms. J Environ Manag 119：56-66

(8) Krijgsveld KL, Fijn RC, Japink M, van Horssen PW, Heunks C, Collier MP, Poot MJM, Beuker D, Dirksen S (2011) Effect studies offshore wind farm Egmond aan Zee. Bureau Waardenburg bv, Report nr 10-219 / OWEZ_R_231_T1_20111110_flux&flight. https://tethys.pnnl.gov/sites/default/files/publications/Krijgsveld%20et%20al.%202011.pdf.
(9) Petersen IK, Christensen TK, Kahlert J, Desholm M, Fox AD (2006) Final results of bird studies at the offshore wind farms at Nysted and Horns Rev, Denmark. National Environmental Research Institute, Denmark. (Furness et al.2013〔7〕に引用)
(10) Cook ASCP, Humphreys EM, Bennet F, Masden EA, Burton NHK (2018) Quantifying avian avoidance of offshore wind turbines：current evidence and key knowledge gaps. Mar Environ Res 140：278-288.
(11) Vanermen N, Stienen EWM (2019) Seabirds：displacement. In MR Perrow (ed)：*Wildlife and Windfarms, Conflicts and Solutions, Vol 3, Offshore：Potential Effects*, pp174-205. Pelagic Publishing, Exeter, UK.
(12) Green RE, Langston EHW, McClustkie A, Sutherland R, Wilson JD (2016) Lack of sound science in assessing windfarm impacts on seabirds, J Appl Ecol 53：1635-1641.
(13) Garthe S, Hüppop O (2004) Scaling possible adverse effects of marine wind farms on seabirds：developing and applying a vulnerability index. J Appl Ecol 41：724-734
(14) Bradbury G, Trinder M, Furness B, Banks AN, Caldow RWG, Hume D (2014) Mapping seabird sensitivity to offshore wind farms. PLoS ONE 9 (9)：e106366. doi：10.1371/journal.pone.0106366
(15) 環境省 環境アセスメントデータベース 風力発電における鳥類のセンシティビティマップ（海域版）https://www2.env.go.jp/eiadb/ebidbs/ 2021.8.29
(16) Cleasby IR, Wakefield ED, Bearhop S, Bodey TW, Votier SC, Hamer KC (2015) Three-dimensional tracking of a wide-ranging marine predator：flight heights and vulnerability to offshore wind farms. J Appl Ecol 52：1474-1482
(17) Ross-Smith VH, Thaxter CB, Masden EA, Shamoun-Baranes J, Burton NHK, Wright LJ, Rehfisch MM, Johnston A (2016) Modelling flight heights of Lesser Black-backed gulls and Great Skuas from GPS：a Bayesian approach. J Appl Ecol 53：1676-1685
(18) 関島恒夫 風力発電施設の建設による鳥衝突のリスク低減を目指した高精度鳥感度 Map の開発．環境研究総合推進費 4-1603 報告書．https://www.erca.go.jp/suishinhi/seika/pdf/seika_1_h30/4-1603_2.pdf
(19) Peschko V, Mendel B, Müller S, Markones N, Mercker M, Garthe S (2020) Effects of offshore windfarms on seabird abundance：strong effects in spring and in the breeding season. Mar Env Res doi：10.1016/j.marenvres.2020.105157

13 章

(1) Black JM (1996) *Partnerships in Birds*, Oxford University Press, Oxford.
(2) Jones HP, Kress SW (2012) A review of the world's active seabird restoration projects. J Wildl Manag 76：2-9
(3) Friesen MR, Beggs JR, Gaskett AC (2017) Sensory-based conservation of seabirds：a review of management strategies and animal behaviours that facilitate success. Biol Rev 92：1769-1784 doi：10.1111/brv.12308
(4) 出口智広 (2009) 絶海の孤島への再導入─アホウドリ─．日本の希少鳥類を守る（山岸哲編著）．京都大学出版会，pp.23-47.
(5) Kress S W (1997) Using animal behavior for conservation：Case studies in seabird restoration from the Maine Coast, USA. J Yamashina Instit Ornithol 29：1-26
(6) Parker MW, Kress SW, Golightly RT, Carter HR, Parsons EB, Schubel SE, Boyce JA, McChesney GJ, Wisely SM (2007) Assessment of social attraction techniques used to restore a common murre colony in central California. Waterbirds 30：17-28
(7) Arnold JM, Nisbet ICT, Veit R (2011) Assessing aural and visual cueing as tools for seabird management. J Wildl Manag 75：495-500
(8) Buxton RT, Jones IL (2012) An experimental study of social attraction in two species of storm-petrel by acoustic and olfactory cues. Condor 114：733-743
(9) Major HL, Jones IL (2011) An experimental study of the use of social information by prospecting nocturnal burrow-nesting seabirds. Condor 113：572-580
(10) Borrelle SB, Buxton RT, Jones HP, Towns DR (2015) A GIS-based decision-making approach for prioritizing seabird management following predator eradication. Restoration Ecology, doi：10.1111/rec.12229
(11) Priddel D, Carlile N, Wheeler R (2006) Establishment of a new breeding colony of Gould's Petrel (*Pterodroma leucoptera leucoptera*) through the creation of artificial nesting habitat and the translocation of nestlings. Biol Conserv 128：553-563
(12) Oro D, Martínez-Abraín A, Villuendas E, Sarzo B, Mínguez E, Carda J, Genovart M (2011) Lessons from a

failed translocation program with a seabird species：Determinants of success and conservation value. Biol Conserv 144：851-858
(13) Coulson JC (1991) The population dynamics of culling Herring Gulls and Lesser Black-backed Gulls. In：CM Perrins, J-D Lebreton, GJM Hirons (eds), *Bird Population Studies, Relevance to Conservation and Management*, Oxford University Press, New York, pp. 479-497
(14) Finkelstein ME, Wolf S, Goldman M, Doak DF, Sievert PR, Balogh G, Hasegawa H (2010) The anatomy of a (potential) disaster：Volcanoes, behavior, and population viability of the Short-tailed Albatross (*Phoebastria albatrus*). Biol Conserv 143：321-331
(15) 江田真毅・樋口広芳 (2012) 危急種アホウドリ *Phoebastria albatrus* は2種からなる!? 日本鳥学会誌 61：263-272
(16) Deguchi T, Jacobs J, Harada T, Perriman L, Watanabe Y, Sato F, Nakamura N, Ozaki K, Balogh G (2012) Translocation and hand-rearing techniques for establishing a colony of threatened albatross. Bird Conservation International 22：66-81
(17) Deguchi T, Sato F, Eda M, Izumi H, Suzuki H, Suryan RM, Lance EW, Hasegawa H, Ozaki K (2017) Translocation and hand-rearing result in Short-tailed Albatrosses returning to breed in the Ogasawara Islands 80 years after extirpation. Anim Conserv doi：10.1111/acv.12322
(18) Lewison R, Oro D, Godley BJ, Underhill L, Bearhop S, Wilson RP, Ainley D, Arcos JM, Boersma PD, Borboroglu PG, Boulinier T, Frederiksen M, Genovart M, González-Solís J, Green JA, Grémillet D, Hamer KC, Hilton GM, Hyrenbach KD, Martínez-Abraín A, Montevecchi WA, Phillips RA, Ryan PG, Sagar P, Sydeman WJ, Wanless S, Watanuki Y, Weimerskirch H, Yorio P (2012) Research priorities for seabirds：improving conservation and management in the 21st century. Endang Species Res 17：93-121
(19) Croxall JP, Rothery P (1991) Population regulation of seabirds：implications of their demography for conservation. In：CM Perrins, J-D Lebreton, GJM Hirons (eds), *Bird Population Studies：Relevance to Conservation and Management*, Oxford University Press, Oxford, pp.272-296
(20) Moloney CL, Cooper J, Ryan PG, Siegfried WR (1994) Use of a population model to assess the impact of longline fishing on Wandering Albatross *Diomedea exulans populations*. Biol Conserv 70：195-203.
(21) Finkelstein ME, Doak DF, Nakagawa M, Sievert PR, Klavitter J (2010) Assessment of demographic risk factors and management priorities：impacts on juveniles substantially affect population viability of a long-lived seabird. Anim Conserv, ISSN 1367-9430 doi：10.1111/j.1469-1795.2009.00311.x
(22) 黒田長久 (1963) 天売島海鳥調査 (附陸鳥) 山階鳥研報 3：363-383
(23) 北海道環境科学研究センター (1995) ウミガラス等海鳥群集生息実態調査報告書, 59pp.
(24) Hasebe M, Aotsuka M, Terasawa T, Fukuda Y, Niimura Y, Watanabe Y, Watanuki Y, Ogi H (2012) Status and conservation of the Common Murre *Uria aalge* breeding on Teuri Island, Hokkaido. Ornith Sci 11：29-38
(25) 環境省 (2017) 平成28年度ウミガラス保護増殖事業 報告書 www.seabird-center.jp/ororon_2016.pdf 2021.8.29

14章

(1) Hays GC, Bailey H, Bograd SJ, Bowen WD, Campagna C, Carmichael RH, Casale P, Chiaradia A, Costa DP, Cuevas E, de Bruyn PJN, Dias MP, Duarte CM, Dunn DC, Dutton PH, Esteban N, Friedlaender A, Goetz KT, Godley BJ, Halpin PN, Hamann M, Hammerschlag N, Harcourt R, Harrison A-L, Hazen EL, Heupel MR, Hoyt E, Humphries NE, Kot CY, Lea JSE, Marsh H, Maxwell SM, McMahon CR, di Sciara GN, Palacios DM, Phillips RA, Righton D, Schofield G, Seminoff JA, Simpfendorfer CA, Sims DW, Takahashi A, Tetley MJ, Thums M, Trathan PN, Villegas-Amtmann S, Wells RS, Whiting SD, Wildermann NE, Sequeira AMM (2019) Translating marine animal tracking data into conservation policy and management. Trends in Ecology & Evolution 34：459-473
(2) Harrison A-L, Costa DP, Winship AJ, Benson SR, Bograd SJ, Antolos M, Carlisle AB, Dewar H, Dutton PH, Jorgensen SJ, Kohin S, Mate BR, Robinson PW, Schaefer KM, Shaffer SA, Shillinger GL, Simmons SE, Weng KC, Gjerde KM, Block BA (2018) The political biogeography of migratory marine predators. Nature Ecology & Evolution https://doi.org/10.1038/s41559-018-0646-8
(3) Žydelis R, Lewison RL, Shaffer SA, Moore JE, Boustany AM, Roberts JJ, Sims M, Dunn DC, Best BD, Tremblay Y, Kappes MA, Halpin PN, Costa DP, Crowder LB (2011) Dynamic habitat models：using telemetry data to project fisheries bycatch. Proc R Soc Lond 278：3191-3200
(4) Fischer KN, Suryan RM, Roby DD, Balogh GR (2009) Post-breeding season distribution of Black-footed and Laysan Albatrosses satellite-tagged in Alaska：Inter-specific differences in spatial overlap with North Pacific fisheries. Biol Conserv 142：751-760
(5) Guy TJ, Jennings SL, Suryan RM, Melvin EF, Bellman MA, Ballance LT, Blackie BA, Croll DA, Deguchi T,

Geernaert TO, Henry RW, Hester M, Hyrenbach KD, Jahncke J, Kappes MA, Ozai K, Roletto J, Sato F, Sydeman WJ, Zamon JE (2013) Overlap of North Pacific albatrosses with the U.S. west coast groundfish and shrimp fisheries. Fish Res 147 : 222-234
(6) Reid TA, Wanless RM, Hilton GM, Phillips RA, Ryan PG (2013) Foraging range and habitat associations of non-breeding Tristan albatrosses : overlap with fisheries and implications for conservation. Endang Species Res 22 : 39-49
(7) Takahashi A, Ito M, Suzuki Y, Watanuki Y, Thiebot J-B, Yamamoto T, Iida T, Trathan P, Niizuma Y, Kuwae T (2015) Migratory movements of rhinoceros auklets in the northwestern Pacific : connecting seasonal productivities. Mar Ecol Prog Ser 525 : 229-243
(8) Yamaguchi NM, Iida T, Nakamura Y, Okabe H, Oue K, Yamamoto T, Higuchi H (2016) Seasonal movements of Japanese Murrelets revealed by geolocators. Ornithol Sci 15 : 47-54
(9) Gaston AJ, Hashimoto Y, Wilson L (2017) Post-breeding movements of Ancient Murrelet *Synthliboramphus antiquus* family groups, subsequent migration of adults and implications for management. PLoS ONE 12 : e0171726 doi.org/10.1371/journal.pone.0171726
(10) McCloskey SE, Uher-Koch BD, Schmutz JA, Fondell TF (2018) International migration patterns of Red-throated Loons (*Gavia stellata*) from four breeding populations in Alaska. PLoS One, 13 : e0189954. doi : 10.1371/journal.pone.0189954.
(11) Choi C-Y, Nam H-Y (2017) Threats to murrelets in the Republic of Korea : bycatch, oil pollution, and invasive predators. In : K Otsuki, HR Carter, Y Minowa, VM Mendenhall, SK Nelson, DL Whitworth, HY Nam, PN Hebert (eds), *Status and Monitoring of Rare and Threatened Japanese Crested Murrelet*, Marine Bird Restoration Group, pp.114-119.
(12) Brothers N, Gales R, Hedd A, Robertson G (1998) Foraging movements of the Shy Albatross *Diomedea cauta* breeding in Australia : implications for interactions with longline fisheries. Ibis 140 : 446-457
(13) Krüger L, Ramos JA, Xavier JC, Grémillet D, González-Solís J, Petry MV, Phillips RA, Wanless RM, Paiva VH (2018) Projected distributions of Southern Ocean albatrosses, petrels and fisheries as a consequence of climatic change. Ecography 41 : 195-208
(14) Anderson DJ, Huyvaert KP, Wooda DR, Gillikin CL, Frost BJ, Mouritsen H (2003) At-sea distribution of Waved Albatrosses and the Galapagos Marine Reserve. Biol Conserv 110 : 367-373
(15) Maxwell SM, Hazen EL, Lewison RL, Dunn DC, Bailey H, Bograd SJ, Briscoe DK, Fossette S, Hobday AJ, Bennett M, Benson S, Caldwell MR, Costa DP, Dewar H, Eguchi T, Hazen L, Kohin S, Sippel T, Crowder LB (2015) Dynamic ocean management : Defining and conceptualizing real-time management of the ocean. Marine Policy 58 : 42-50
(16) Montevecchi W, Fifield D, Burke C, Garthe S, Hedd A, Rail J-F, Robertson G (2011) Tracking long-distance migration to assess marine pollution impact. Biol Lett, doi : 10.1098/rsbl.2011.0880
(17) Yamamoto T, Yoda K, Blanco GS, Quintana F (2019) Female-biased stranding in Magellanic Penguins. Current Biology 29R12-R13
(18) Watanuki Y, Yamamoto T, Yamashita A, Ishii C, Ikenaka Y, Nakayama SMM, Ishizuka M, Suzuki Y, Niizuma Y, Meathrel CE, Phillips RA (2015) Mercury concentrations in primary feathers reflect pollutant exposure in discrete non-breeding grounds used by Short-tailed Shearwaters. J Ornithol156 : 847-850
(19) Dias MP, Granadeiro JP, Phillips RA, Alonso H, Catry P (2011) Breaking the routine : individual Cory's shearwaters shift winter destinations between hemispheres and across ocean basins. Proc R Soc B 278 : 1786-1793
(20) Phillips RA, Silk JRD, Croxall JP, Afanasyev V, Bennett VJ (2005) Summer distribution and migration of nonbreeding albatrosses : individual consistencies and implications for conservation. Ecology 86 : 2386-2396
(21) Shaffer SA, Tremblay Y, Weimerskirch H, Scott D, Thompson DR, Sagar PM, Moller H, Taylor GA, Foley DG, Block BA, Costa DP (2006) Migratory shearwaters integrate oceanic resources across the Pacific Ocean in an endless summer. Pro Natl Acad Sci 103 : 12799-12802
(22) Yamamoto T, Takahashi A, Sato K, Oka N, Yamamoto M, Trathan PN (2014) Individual consistency in migratory behaviour of a pelagic seabird. Behaviour 151 : 683-701
(23) McGowan J, Hines E, Elliott M, Howar J, Dransfield A, Nur N, Jahncke J (2013) Using seabird habitat modeling to inform marine spatial planning in central California's national marine sanctuaries. PLoS ONE 8 : e71406, doi : 10.1371/journal.pone.0071406
(24) Lieske DJ, Fifield DA, Gjerdrum C (2014) Maps, models, and marine vulnerability : Assessing the community distribution of seabirds at-sea. Biol Conserv 172 : 15-28

15章

(1) 環境省 生物多様性の観点から重要度の高い海域 http://www.env.go.jp/nature/biodic/kaiyo-hozen/kaiiki/hyoso/index.html 2021.8.29

(2) BirdLife International (2010) Marine Important Bird Areas toolkit：standardised techniques for identifying priority sites for the conservation of seabirds at sea. Birdlife International, Cambridge. www.birdlife.org/eu/pdfs/Marinetoolkitnew.pdf 2021.8.29

(3) バードライフ・インターナショナル東京 (2016) マリーンIBA白書－海鳥から見た日本の重要海域. バードライフ・インターナショナル東京, 東京 95pp.

(4) Yamakita T, Yamamoto H, Nakaoka M, Yamano H, Fujikura K, Hidaka K, Hirota Y, Ichikawa T, Kakehi S, Kameda T, Kitajima S, Kogure K, Komatsu T, Kumagai NH, Miyamoto H, Miyashita K, Morimoto H, Nakajima R, Nishida S, Nishiuchi K, Sakamoto S, Sano M, Sudo K, Sugisaki H, Tadokoro K, Tanaka K, Jintsu-Uchifune Y, Watanabe K, Watanabe H, Yara Y, Yotsukura N, Shirayama Y (2015) Identification of important marine areas around the Japanese Archipelago：Establishment of a protocol for evaluating a broad area using ecologically and biologically significant areas selection criteria. Marine Policy 51：136-147

(5) Hyrenbach KD, Forney KA, Dayton PK (2000) Marine protected areas and ocean basin management. Aquat Conserv Mar Freshw. Ecosyst. 10：437-458

(6) Ronconi RA, Lascelles BG, Langham GM, Reid JB, Oro D (2012) The role of seabirds in marine protected area identification, delineation, and monitoring：introduction and synthesis. Biol Conserv 156：1-4

(7) Piatt JF, Sydeman WJ, Wiese F (2007) Introduction：a modern role for seabirds as indicators. Mar Ecol Prog Ser 352：199-204

(8) Lascelles BG, Langham GM, Ronconi RA, Reid JB (2012) From hotspots to site protection：identifying marine protected areas for seabirds around the globe. Biol Conserv 156：5-14

(9) Arcos JM, Bécares J, Villero D, Brotons L, Rodríguez B, Ruiz A (2012) Assessing the location and stability of foraging hotspots for pelagic seabirds：an approach to identify marine Important Bird Areas (IBAs) in Spain. Biol Conserv 156：30-42

(10) Sydeman WJ, Brodeur RD, Grimes CB, Bychkov AS, McKinnell S (2006) Marine habitat "hotspots" and their use by migratory species and top predators in the North Pacific Ocean：Introduction. Deep-Sea Res II, 53：247-249

(11) Suryan RM, Santora JA, Sydeman WJ (2012) New approach for using remotely sensed chlorophyll a to identify seabird hotspots. Mar Ecol Prog Ser 451：213-225 doi：10.3354/meps09597

(12) Santora JA, Sydeman WJ, Schroeder ID, Wells BK, Field JC (2011) Mesoscale structure and oceanographic determinants of krill hotspots in the California Current：Implications for trophic transfer and conservation. Prog Oceanogr 91：397-409

(13) Santora JA, Sydeman WJ, Schroeder ID, Reiss CS, Wells BK, Field JC, Cossio AM, Loeb VJ (2012) Krill space：a comparative assessment of mesoscale structuring in polar and temperate marine ecosystems. ICES J Mar Sci 69：1317-1327

(14) Santora JA, Reiss CS, Loeb VL, Veit RR (2010) Spatial association between hotspots of baleen whales and demographic patterns of Antarctic krill Euphausia superba suggests size-dependent predation. Mar Ecol Prog Seri 405：255-269

(15) Piatt JF, Wetzel J, Bell K, DeGange AR, Balogh GR, Drew GS, Geernaert T, Ladd C, Byrd GV (2006) Predictable hotspots and foraging habitat of the endangered Short-tailed Albatross (*Phoebastria albatrus*) in the North Pacific：Implications for conservation. Deep Sea Res II 53：387-398

(16) Davoren GK (2013) Distribution of marine predator hotspots explained by persistent areas of prey. Marine Biology, 160：3043-3058

(17) Davoren GK, Montevecchi WA (2003) Signals from seabirds indicate changing biology of capelin stocks. Mar Ecol Prog Ser 258：253-261

(18) Sigler MF, Kuletz KJ, Ressler PH, Friday NA, Wilson CD, Zerbini AN (2012) Marine predators and persistent prey in the southeast Bering Sea. Deep-Sea Res II 65：292-303

(19) Santora JA, Veit RR (2013) Spatio-temporal persistence of top predator hotspots near the Antarctic Peninsula. Mar Ecol Prog Ser 487：287-304

(20) Santora JA, Sydeman WJ (2015) Persistence of hotspots and variability of seabird species richness and abundance in the southern California Current. Ecosphere 6：214, doi.org/10.1890/ES14-00434.1

(21) Delord K, Barbraud C, Bost C-A, Deceuninck B, Lefebvre T, Lutz R, Micol T, Phillips RA, Trathan PN, Weimerskirch H (2014) Areas of importance for seabirds tracked from French southern territories, and recommendations for conservation. Marine Policy 48：1-13

(22) Harrison A-L, Costa DP, Winship AJ, Benson SR, Bograd SJ, Antolos M, Carlisle AB, Dewar H, Dutton PH, Jorgensen SJ, Kohin S, Mate BR, Robinson PW, Schaefer KM, Shaffer SA, Shillinger GL, Simmons SE, Weng KC, Gjerde KM, Block BA (2018) The political biogeography of migratory marine predators. Nature Ecology & Evolution https://doi.org/10.1038/s41559-018-0646-8
(23) 綿貫豊・山本裕・佐藤真弓・山本誉士・依田憲・高橋晃周 (2018) 外洋表層の生態学的・生物学的重要海域特定への海鳥の利用. 日本生態学会誌 68：81-99
(24) Lascelles BG, Taylor PR, Miller MGR, Dias MP, Oppel S, Torres L, Hedd A, Le Corre M, Phillips RA, Shaffer SA, Weimerskirch H, Small C (2016) Applying global criteria to tracking data to define important areas for marine conservation. Diversity Distributions doi：10.1111/ddi.12411
(25) 綿貫豊 (2010) 海鳥の行動と生態：その海洋生活への適応, 生物研究社, 東京, 317pp.
(26) Watanabe YY, Takahashi A (2013) Linking animal-borne video to accelerometers reveals prey capture variability. Proc Natl Acad Sci USA 110：2199-2204

16章

(1) Cairns DK (1987) Seabird as indicators of marine food supplies. Biol Oceanogr 5：261-271
(2) Reid K, Croxall JP (2001) Environmental response of upper trophic-level predators reveals a system change in an Antarctic marine ecosystem. Proc R Soc Lond B 268：377-384
(3) Boyd IL, Murray AWA (2001) Monitoring a marine ecosystem using responses of upper trophic level predators. J Anim Ecol 70：747-760
(4) Einoder LD (2009) A review of the use of seabirds as indicators in fisheries and ecosystem management. Fish Res 95：6-13
(5) Montevecchi WA (1993) Birds as indicators of change in marine prey stocks. In：RW Furness, JJD Greenwood (eds), *Birds as Monitors of Environmental Change*, Chapman and Hall, London, pp.217-266
(6) Cairns DK (1992) Bridging the gap between ornithology and fisheries science：use of seabird data in stock assessment models. Condor 94：811-824
(7) Montevecchi WA, Birt VL, Cairns DK (1988) Dietary changes of seabirds associated with local fisheries failures. Biological Oceanography 5：153-161
(8) Piatt JF, Sydeman WJ, Wiese F (2007) Introduction：a modern role for seabirds as indicators. Mar Ecol Prog Ser 352：199-204
(9) Furness RW (1993) Birds as monitors of pollutants. In：RW Furness, JJD Greenwood (eds), *Birds as Monitors of Environmental Change*, Chapman and Hall, London, pp 86-143
(10) Elliott JE, Elliott KH (2013) Tracking marine pollution. Science 340 556-558
(11) Fossi MC, Casini S, Caliani I, Panti C, Marsili L, Viarengo A, Giangreco R, di Sciara GN, Serena F, Ouerghi A, Depledge MH (2012) The role of large marine vertebrates in the assessment of the quality of pelagic marine ecosystems. Mar Environ Res 77：156-158
(12) Van Franeker JA, Law KL (2015) Seabirds, gyres and global trends in plastic pollution. Environ Pollut 203：89-96
(13) Wilcox C, Van Sebille E, Hardesty BD (2015) Threat of plastic pollution to seabirds is global, pervasive, and increasing. Proc Natl Acad Sci USA 112：11899-11904
(14) Ogden JC, Baldwin JD, Bass OL, Browder JA, Cook MI, Frederick PC, Frezza PE, Galves RA, Hodgson AB, Meyer KD, Oberhofer LD, Paul AF, Fletcher PJ, Davis SM, Lorenz JJ (2014) Waterbirds as indicators of ecosystem health in the coastal marine habitats of Southern Florida：2. Conceptual ecological models. Ecological Indicators 44：128-147
(15) Friedli HR, Radke LF, Prescott R, Li P, Woo J-H, Carmichael GR (2004) Mercury in the atmosphere around Japan, Korea, and China as observed during the 2001 ACE-Asia field campaign：Measurements, distributions, sources, and implications. J Geophys Res 109：D19S25, doi：10.1029/2003JD004244
(16) 田辺信介 (2015) 化学物質と生態系, 環境化学 坂田昌弘編著, 講談社, 東京, pp.139～159
(17) 田辺信介 (2016) 生態系高次生物のPOPs汚染と曝露リスクを地球的視座からみる. 日本生態学会誌 66：37-49
(18) Zhang Y, Jaeglé L, Thompson L, Streets DG (2014) Six centuries of changing oceanic mercury. Global Biogeochemical Cycles 28：1251-1261
(19) Van Sebille E, Wilcox C, Lebreton L, Maximenko N, Hardesty BD, van Franecker JA, Eriksen M, Siegel D, Galgani F, Law KL (2015) A global inventory of small floating plastic debris. Environ Res Lett 10, doi：10.1088/1748-9326/10/12/124006
(20) Fischer BB, Pomati F, Eggen RIL (2013) The toxicity of chemical pollutants in dynamic natural systems：The

challenge of integrating environmental factors and biological complexity. Sci Total Environ 449：253-259
(21) Pirrone N, Cinnirella S, Feng X, Finkelman RB, Friedli HR, Leaner J, Mason R, Mukherjee AB, Stracher GB, Streets DG, Telmer K (2010) Global mercury emissions to the atmosphere from anthropogenic and natural sources. Atom Chem Phys 10：5951-5964
(22) Driscoll CT, Mason RP, Chan HM, Jacob DJ, Pirrone N (2013) Mercury as a global pollutant：sources, pathways, and effects. Environ Sci Technol 47：4967-4983
(23) Xu L-Q, Liu X-D, Sun L-G, Chen Q-Q, Yan H, Liu Y, Luo Y-H, Huang J (2011) A 700-year record of mercury in avian eggshells of Guangjin Island, South China Sea. Environ Pollut 159：889-896
(24) Thompson DR, Bearhop S, Speakman JR, Furness RW (1998) Feathers as a means of monitoring mercury in seabirds：insights from stable isotope analysis. Environ Pollut 101：193-200
(25) Mallory ML, Braune BM (2012) Tracking contaminants in seabirds of Arctic Canada：temporal and spatial insights. Mar Pollut Bull 64：1475-1484
(26) Braune B, Chételat J, Amyot M, Brown T, Clayden M, Evans M, Fisk A, Gaden A, Girard C, Hare A, Kirk J, Lehnherr I, Letcher R, Loseto L, Macdonald R, Mann E, McMeans B, Muri D, O'Driscoll N, Poulain A, Reimer K, Stern G (2015) Mercury in the marine environment of the Canadian Arctic：Review of recent findings. Sci Total Environ 509-510：67-90
(27) Kirk JL, Lehnherr I, Andersson M, Braune BM, Chan L, Dastoor AP, Durnford D, Gleason AL, Loseto LL, Steffen A, Louis VLS (2012) Mercury in Arctic marine ecosystems：Sources, pathways and exposure. Environ Res 119：64-87
(28) Braune BM, Letcher RJ (2013) Perfluorinated sulfonate and carboxylate compounds in eggs of seabirds breeding in the Canadian Arctic：temporal trends (1975-2011) and interspecies comparison. Environ Sci Technol 47：616-624
(29) Geyer R, Jambeck JR, Law KL (2017) Production, use, and fate of all plastics ever made. Science Advances 3：e1700782 DOI：10.1126/sciadv.1700782
(30) Van Franeker JA, Blaize C, Danielsen J, Fairclough K, Gollan J, Guse N, Hansen P-L, Heubeck M, Jensen J-K, Le Guillou G, Olsen B, Olsen K-O, Pedersen J, Stienen EWM, Turner DM (2011) Monitoring plastic ingestion by the Northern Fulmar *Fulmarus glacialis* in the North Sea. Env Pollut 159：2609-2615
(31) 山下麗 (2008) 北太平洋におけるプラスチック汚染と海鳥への影響に関する研究. 北海道大学水産科学研究院博士論文 105pp.
(32) Avery-Gomm S, O'Hara PD, Kleine L, Bowes V, Wilson LK, Barry KL (2012) Northern fulmars as biological monitors of trends of plastic pollution in the eastern North Pacific. Mar Pollut Bull 64：1776-1781
(33) Avery-Gomm S, Provencher JF, Liboiron M, Poon FE, Smith PA (2018) Plastic pollution in the Labrador Sea：An assessment using the seabird Northern Fulmar *Fulmarus glacialis* as a biological monitoring species. Mar Pollut Bull 127：817-822
(34) Robards MD, Piatt JF, Wohl KD (1995) Increasing frequency of plastic particles ingested by seabirds in the subarctic North Pacific. Mar Pollut Bull 30：151-157
(35) Yamashita R, Takada H, Murakami M, Fukuwaka M-A, Watanuki Y (2007) Evaluation of noninvasive approach for monitoring PCB pollution of seabirds using preen gland oil. Environ Sci Technol 41：4901-4906
(36) Yamashita R, Takada H, Nakazawa A, Takahashi A, Ito M, Yamamoto T, Watanabe YY, Kokubun N, Sato K, Wanless S, Daunt F, Hyrenbach D, Hester M, Deguchi T, Nishizawa B, Shoji A, Watanuki Y (2018) Global monitoring of persistent organic pollutants (POPs) using seabird preen gland oil. Arch Environ Contam Toxicol doi：10.1007/s00244-018-0557-3
(37) Jæger I, Hop H, Gabrielsen GW (2009) Biomagnification of mercury in selected species from an Arctic marine food web in Svalbard. Sci Total Environ 407：4744-4751
(38) Bearhop S, Waldron S, Thompson D, Furness R (2000) Bioamplification of mercury in Great Skua *Catharacta skua* chicks：the influence of trophic status as determined by stable isotope signatures of blood and feathers. Mar Pollut Bull 40：181-185
(39) Anderson ORJ, Phillips RA, McDonald RA, Shore RF, McGill RAR, Bearhop S (2009) Influence of trophic position and foraging range on mercury levels within a seabird community. Mar Ecol Prog Ser 375：277-288
(40) 土屋秀幸・兵藤不二夫・石川尚人 (2016) 安定同位体を用いた餌資源・食物網調査法, 占部城太郎・日浦勉・辻和希 (編), 生態学フィールド調査法シリーズ, 共立出版, 東京, 144pp.
(41) Boecklen WJ, Yarnes CT, Cook BA, James AC (2011) On the use of stable isotopes in trophic ecology. Annu Rev Ecol Evol Syst 42：411-440
(42) Bridge ES (2011) Mind the gaps：what's missing in our understanding of feather molt. Condor 113：1-4
(43) Bearhop S, Ruxton GD, Furness RW (2000) Dynamics of mercury in blood and feathers of Great Skuas.

Environ Toxicol Chem 19 : 1638-1643
(44) Ramos R, Militão T, González-Solis J, Ruiz X (2009) Moulting strategies of a long-distance migratory seabird, the Mediterranean Cory's Shearwater *Calonectris diomedea diomedea.* Ibis 151 : 151-159
(45) Burger J (1993) Metals in avian feathers : bioindicators of environmental pollution. Rev Environ Toxicol 5 : 203-311
(46) Monteiro LR, Furness RW (2001) Kinetics, dose-response, and excretion of methylmercury in free-living adult Cory's Shearwaters. Environ Sci Technol 35 : 739-746
(47) Bond AL (2010) Relationships between stable isotopes and metal contaminants in feathers are spurious and biologically uninformative. Environ Pollut 158 : 1182-1184
(48) 水川薫子・高田秀重（2015）環境汚染化学，有機汚染物質の動態から探る，丸善出版，東京，248pp.
(49) Colabuono FI, Barquete V, Domingues BS, Montone RC (2009) Plastic ingestion by Procellariiformes in Southern Brazil. Mar Pollut Bull 58 : 93-96
(50) 綿貫豊・高橋晃周（2016）海鳥のモニタリング調査法，生態学フィールド調査法シリーズ，占部城太郎・日浦勉・辻 和希（編），共立出版，東京，136pp.
(51) Verlis KM, Campbell ML, Wilson SP (2013) Ingestion of marine debris plastics by the Wedge-tailed Shearwater *Ardenna pacifica* in the great barrier Reef, Australis. Mar Pollut Bull 72 : 244-249
(52) Bond AL, Lavers JL (2013) Effectiveness of emetics to study plastic ingestion by Leach's Storm-Petrels (*Oceanodroma leucorhoa*). Mar Pollut Bull 70 : 171-175
(53) Niizuma Y, Toge Y, Manabe Y, Sawada M, Yamamura O, Watanuki Y (2008) Diet and foraging habitat of Leach's Storm-petrels breeding at Daikoku Island, Japan. In : H Okada, SF Mawatari, N Suzuki, P Gautam (eds), Origin and Evolution of Natural Diversity, Proceedings of International Symposium, The Origin and Evolution of Natural Diversity, 1-5 Oct Sapporo, 153-160.
(54) Moser ML, Lee DS (1992) A fourteen-year survey of plastic ingestion by western North Atlantic seabirds. Colonial Waterbirds 15 : 83-94
(55) Ryan PG, Jackson S (1987) The lifespan of ingested plastic particles in seabirds and their effect on digestive efficiency. Mar Pollut Bull 18 : 217-219
(56) Acampora H, Schuyler QA, Townsend KA, Hardesty BD (2014) Comparing plastic ingestion in juvenile and adult stranded Short-tailed Shearwaters (*Puffinus tenuirostris*) in eastern Australia. Mar Pollut Bull 78 : 53-68
(57) Vlietstra LS, Parga JA (2002) Long-term changes in the type, but not amount, of ingested plastic particles in short-tailed shearwaters in the southeastern Bering Sea. Mar Pollut Bull 44, 945-955
(58) Ryan PG (2015) How quickly do albatrosses and petrels digest plastic particles? Environ Pollut 207 : 438-440
(59) Yamamoto T, Takahashi A, Katsumata N, Sato K, Trathan PN (2010) At-sea distribution and behavior of Streaked Shearwaters (*Calonectris leucomelas*) during the nonbreeding period. Auk 127 : 871-881
(60) Watanuki Y, Yamashita A, Ishizuka M, Ikenaka Y, Nakayama SMM, Ishii C, Yamamoto T, Ito M, Kuwae T, Trathan PN (2016) Feather mercury concentration in streaked shearwaters wintering in separate areas of southeast Asia. Mar Ecol Prog Ser 546 : 263-269
(61) Watanuki Y, Yamamoto T, Yamashita A, Ishii C, Ikenaka Y, Nakayama SMM, Ishizuka M, Suzuki Y, Niizuma Y, Meathrel CE, Phillips RA (2015) Mercury concentrations in primary feathers reflect pollutant exposure in discrete non-breeding grounds used by Short-tailed Shearwaters. J Ornithol156 : 847-850

17章

(1) Votier SC, Bicknell A, Cox SL, Scales KL, Patrick SC (2013) A bird's eye view of discard reforms : bird-borne cameras reveal seabird/fishery interactions. PLOS ONE 8 : e57376
(2) Nishizawa B, Sugawara T, Young LC, Vanderwerf EA, Yoda K, Watanuki Y (2018) Albatross-borne loggers show feeding on deep-sea squids : implications for the study of squid distributions. Mar Ecol Prog Ser 592 : 257-265
(3) Weimerskirch H, Filippi DP, Collet J, Waugh SM, Patrick SC (2018) Use of radar detectors to track attendance of albatrosses at fishing vessels. Conserv Biol 32 : 240-245
(4) Weimerskirch H, Collet J, Corbeau A, Pajot A, Hoarau F, Marteau C, Filippi D, Patrick SC (2020) Ocean sentinel albatrosses locate illegal vessels and provide the first estimate of the extent of nondeclared fishing. Proc Natl Acad Sci USA, doi/10.1073/pnas.1915499117
(5) Velarde E, Anderson DW, Ezcurra E (2019) Seabird clues to ecosystem health. Science 365 : 116-117
(6) Dickey-Collas M, McQuatters-Gollop A, Bresnan E, Kraberg AC, Manderson JP, Nash RDM, Otto SA, Sell AF, Tweddle JF, Trenkel VM (2017) Pelagic habitat : exploring the concept of good environmental status. ICES

Journal of Mar Sci 74：2333-2341
(7) Mayers RA, Worm B (2003) Rapid worldwide depletion of predatory fish communities. Nature 423：280-283
(8) Pauly D, Christensen V, Dalsgaard J, Froese R, Torres FJr (1998) Fishing down marine food webs. Science 279：860-863
(9) Halpern BS, Longo C, Hardy D, McLeod KL, Samhouri JF, Katona SK, Kleisner K, Lester SE, O'Leary J, Ranelletti M, Rosenberg AA, Scarborough C, Selig ER, Best BD, Brumbaugh DR, Chapin FS, Crowder LB, Daly KL, Doney SC, Elfes C, Fogarty MJ, Gaines SD, Jacobsen KI, Karrer LB, Leslie HM, Neeley E, Pauly D, Polasky S, Ris B, Martin KS, Stone GS, Sumaila UR, Zeller D (2012) An index to assess the health and benefits of the global ocean. Nature 488：615-620
(10) Ogden JC, Baldwin JD, Bass OL, Browder JA, Cook MI, Frederick PC, Frezza PE, Galves RA, Hodgson AB, Meyer KD, Oberhofer LD, Paul AF, Fletcher PJ, Davis SM, Lorenz JJ (2014) Waterbirds as indicators of ecosystem health in the coastal marine habitats of Southern Florida：2. Conceptual ecological models. Ecological Indicators 44：128-147
(11) 水川薫子・高田秀重（2015）環境汚染化学，有機汚染物質の動態から探る，丸善出版，東京，248pp.
(12) 日本環境化学会（編著）（2019）地球をめぐる不都合な物質，拡散する化学物質がもたらすもの，ブルーバックス，講談社，東京，270pp.
(13) Van Franeker JA, Blaize C, Danielsen J, Fairclough K, Gollan J, Guse N, Hansen P-L, Heubeck M, Jensen J-K, Le Guillou G, Olsen B, Olsen K-O, Pedersen J, Stienen EWM, Turner DM (2011) Monitoring plastic ingestion by the Northern Fulmar *Fulmarus glacialis* in the North Sea. Env Pollut 159：2609-2615
(14) Hazen EL, Abrahms B, Brodie S, Carroll G, Jacox MG, Savoca MS, Scales KL, Sydeman WJ, Bograd SJ (2019) Marine top predators as climate and ecosystem sentinels. Front Ecol Environ doi：10.1002/fee.2125

あとがき

(1) 綿貫豊（2010）海鳥の行動と生態：その海洋生活への適応，生物研究社，東京，317pp.
(2) 田辺信介（2016）生態系高次生物の POPs 汚染と曝露リスクを地球的視座からみる．日本生態学会誌 66：37-49
(3) Bost CA, Cotte C, Bailleul F, Cherel Y, Charrassin J-B, Guinet C, Ainley DG, Weimerskirch H (2009) The importance of oceanographic fronts to marine birds and mammals of the southern oceans. J Mar Syst 78：363-376
(4) Mayers RA, Worm B (2003) Rapid worldwide depletion of predatory fish communities. Nature 423：280-283
(5) Lotze HK, Worm B (2009) Historical baselines for large marine animals. Trends in Ecology & Evolution 24：254-262
(6) Costa DP, Weise MJ, Arnould JPY (2006) Potential influences of whaling on status and trends of pinniped populations. In：JA Estes, DP Demaster, DF Doak, TM Williams, RL Brownell Jr (eds), *Whales, Whaling, and Ocean Ecosystems*, University of California Press, Berkeley, pp.344-360
(7) Halpern BS, Walbridge S, Selkoe KA, Kappel CV, Micheli F, D'Agrosa C, Bruno JF, Casey KS, Ebert C, Fox HE, Fujita R, Heinemann D, Lenihan HS, Madin EMP, Perry MT, Selig ER, Spalding M, Steneck R, Watson R (2008) A global map of human impact on marine ecosystems. Science 319：948-952

付表

(1) Hasegawa H (1984) Status and conservation of seabirds in Japan, with special attention to the short-tailed albatross. In：JP Croxall, PGH Evans, RW Schreiber (eds), *Status and Conservation of the World's Seabirds*, International Council for Bird Preservation Technical Publication, pp.487-500
(2) 川上和人・鈴木創・堀越和人・川口大朗（2018）2017 年における南硫黄島の鳥類相．小笠原研究 44：217-250
(3) 川上和人・江田真毅・泉洋江・堀越和夫・鈴木創（2019）日本鳥類目録におけるセグロミズナギドリ和名変更の提案．日本鳥学会誌 68：95-98
(4) Martinez-Haro M, Green AJ, Mateo R (2011) Effects of lead exposure on oxidative stress biomarkers and plasma biochemistry in waterbirds in the field. Environ Res 111：530-538
(5) Costantini D, Meillère A, Carravieri A, Lecomte V, Sorci G, Faivre B, Weimerskirch H, Bustamante P, Labadie P, Budzinski H, Chastel O (2014) Oxidative stress in relation to reproduction, contaminants, gender and age in a long-lived seabird. Oecologia 175：1107-1116
(6) Kubota A, Watanabe M, Kunisue T, Kim E-Y, Tanabe S, Iwata H (2010) Hepatic CYP1A induction by chlorinated dioxins and related compounds in the endangered Black-footed Albatross from the North Pacific. Environ Sci Technol 44：3559-3565.
(7) Tartu S, Lendvai ÁZ, Blévin P, Herzke D, Bustamane P, Moe B, Gabrielsen GW, Bustnes JO, Chastel O (2015) Increased adrenal responsiveness and delayed hatching date in relation to polychlorinated biphenyl exposure

in Arctic-breeding Black-legged Kittiwakes (*Rissa tridactyla*). General and Comparative Endocrinology 219 : 165-172

(8) Verreault J, Verboven N, Gabrielsen GW, Letcher RJ, Chastel O (2008) Changes in prolactin in a highly organohalogen contaminated Arctic top predator seabird, the Glaucous Gull. General and Comparative Endocrinology 156 : 569-576

(9) Tartu S, Bustamante P, Angelier F, Lendvai ÁZ, Moe B, Blévin P, Bech C, Gabrielsen GW, Bustnes JO, Chastel O (2016) Mercury exposure, stress and prolactin secretion in an Arctic seabird : an experimental study. Funct Ecol 30 : 596-604

(10) Finkelstein ME, Grasman KA, Croll DA, Tershy BR, Keitt BS, Jarman WM, Smith DR (2007) Contaminant-associated alteration of immune function in Black-footed Albatross (*Phoebastra nigripes*), a North Pacific predator. Environ Toxicol Chem 26 : 1896-1903

(11) Burgeon S, Leat EHK, Magnusdóttir E, Fisk AT, Furness RW, Strøm H, Hanssen SA, Petersen A, Olafsdóttir K, Borgå K, Gabrielsen GW, Bustnes JO (2012) Individual variation in biomarkers of health : influence of persistent organic pollutants in Great Skuas (*Stercorarius skua*) breeding at different geographical locations. Environ Res 118 : 31-39

(12) Provencher JF, Forbes MR, Hennin HL, Love OP, Braune BM, Mallory ML, Gilchrist HG (2016) Implications of mercury and lead concentrations on breeding physiology and phenology in an Arctic bird. Environ Pollut 218 : 1014-1022

(13) Jara-Carrasco S, González M, Gonzáles-Acuna D, Chiang G, Celis J, Espejo W, Mattatall P, Barra R (2015) Potential immunohaematological effects of persistent organic pollutants on Chinstrap Penguin. Antarctic Science 27 : 373-381

(14) Fenstad AA, Bustnes JO, Bingham CG, Öst M, Jaatinen K, Moe B, Hanssen SA, Moody AJ, Gabrielsen KM, Herzke D, Lierhagen S, Jenssen BM, Krøkje Å (2016) DNA double-strand breaks in incubating female Common Eiders (*Somateria mollissima*) : comparison between a low and a high polluted area. Environ Res 151 : 297-303

(15) Pierce KE, Harris RJ, Larned LS, Pokras MA (2004) Obstruction and starvation associated with plastic ingestion in a Northern Gannet *Morus bassanus* and a Greater Shearwater *Puffinus gravis*. Mar Ornithol 32 : 187-189

(16) Auman HJ, Ludwig JP, Giesy JP, Colborn T (1998) Plastic ingestion by Laysan Albatross chicks on Sand Island, Midway Atoll, in 1994 and 1995. In : G Robinson, R Gales (eds), *Albatross Biology and Conservation*, Chipping Norton : Surrey Beatty & Sons, pp. 239-244

(17) Carey MJ (2011) Intergenerational transfer of plastic debris by Short-tailed Shearwaters (*Ardenna tenuirostris*). Emu 111 : 229-234

(18) Brandão ML, Braga KM, Luque JL (2011) Marine debris ingestion by Magellanic Penguins, *Spheniscus magellanicus* (Aves : Sphenisciformes), from the Brazilian coastal zone. Mar Pollut Bull 62 : 2246-2249

(19) Avery-Gomm S, Valliant M, Schacter CR, Robbins KF, Liborion M, Daoust P-Y, Rios LM, Jones IL (2016) A study of wrecked Dovekies (*Alle alle*) in the western North Atlantic highlights the importance of using standardized methods to quantify plastic ingestion. Mar Pollut Bull 113 : 75-80

(20) Moser ML, Lee DS (1992) A fourteen-year survey of plastic ingestion by western North Atlantic seabirds. Colonial Waterbirds 15 : 83-94

(21) Ryan PG, Jackson S (1987) The lifespan of ingested plastic particles in seabirds and their effect on digestive efficiency. Mar Pollut Bull 18 : 217-219

(22) Lavers JL, Bond AL, Hutton I (2014) Plastic ingestion by Flesh-footed Shearwaters (*Puffinus carneipes*) : implications for fledgling body condition and the accumulation of plastic-derived chemicals. Environ Pollut 187 : 124-129

(23) Acampora H, Schuyler QA, Townsend KA, Hardesty BD (2014) Comparing plastic ingestion in juvenile and adult stranded Short-tailed Shearwaters (*Puffinus tenuirostris*) in eastern Australia. Mar Pollut Bull 78 : 53-68

(24) Furness RW (1985) Ingestion of plastic particles by seabirds at Gough Island, South Atlantic Ocean. Environ Pollut Series A 38 : 261-272

(25) Rodríguez A, Rodríguez B, Carrasco MN (2012) High prevalence of parental delivery of plastic debris in Cory's Shearwaters (*Calonectris diomedea*). Mar Pollut Bull 64 : 2219-2223

(26) Ryan PG (1987) The incidence and characteristics of plastic particles ingested by seabirds. Mar Environ Res 23 : 175-206

(27) Yamashita R, Takada H, Fukuwaka M-A, Watanuki Y (2011) Physical and chemical effects of ingested plastic

debris on Short-tailed Shearwaters, *Puffinus tenuirostris*, in the North Pacific Ocean. Mar Pollut Bull 62：2845-2849
(28) 山下麗（2008）北太平洋におけるプラスチック汚染と海鳥への影響に関する研究．北海道大学水産科学研究院博士論文 105pp.
(29) Cousin HR, Auman HJ, Alderman R, Virtue P（2015）The frequency of ingested plastic debris and its effects on body condition of Short-tailed Shearwater（*Puffinus tenuirostris*）pre-fledging chicks in Tasmania, Australia. Emu 115：6-11 doi.org/10.1071/MU13086
(30) Lavers JL, Hutton I, Bond AL（2018）Ingestion of marine debris by Wedge-tailed Shearwaters（*Ardenna pacifica*）on Lord Howe Island, Australia during 2005-2018. Mar Pollut Bull 133：616-621
(31) Provencher JF, Avery-Gomm S, Liboiron M, Braune BM, Macaulay JB, M.L. Mallory ML, Letcher RJ（2018）Are ingested plastics a vector of PCB contamination in northern fulmars from coastal Newfoundland and Labrador? Environ Res 167：184-190
(32) Avery-Gomm S, Provencher JF, Liboiron M, Poon FE, Smith PA（2018）Plastic pollution in the Labrador Sea：An assessment using the seabird Northern Fulmar *Fulmarus glacialis* as a biological monitoring species. Mar Pollut Bull 127：817-822
(33) Ryan PG（1988）Effects of ingested plastic on seabird feeding：evidence from chickens. Mar Pollut Bull 19：125-128
(34) Colabuono FI, Barquete V, Domingues BS, Montone RC（2009）Plastic ingestion by Procellariiformes in Southern Brazil. Mar Pollut Bull 58：93-96
(35) Herzke D, Anker-Nilssen T, Nøst TH, Götsch A, Christensen-Dalsgaard S, Langset M, Fangel K, Koelmans AA（2016）Negligible impact of ingested microplastics on tissue concentrations of persistent organic pollutants in Northern Fulmars off coastal Norway. Environ Sci Technol 50：1924-1933. doi：10.1021/acs.est.5b04663
(36) Tanaka K, Takada H, Yamashita R, Mizukawa K, Fukuwaka M, Watanuki Y（2013）Accumulation of plastic-derived chemicals in tissues of seabirds ingesting marine plastics. Mar Pollut Bull 69：219-222
(37) 環境省（2015）重要生態系監視地域モニタリング推進事業（モニタリングサイト1000）海鳥調査 第2期とりまとめ報告書 www.biodic.go.jp/moni1000/findings/reports/pdf/second_term_seabirds.pdf 2021.8.29
(38) 堀越和夫（2007）鳥類保護とネコ問題．遺伝：生物の科学 61：68-71

著者紹介
綿貫 豊（わたぬき・ゆたか）
長野県生まれ。北海道大学大学院1987年修了（農学博士）。国立極地研究所助手、北海道大学農学部准教授を経て、現在、北海道大学大学院水産科学研究院教授。
圧倒的な数と密度で繁殖し、想像を超えた身体能力で海と空を制覇した海鳥たちに魅せられ、世界各地の孤島（南極、スバルバール、スコットランド、タスマニア、ベーリング海、天売島など）でその行動や生態を研究してきた。現場での観察の中から新しい問題を発見する瞬間に最も強い喜びを感じる。趣味は山歩きと樹木の観察と山菜採り。
著書は、『海鳥の行動と生態――その海洋生活への適応』（生物研究社）、『ペンギンはなぜ飛ばないのか？――海を選んだ鳥たちの姿』（恒星社厚生閣）、『海鳥のモニタリング調査法』（共著、共立出版）など。

海鳥と地球と人間
漁業・プラスチック・洋上風発・野ネコ問題と生態系

2022年1月12日　初版発行

著者　綿貫　豊
発行者　土井二郎
発行所　築地書館株式会社
〒104-0045
東京都中央区築地7-4-4-201
☎ 03-3542-3731　FAX 03-3541-5799
http://www.tsukiji-shokan.co.jp/
振替 00110-5-19057
印刷・製本　シナノ印刷株式会社
装丁　吉野　愛

 ISBN 978-4-8067-1629-7